冶金工业出版社

普通高等教育"十四五"规划教材

矿物加工过程电气与控制

王卫东　徐志强　朱子祺　编著

U0342099

北　京

冶　金　工　业　出　版　社

2021

内 容 提 要

本书系统介绍了矿物加工过程中电气自动化应用技术,并结合具有代表性的应用实例进行讲解分析。全书共分为 7 章,主要内容包括工厂供电及安全、矿物加工过程电力拖动基础、矿物加工过程检测仪器仪表、计算机控制技术基础、可编程控制器及应用、工控组态软件及应用、煤炭洗选加工过程的控制等内容。

本书可作为高等院校矿物加工工程及相近专业的教学用书,也可供选煤厂、选矿厂工程技术人员学习参考。

图书在版编目(CIP)数据

矿物加工过程电气与控制/王卫东,徐志强,朱子祺编著. ——北京:冶金工业出版社,2021.7

普通高等教育"十四五"规划教材

ISBN 978-7-5024-8807-9

Ⅰ.①矿… Ⅱ.①王… ②徐… ③朱… Ⅲ.①选矿—过程控制—电气控制—高等学校—教材 Ⅳ.①TD9

中国版本图书馆 CIP 数据核字(2021)第 137559 号

出 版 人 苏长永

地 址 北京市东城区嵩祝院北巷 39 号 邮编 100009 电话 (010)64027926
网 址 www.cnmip.com.cn 电子信箱 yjcbs@cnmip.com.cn
责任编辑 曾 媛 美术编辑 吕欣童 版式设计 禹 蕊
责任校对 李 娜 责任印制 李玉山

ISBN 978-7-5024-8807-9

冶金工业出版社出版发行;各地新华书店经销;三河市双峰印刷装订有限公司印刷
2021 年 7 月第 1 版,2021 年 7 月第 1 次印刷

787mm×1092mm 1/16;17 印张;411 千字;262 页
49.00 元

冶金工业出版社 投稿电话 (010)64027932 投稿信箱 tougao@cnmip.com.cn
冶金工业出版社营销中心 电话 (010)64044283 传真 (010)64027893
冶金工业出版社天猫旗舰店 yjgycbs.tmall.com
(本书如有印装质量问题,本社营销中心负责退换)

前　言

近年来，随着矿物加工技术的发展，矿物加工工艺不断改进，设备趋于大型化、自动化和智能化，矿物加工过程的电气、检测与控制技术也得到了很快的发展。为适应教学、培训以及选厂工程技术人员的学习需要，并充分考虑到矿物加工过程电气控制技术的实际应用和发展情况，作者组织编写了本书。

本书在编写过程中，力求做到将矿物加工过程中实际应用与当前的先进技术相结合，着重介绍工厂供电与安全、矿物加工过程电力拖动基础、矿物加工过程检测仪器仪表、计算机控制技术基础、可编程控制器及应用、工控组态软件及应用和典型矿物加工过程的控制等内容。

本书在编写过程中，考虑到高等教育的特点，在内容编排上注意循序渐进，由浅入深，便于学习者掌握基本控制原理和控制方法。编者希望通过本书的学习，学生能系统地掌握矿物加工过程的供电、电气、检测与控制的基础知识，并具备独立分析和解决问题的能力。

本书可作为高等院校矿物加工工程及相近专业的教学用书，也可供选厂工程技术人员学习参考。

本书第 1、2 章由王卫东、徐志强编写，第 3、5 章由王卫东编写，第 4 章由吴翠平编写，第 6 章由王卫东、朱子祺编写，第 7 章由徐志强编写。全书由王卫东负责组织和统稿。书中部分章节的编写参考了有关文献，在此谨向所列主要参考文献的作者一并表示衷心的感谢。

限于编者水平，书中不妥之处在所难免，敬请广大读者批评指正。

作　者

2020 年 8 月

目　　录

1 工厂供电与安全

1.1 电力系统及工厂供电系统的基本概念

1.1.1 电力系统

发电机把机械能转化为电能，电能经变压器、变换器和电力线路输送并分配到用户，经电动机、电炉和电灯等设备又将电能转化为机械能、热能和光能等。这些生产、输送、分配、消费电能的发电机、变压器、电力线路及各种用电设备联系在一起构成的统一整体称为电力系统，如图1-1所示。

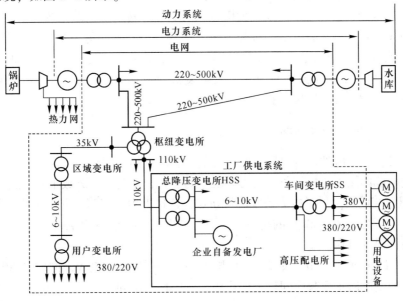

图1-1 电力系统构成示意图

电力系统加上发电机的原动机（如汽轮机或水轮机）、原动机的力能部分（如热力锅炉、水泵、原子能电站的反应堆）、供热和用热设备，称为动力系统。在电力系统中，由升压变电所、降压变电所和各种不同电压等级的配电线路构成电网。电网的作用是将电能从发电厂送至电力用户。

由此可知，电力用户加上电网构成电力系统；电力系统加上原动机力能部分构成动力系统。为了充分利用动力资源，减少燃料运输，降低发电成本，火力发电厂建在有燃料资源的地方；水力发电厂建在有水力资源的地方；核能发电厂厂址也受各种条件限制，一般都远离用电中心，因此，需要将发电厂发出的电能经过升压、输送、降压和分配送到用户，如图1-2所示。

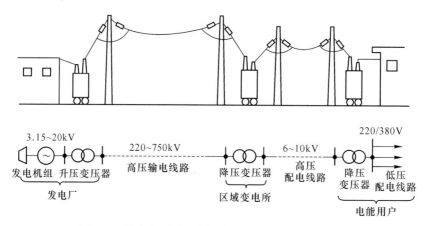

图1-2　从发电厂到用户的发、输、配电过程示意图

1.1.1.1　发电厂

发电厂又称为发电站，简称电厂或电站，是生产电能的工厂。它将各种形式的一次能源（如热能、水能、核能、地热能、太阳能和风能等）转变成电能。按所用一次能源的不同，可分为火力发电、水力发电、核能发电、地热发电、太阳能发电和风能发电等多种。截至2016年年底，我国发电设备总装机容量达16.5亿千瓦，其中非化石能源发电装机容量5.9亿千瓦，占总装机容量的36%，火电装机容量达10.6亿千瓦，占总装机容量的64%（《中国电力行业年度发展报告》）。

1.1.1.2　变电所和配电站

变电所又称为变电站。变电所是联系发电厂和用户的中间环节，是变换电能、电压及接受、分配电能的场所。根据位于电力系统中的位置，变电所可分成下列几类：

（1）枢纽变电所。位于电力系统的枢纽点，连接电力系统高压和中压几个部分，汇集多个电源，电压为330~500kV的变电所，称为枢纽变电所。全所停电后，将引起电力系统解列，甚至出现瘫痪。

（2）中间变电所。一般汇集2~3个电源，电压为220~330kV，同时又降压供给当地用电。这样的变电所主要起中间环节的作用，所以称为中间变电所。全所停电后，将引起区域网络解列。

（3）地区变电所。高压侧电压一般为 110~220kV，对地区用户供电为主的变电所，这是一个地区或城市的主要变电所，全所停电后，仅使该地区中断供电。地区变电所一般采用三绕组变压器，将电压降至 35kV 和 60kV（或 110kV）两种电压，供给该地区不同距离的用户或大型工业企业用电。

（4）终端变电所。在输电线路的终端，接近负荷中心，高压侧电压从地区变电所 35~110kV 的网络受电，降压至 6~10kV 直接向城市或农村城镇供电，供电范围较小，全所停电后，只是该部分用户终止供电。

（5）工业企业的总降压变电所与车间变电所。总降压变电所属于终端变电所，它是对企业内部输送电能的中心枢纽，故也称为企业的中央变电所。车间变电所的一次侧从总降压变电所受电，二次侧降压为 380/220V，对车间各低压电气设备直接进行供电。

1.1.1.3 电网

电网实际上是指某一电压的相互联系的整个电力线路。电网按电压等级可分为低电压电网（1kV 以下）、中压电网（1~10kV）、高压电网（10~330kV）和超高压电网（330kV 及以上）。电网按电压高低和供电范围大小分为区域网和地方电网：

（1）地方电网。地方电网电压不超过 110kV，多供电给地方负荷，地方变电所二次出线以后的网络为地方电网，如供电给工业企业、城市以及农村的电网。

（2）区域电网。电压在 110kV 以上，多供电给地区变电所的电网，称为区域电网。区域电网供电范围较大，供电距离较长，可达 100~200km，如 220kV，输出 100~500MW，输送距离为 100~300km。

（3）远距离输电网。电压超过 220kV 以上、线路距离超过 300km 的电网称为远距离输电网。

1.1.1.4 工厂供电系统的组成

工厂供电系统由总降压变电所、厂区高压配电线路、车间变电所（配电站）、车间低压配电线路以及用电设备组成。它的任务是按工厂需要把电能输送并分配到用电设备。工厂供电系统是电力系统中的一部分，如图 1-1 中点画线框内所示。

对于大型企业工厂用电量大，要求供电可靠性高，可将 110~220kV 高压直接引入总降压变电所。如图 1-1 所示，总降压变电所由 110kV 地方电网直接供电。对于用电量大的厂房和车间也可以直接用 35~110kV 高压电能送至车间，降压后对车间电气设备供电。这样可以减少电网的电能损失和电压损失，保证电能质量和节省导线材料。

A 总降压变电所

一个大型工业企业工厂内设有一个或几个总降压变电所，从电力系统接受 35~110kV 高压电能，降压后以 3~10kV 向各车间变电所和高压电动机供电。为提高供电可靠性，总降压变电所多设置两台降压变压器，由两条或多条电源进线供电。各个总降压变电所之间也可以互相联络，每台变压器容量可以从几千到几万千伏安。

中小型冶金企业工厂，一般只建立一个总降压变电所，其进线数视具体情况而定，条件允许，也可以采用两条电源进线。对于一般小企业不建总降压变电所，而由相邻企业工厂供电或由几个小型企业联合建立一个共用总降压变电所，通常只由电力系统一个电源供电。

通过技术经济比较综合分析后，方能确定总降压变电所的数量和总降压变电所主变压器的台数及容量。

B　车间变电所

在一个生产车间或厂房内，根据生产规模，用电设备的布局及用电量的大小等情况，可设立一个或几个车间变电所。几个相邻且用电量不大的车间也可以共同设立一个车间变电所，变电所的位置可以选择在这几个车间的负荷中心，也可以选择在其中用电量最大的车间内。

车间变电所一般设置一台或两台变压器，特殊情况最多不宜超过三台。单台变压器容量通常在 1000kV·A 以下，特殊情况最大负荷不超过 1800kV·A（新产品为 1600kV·A）。近年来，由于新型开关设备切断能力提高，车间变电所变压器容量也相对提高，最大不宜超过 2000kV·A。

车间变电所将 6~10kV 高压配电电压降低为 220/380V（或 660V），对低压用电设备供电。对车间里高压用电设备，则直接通过变电所的 6~10kV 母线供电。

C　厂区与车间的配电线路

工业企业工厂高压配电线路（6~10kV 或 35kV）主要用作厂区输送与分配电能，通过它把电能输送到各个厂房和车间。高压配电线路目前多采用架空线路，因为架空线路建设投资少且维护与检修方便。但在某些企业（钢铁厂、化工厂等）厂区内，由于厂房和其他构筑物密集，架空敷设的各种管道纵横交错，电动机车牵引电网以及铁路运输网络较多占据空间位置或者由于厂区个别地区扩散于空间腐蚀性气体较严重等因素的限制，不宜敷设架空线路，可以在这些地段敷设地下电缆。电缆线路虽然造价高，但可以美化厂区环境，有利于文明生产，现代化工业厂区高压配电线路已逐渐向电缆化方向发展。

车间低压配电线路主要用于向低压用电设备供电，在户外敷设的低压配电线路目前多采用架空线路，并尽可能与高压线路同杆架设以节省建设费用。在厂房及车间内部根据具体情况采用明线敷设或电缆（或绝缘线）穿管敷设。穿管敷设线路通常可以沿墙或棚敷设明管，也可以预先将管理入墙（棚）之内。低压电缆线路可以沿墙或棚悬挂敷设，也可以置于电缆暗沟内敷设。车间内由动力配电箱到电动机的配电线路一律采用绝缘导线穿管敷设或采用电缆线敷设。

1.1.2　电力负荷的分级及其对供电的要求

1.1.2.1　供电的可靠性

供电的可靠性是指供电企业对电能用户的供电连续性，一般用供电企业的实际供电小时数与全年时间内实际总小时数的百分比来衡量，也可以用全年的停电次数和停电持续时间来衡量。

1.1.2.2　电力负荷的分级

"负荷"的概念是指用电设备，负荷的大小是指用电设备的功率的大小。根据《供配电系统设计规范》（GB 50052—2009）的规定，电力负荷按其供电的可靠性的要求和中断供电所造成的损失和影响，分为一级负荷、二级负荷和三级负荷。

A 一级负荷

一级负荷是指中断供电将造成人身伤亡和重大设备损坏，使生产长期停顿且难以恢复，产品和原料大量报废，造成经济上的重大损失或者在政治上造成重大不良影响的电力负荷。

一级负荷的电力用户主要类型有：重要交通枢纽，重要通信枢纽，国民经济中重点企业的连续生产线及重要设备，重要的宾馆，政治和外事活动中心，医院的急诊室、监护室和手术室等。

在一级负荷中，当中断供电将发生中毒、爆炸和火灾等情况的负荷以及特别重要场所的不允许中断供电的负荷，应视为特别重要负荷，通常称为保安负荷。

保安负荷用户主要类型有：正常电源中断供电时处理安全停产所必需的应急照明、通信系统、保证安全生产的制动装置等；民用建筑中大型金融中心的关键电子计算机系统和防盗报警系统、大型国际比赛场馆的记分系统及监控系统等。

B 二级负荷

二级负荷指中断供电将在政治经济上造成较大损失的负荷。如停电将使主要设备损坏、大量产品报废、连续生产过程被打乱需要较长时间才能恢复，或者会影响重要单位的正常工作，或者会产生社会公共秩序混乱等后果的电力负荷。

二级电力负荷电力用户主要类型有交通枢纽、通信枢纽、重要企业的重点设备、大型影剧院和大型商场等大型公共场所等，如普通办公楼、高层普通住宅楼、百货商场等用户中的客梯电力、主要通道照明等用电设备也是二级负荷设备。

C 三级负荷

三级负荷是指除一、二级负荷外的其他电力负荷。三级负荷应符合发生短时中断供电不致产生严重后果的影响。可采用单回路供电，但在不增加投资的情况下，也应尽量提高其供电可靠性，如商店、学校等。

1.1.2.3 各级电力负荷对供电电源的要求

一级负荷对电源的要求：一级负荷中分为普通一级负荷和一级负荷中特别重要的一级负荷。普通一级负荷应由两个独立电源供电，且当其中一个电源故障时，另一个电源不应同时受到损坏。每段母线的电源来自不同发电机，母线段之间无联系，或有联系但其中一段母线发生故障时，能自动断开联系，不影响其余母线段继续供电。

二级负荷对电源的要求：一般应由两个电源两回线路供电，可以是来自同一区域变电所的两个不同变压器，或者是来自两个区域变电所。

三级负荷对电源的要求：三级负荷对电源无特殊要求，一般由单回线路供电即可。

1.1.3 选煤厂供电的特点及要求

选煤厂机械化程度较高，生产连续性强，生产机械高度集中，便于实现集中控制和自动化生产，因而选煤厂对供电要求较高。具体要求如下：

（1）可靠。选煤厂属于二级负荷，供电中断会造成减产和产品质量下降，带来较大的经济损失。矿属选煤厂采用6~10kV电压供电时，一般不少于双回路供电，而且双回路电源应引自矿井地面变电所不同的变压器或母线段；大型独立选煤厂一般采用35kV电压等级，双回路或单回路专用架空线路供电。

（2）安全。为了避免事故，保证生产的顺利进行，必须采用如防触电、过负荷及过电流保护等一系列技术措施和相应的管理制度，以确保供电的安全。

（3）经济技术合理。除满足供电的可靠性和安全性要求以外，应力求系统简单、运行灵活、操作方便、建设投资和年运行维护费用低，并保证供电质量。

供电质量的主要指标是供电电压和供电频率。在交流电网中，电压 U 和频率 f 对电动机的转矩 M 和转速 n 有很大影响，从《电工学》中可知：转矩 M 正比于电压的平方，转速 n 正比于频率 f，因此，供电电压 U 和频率 f 的波动直接影响到电动机的正常运行。

我国规定，工频交流电的额定频率是 50Hz，频率的偏差不得超过 ±0.5Hz。频率指标由电力部门来保证，在此不做研究。

电压指标是电力用户需要考虑的。由于种种原因，用电设备在工作过程中的电压与额定电压总有一定的差值，两者之差称为电压偏移。各种用电设备的电压偏移都有一定的允许范围（±15%），超出此范围，用电设备将无法良好工作，严重时甚至造成设备损坏。

1.2　变　电　所

1.2.1　变电所组成

选矿厂供电系统可以简单地用图 1-3 和图 1-4 所示框图来描述。对于大型选矿厂（见图 1-3）送入工厂的 35kV 高压电，首先经过主降压变压器降压（见图 1-3 中 1 部分），然后引至 6~10kV 高压配电室（见图 1-3 中 2 部分），经各种配电装置将 6~10kV 电能分配给各车间变电所（见图 1-3 中 3 部分）或高压用电设备（见图 1-3 中 4 部分），最后由车间变电所将 6~10kV 电能变至 380/220V 供给各种低压电气设备和全厂照明之用。

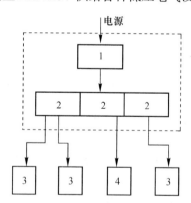

图 1-3　大型选矿厂供电系统图
1—总降压变压器；2—高压配电室；3—车间变压器；4—高压用电设备

大型选矿厂采用 35kV 电压供电时，厂内要设总降压变电所（见图 1-3 中 1 和 2 部分）。变电所的主变压器一般为两台，当其中一台故障或检修时，另一台应能保障全厂的主要生产设备用电（不少于全厂总负荷的 75%）。变压器的容量是根据全厂用电设备总计算负荷来确定的，变压器的总容量应大于或等于全厂用电设备的总计算负荷。

总降压变电所的位置一般选在靠近全厂负荷中心（即主厂房）的地方，且应进出线方便，位于污染源（如锅炉、煤仓等）上风侧，避开有剧烈振动的场所，还应留有扩建和发展的余地。高压配电室主要由各种高压开关柜组成。根据控制对象的不同，开关柜的接线方案和结构都有所不同。每台高压开关柜分别与车间变压器、高压用电设备以及电力电容器、避雷器等相对应，主要起到将 6~10kV 母线上的电能分配给各种用电设备的作用。

中小型选矿厂供电系统可用图 1-4 所示的框图表示。这类选矿厂供电，一般是由矿井地面变电所直接引入 6~10kV 电压，不再需要总降压变压器，只设 6~10kV 配电所，将电能分配给各车间变电所或高压用电设备。

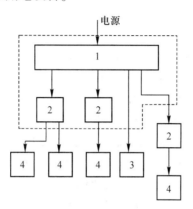

图 1-4　中小型选矿厂供电系统图
1—高压配电室；2—车间变压器；3—高压用电设备；4—低压配电室

当供电距离较近、设备集中时，车间变压器也可以设在 6~10kV 配电室内（此时称高压变电所），将 6~10kV 电能变至 380/220V 后送往车间低压配电室。当 6~10kV 变电所距车间较远时，必须设置车间变电所，如图 1-4 所示。

车间变电所一般只有一台变压器，其容量取决于该车间用电设备的总计算负荷。车间变电所的位置一般根据下述几个原则来确定：尽量接近大容量设备；避开有剧烈振动的设备（如振动筛、破碎机等）；避免设在用水的设备及水池、水槽水面附近。另外，主厂房车间变电所的母线一般应采取竖向布置，各层配电室由竖向母线供电。母线由专设的母线通道与各层车间封闭，检修和安装口应设网门开向各层配电室。

车间变电所的种类很多，按所处的位置来划分有下列几种类型：

（1）户外变电所。变压器安装于户外露天地面上，不需要建设房屋，通风良好，造价低。户外变电所多位于车间外墙侧，也可单独设立。

（2）附设变电所。利用车间的一面或几面墙壁，在车间墙内或墙外设置的变电所称为附设变电所。附设在车间墙内的，称为内附式；附设在车间墙外的，称为外附式。附设式变电所大门向车间外开。变电所不占车间生产面积或只占车间边角的一部分，不妨碍生产流程变动时调整设备布局。这种变电所比户外变电所造价略高，但供电可靠性高。

（3）车间内变电所。对于设备布局稳定，负荷大且集中的大型车间（如选矿厂的主厂房），变电所设置在车间内，门向车间内开，由车间进入变电所。这种变电所突出的优点是接近负荷中心，可以节省大量的有色金属，减少功率损耗，保证电压稳定。

（4）独立变电所。设置在离车间有一定距离的单独建筑物内。这种变电所造价较高，对于不适合采用前几种变电所的场合，可以采用独立变电所。

（5）变电台。当变压器容量较小时，可以安装在户外的电杆或台墩上。

1.2.2　变电所的主要电气设备

变电所的主要电气设备有电力变压器、高压断路器、隔离开关、负荷开关、母线、电流互感器、电压互感器、电力电容器、避雷器、高压开关柜以及各种继电保护装置等。这里仅做简单介绍，对这些设备的结构和原理不做详细分析。

（1）电力变压器：电力变压器是变电所的核心设备，用来进行电压变换，以满足各种电压等级用电设备的需要。如总降压变压器将 35kV 电压变至 6~10kV，车间变压器将 6~10kV 电压变至 380/220V。

（2）高压断路器：高压断路器的作用是接通和切断高压负荷电流，同时也能切断过载电流和短路电流。高压断路器种类很多，变电所常用的主要是油断路器。油断路器有多油断路器和少油断路器之分，在 6~10kV 高压配电装置中使用的是少油断路器。

（3）高压隔离开关：高压隔离开关的作用是用来隔离电源并造成明显的断开点，以保障电气设备能够安全进行检修。隔离开关没有专门的灭弧装置，它不能用来关断负荷电流。它通常安装在高压断路器的进、出线侧，在高压断路器断开电路以后，隔离开关才能打开，使断路器或其他电器与电源隔离，以便检修。在进行操作时，要注意隔离开关和断路器的操作顺序：合闸时，应先合隔离开关，然后合断路器；拉闸时，应先断开断路器，再断开隔离开关。

（4）负荷开关：高压负荷开关的作用是用来切断和接通负荷电流。它具有简易灭弧装置，断流能力不大，不能切断事故短路电流，必须和高压熔断器配合使用，靠熔断器来切断短路电流。

（5）高压熔断器：用来保护电气设备免受过载电流和短路电流的危害。

（6）母线：又称汇流排，指高、低压配电室中的电源线，由它向各高、低压开关柜供电。母线一般是用铜、铝或钢等材料做成。它的截面形状有圆形、矩形和多股绞线。在 35kV 以下的配电室中大多采用矩形母线，35kV 以上的室外变电系统中多采用多股绞线作母线。为了便于识别相序，母线都涂有不同颜色：第一相为黄色，第二相为绿色，第三相为红色。

（7）互感器：互感器是用来将一次回路中的交流电压、电流按比例降至某一标准值（如电压 100V、电流 5A），以便向仪表、继电器等低压电器供电，组成低压二次回路，并对一次侧高压回路进行测量、调节和保护。互感器按变换量的不同可分为电压互感器和电流互感器。

（8）避雷器：用来保护电气设备免遭雷电过电压的危害，接在电气设备的进线侧或母线上，在电压正常时，避雷器电阻很大，相当于对地开路，当雷击引起雷电过电压时，避雷器击穿，对地放电。

1.2.3　变电所的主接线图

1.2.3.1　主接线概念

表示变电所各种电气设备及其相互之间连接顺序的图，称为变电所电气接线图，按其作用不同，变电所电气接线图可分为主接线图和二次接线图两种。

主接线图是表示电能由电源到用户传递和分配线路的接线图。为了便于看图，主接线图中一般只画出系统中主要设备，如变压器、断路器、隔离开关等。变电所的主接线直接影响变电所的技术经济指标和运行质量，主接线应做到简单、可靠，运行灵活，经济合理，操作安全方便。

二次接线图是表示控制、测量和保护等装置的接线图。与之相连的是测量用的电压和电流互感器、各种仪表及继电保护电器等电气设备。一般二次接线图中应附有主接线的设备和元件，以便了解二次接线的作用。

1.2.3.2　对电气主接线的基本要求

电气主接线对工厂供电系统的运行、电器设备选择、厂房、配电装置的布置、自动装置的选择和控制方式起决定性作用，直接影响变（配）电所的技术经济性能和运行质量，对主接线提出下述几点要求：

（1）保证安全。应符合国家标准和有关技术规范的要求，保证在任何可能的运行方式和检修状态下运行人员及设备的安全。

（2）保证可靠性和电能质量。满足各级电力负荷对供电可靠性的要求，可靠性不仅与主接线形式有关，还与电气设备的技术性能运行管理和自动化程度有关，对主接线可靠性的评价不仅可以定性分析，还可以采用数学概率论和数理统计的方法定量计算。主接线在任何运行方式下要满足电能质量基本指标（电压、频率和供电连续性）要求。

（3）灵活。能适应各种不同运行方式，操作维护方便。

（4）经济。在满足上述要求前提下，尽量做到接线简单、投资少、占地少、运行费用低，应考虑节约电能和有色金属消耗量。主接线的可靠性与经济性之间是矛盾的，欲使主接线可靠、灵活，将导致投资增加，所以必须把技术与经济两者综合考虑，在保证供电可靠、运行灵活的基础上，尽量使设备投资费用及运行费用降至最少。

（5）具有发展和扩建的可能性。设计主接线时要留有发展余地，能适应负荷的增加，有扩充改建的可能性。

1.2.3.3　常用的主要电气设备图形符号和文字符号

电气主接线图中，所有的电器均用规定的图形符号表示，并标出主要设备的形式和技术参数。主接线图中常用的电气设备图形符号和文字符号应符合相关国家标准。

1.2.3.4　主接线的基本形式

A　线路变压器组接线

变电所只有一路电源进线和一台变压器时可采用线路变压器组接线，如图1-5所示。这种接线变压器高压侧无母线，低压侧采用单母线。根据变压器高压侧情况（进线距离和系统短路容量大小不同）装设4种不同开关电器。当电源侧继电保护装置能保护变压器且灵敏性能满足要求时只装设隔离开关，当变压器高压侧短路容量不超过高压熔断器断流容量，而又允许采用高压熔断器保护变压器时，变压器高压侧可装设跌落式熔断器或负荷开关；一般情况下

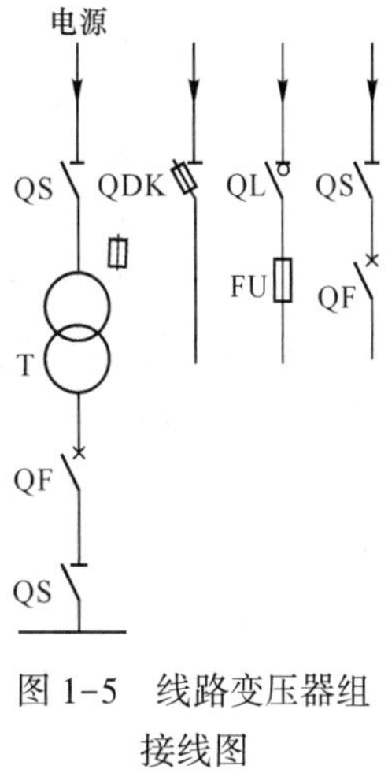

图1-5　线路变压器组接线图

应在变压器高压侧装设隔离开关和断路器。

这种接线优点是接线简单，使用设备少，投资省；缺点是任何一个设备发生故障或检修均造成停电，可靠性不高，只适用小容量和供电可靠性要求不高的三级负荷的变电所。

B　单母线接线

当变电所出线较多时，必须使每一出线都能从电源供电，以保证供电的可靠性和灵活性，需要设置母线，便于汇集和分配电能。

a　单母线不分段主接线

图 1-6 所示为单母线不分段主接线，有一路电源线，4 路出线，每路进线或出线都装有隔离开关和断路器，断路器用来接通或切断电路，隔离开关用来隔离带电部分，如馈线用户一侧无电源，这一侧可不设隔离开关。但有时为防止雷电过电压可以装设隔离开关。单回路进线只有一种运行方式，进线简单，使用开关设备少，但可靠性较差，一旦电源和母线故障都会造成停电，只适用于三级负荷。为提高供电可靠性可以采用两路电源进线，可采用双电源并列运行或一用一备运行，但若母线故障仍会使所有的负荷停电，但母线故障率很低，故可向二级、三级负荷供电。

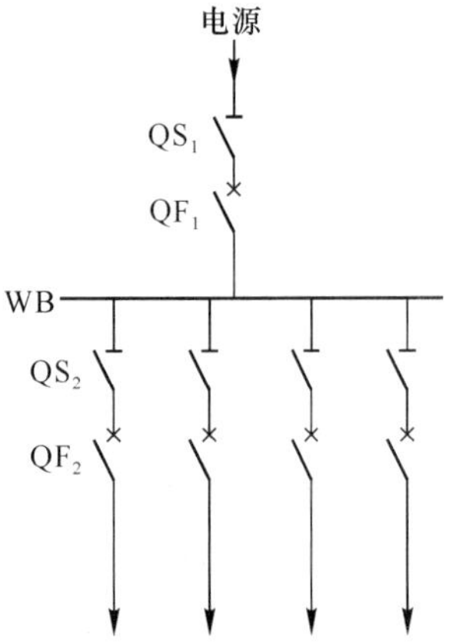

b　单母线分段主接线

如图 1-7 所示，母线用隔离开关或分段断路器分成两段或多段，通常用于两路或多路电源进线情况，可采用双电源并列运行或一用一备的运行方式，当一段母线故障分段断路器断开可保证非故障段母线负荷继续供电，当一回路电源故障，另一回路电源可保证所有负荷不中断供电。由此可见，提高了供电可靠性。

c　单母线带旁路主接线

为了检修出线断路器，又不使该线路中断供电，可采用装设带旁路母线的单母线，如图 1-8 所示。正常运行时，旁路隔离开关（如 QS_{13}、QS_{23} 等）是断开的，旁路母线 WB_2 不带电，当要检修出线 WL_1 的线断路器 QF_{11} 时：（1）先将旁路隔离开关 QS_1、QS_2 闭合后

图 1-6　单母线不分段
主接线

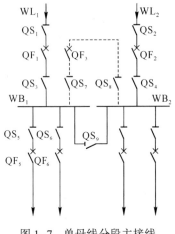

图 1-7　单母线分段主接线

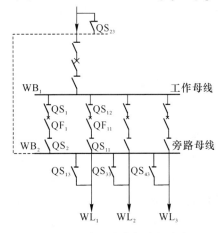

图 1-8　单母线带旁路主接线

再闭合旁路断路器 QF₁，给旁路母线 WB₂ 充电；（2）合上出线 WL₁ 的旁路隔离开关 QS₁₃，此时出线 WL₁ 由原工作母线 WB₁ 和旁路母线 WB₂ 同时供电；（3）然后再断开出线断路器 QF₁₁，拉开出线隔离开关 QS₁₁、QS₁₂。该出线便有旁路母线供电，出线断路器 QF₁₁ 退出运行后进行检修。利用旁路母线每次只能不停电检修一条出线的断路器。

　　C　桥式接线

　　为了保证对一、二级负荷可靠供电，在工厂总降压变电所中，有两个电源进线和两台变压器时，一般采用桥式接线。桥式接线分为内桥和外桥两种，如图 1-9 所示，共同特点是在两台变压器一次侧进线处用一桥接断路器 QF₃ 将两回进线相连，桥路连在进线断路器之下靠近变压器侧称为内桥，连在进线断路器之上靠近电源线路侧则称为外桥。两种桥式接线都能实现电源线路与变压器的充分利用，若变压器 T₁ 故障可将 T₁ 切除，由电源 1 和 2 并列给 T₂ 供电，以减少电源线路中电能损耗和电压损失；若电源 1 线路故障，则可将电源 1 切除，由电源 2 同时给 T₁ 和 T₂ 供电以充分利用变压器并减少变压器的电能损耗。

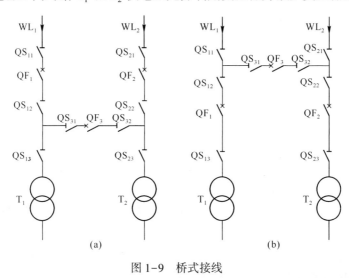

图 1-9　桥式接线

(a) 内桥；(b) 外桥

　　内桥式接线（见图 1-9(a)）线路侧设有断路器，因此电源线路投入和切除操作方便，而变压器故障时操作复杂。如当电源 1 线路故障或检修时，先将 QF₁ 断开，然后将 QF₃ 两侧隔离开关 QS₃₁、QS₃₂ 合闸，再投入 QF₃ 即可恢复对变压器 T₁ 供电，但当 T₁ 故障时，则需先将 QF₁ 和 QF₃ 断开，再断开 QS₁₃，然后将 QF₁ 和 QF₃ 接通，恢复了电源 1 供电。由此可见，内桥接线适用于电源线路长、变压器不需经常切换的场合。

　　外桥式接线如图 1-9(b) 所示，变压器侧设置了断路器。变压器投切方便，而进线侧无断路器，故投切进线困难。因此只适用于电源线路较短、变压器需经常投切的场合。当系统中有穿越功率通过变压器高压侧时或两回电源线路接入环形电网时，也可采用外桥式接线。

　　桥式接线简单，使用设备少（4 个回路只用 3 个断路器），节约投资，可靠性高，适用于 35~110kV 变电所使用。

　　D　双母线

　　上述接线中如果母线本身发生故障则该段母线将中断供电，该段母线上出线也将中断供电。为克服这一缺点，可采用双母线，主接线如图 1-10 所示。双母线接线多采用双母线单断路器接线方式，这种接线每一回线经一台断路器和两组隔离开关分别与两组母线连接，一组是工作母线 WB_1，这组母线上的隔离开关接通，另一组是备用母线 WB_2，这组母线上的隔离开关断开，两组母线通过联络断路器连接。

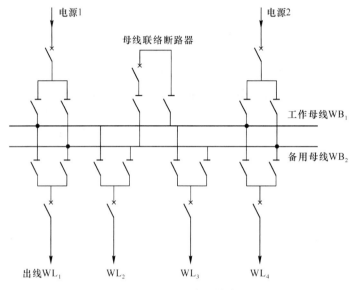

图 1-10　双母线主接线

双母线接线使运行的可靠性和灵活性大为提高。缺点是设备多、操作繁琐、造价高，只适用于有大量一、二级负荷的大型变电所。具体如下：

（1）检修任一母线，不会停止对用户供电。如检修工作母线可将全部电源和线路倒换到备用母线上。

（2）如检修任一组母线隔离开关，只需要断开此隔离开关和与此隔离开关相连的该组母线，其他电路均可通过另一组母线继续供电。

（3）运行调度灵活，通过倒闸操作可以形成不同运行方式。

（4）线路断路器检修可用母联断路器临时代替，保证该线路不停电。

在大中型变电所也常采用双母线分段接线，这种接线是具有单母线分段和双母线两者的特点。

1.2.3.5　选煤厂供电系统主接线

A　大型选煤厂供电系统

图 1-11 为一大型选煤厂供电示意图，两条电源进线分别接于两组 35kV 母线的不同段上，经降压变压器降为 6.3kV，厂用负荷根据自己的情况以不同形式接于该组母线上。35kV 母线采用外桥式接线，6.3kV 母线采用单母线分段接线。各组母线都装有避雷器，以防止雷电过电压对电气设备的危害。为了对系统进行功率因数补偿，以便把功率因数提高到电力部门规定的数值，分别在两段母线上安装一定数量的电力电容器。另外，线路和母线侧还安装了互感器和继电保护装置，以实时监测电路状态并反馈到显示装置。

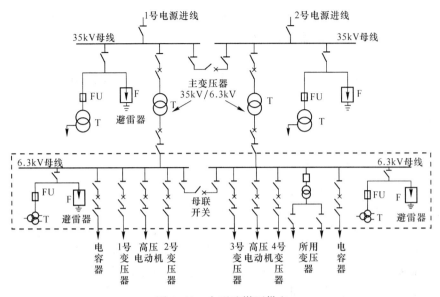

图 1-11　大型选煤厂供电

B　中小型选煤厂供电系统

图 1-12 为一中小型选煤厂供电示意图，厂用电压来自矿井地面上的变电站，经过降压变压器降为 400V，供各厂房负荷或配电室使用。两组不同电压等级的母线采用单母线

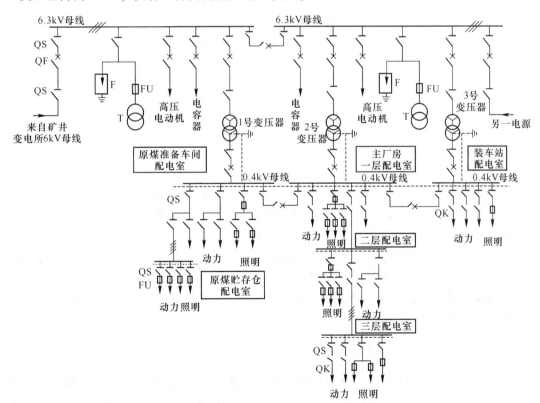

图 1-12　中小型选煤厂供电

分段接线方式，而负荷则通过各自的作用接在不同段的母线上。各母线为防雷和改善功率因数，在其母线上安装了避雷器和电容器。

1.3 供电系统的保护接地与过电压保护

1.3.1 接地的有关概念

1.3.1.1 接地与接地装置

电气设备接地部分与大地之间做良好的电气连接称为接地。埋入地中并直接与土壤相接触的金属导体，称为接地体或接地极，如埋地的钢管、角铁等。电气设备接地部分与接地体（极）相连接的金属导体（线）称为接地线。接地线在设备正常运行情况下是不载流的，但在故障情况下会通过接地故障电流。接地体与接地线的组合称为接地装置。由若干接地体在大地中相互用接地线连接起来的一个整体称为接地网。其中接地线又分接地干线和接地支线，如图 1-13 所示。接地干线一般应采用不少于两根导体，在不同地点与接地网连接。

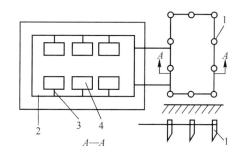

图 1-13 接地网示意图
1—接地体；2—接地干线；3—接地支线；4—设备

1.3.1.2 接地电流和接地电压

当电气设备发生接地故障时，电流就通过接地体流入大地并作半球形散开，这一电流称为接地电流，用 I_E 表示。由于这个半球形的球面，在距接地体越远的地方，球面越大，所以距接地体越远的地方，散流电阻越小，其分布曲线如图 1-14 所示。

试验表明，在距离单根接地体或接地故障点 20m 远处，实际散流电阻已趋近于零，即其电位趋近于零。这电位为零的地方称为电气上的"地"或"大地"。

电气设备接地部分，如接地的外壳和接地体等，与零电位的"大地"之间的电位差，称对地电压，如图 1-14 中的 U_E。

1.3.1.3 接触电压和跨步电压

当电气设备绝缘损坏时，人站在地面上接触该电气设备，人体所承受的电位差称接触电压 U_t。例如，当设备发生接地故障时，以接地点为中心，半径约为 20m 的圆形地表范围内，便形成了一个电位分布区。这时如果有人站在该设备旁边，手触及带电外壳，那么手与脚之间所呈现的电位差，即为接触电压 U_t，如图 1-15 所示。

在接地故障点附近行走，人的双脚（或牲畜前后脚）之间所呈现的电位差称跨步电压 U_{step}，如图 1-15 所示。跨步电压的大小与离接地点的远近及跨步的长短有关，离接地点越近，跨步越长，跨步电压就越大。离接地点达 20m 时，跨步电压通常为零。

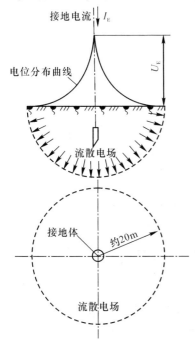

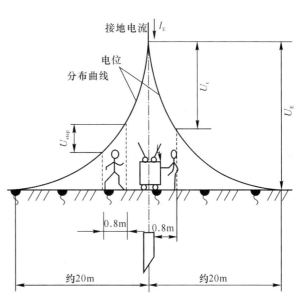

图 1-14　接地电流、对地电压
及接地电流电位分布曲线

图 1-15　接触电压和跨步电压的形成

1.3.1.4　工作接地、保护接地和重复接地

A　工作接地

工作接地是为了保证电力系统和电气设备达到正常工作要求而进行的一种接地。例如，电源中性点的接地、防雷装置的接地等。各种工作接地有各自的功能。例如，电源中性点接地，能维持非故障相对地电压不变；而电源中性点经消弧线圈接地，能在单相接地时消除接地点的断续电弧，防止系统出现过电压；电压互感器一次侧线圈的中性点接地能保证一次系统中相对地电压测量的准确度；防雷装置的接地是为雷击时对地泄放雷电流。

B　保护接地

将在故障情况下可能呈现危险设备的外露可导电部分进行接地称为保护接地。电气设备上与带电部分相绝缘的金属外壳，通常因绝缘性损坏或其他原因而导致意外带电，容易造成人身触电事故。为保障人身安全，避免或减小事故的危害性，电气工程中常采用保护接地。保护接地作用示意图如图 1-16 所示。

保护接地的形式有两种：一是设备的外露可导电部分经各自的接地线（PE 线）直接接地，如在 TT 系统和 IT 系统中的保护接地；二是设备的外露可导电部分经公共的 PE 线或经 PEN 线接地，这种接地在我国电工技术界习惯称为"保护接零"。

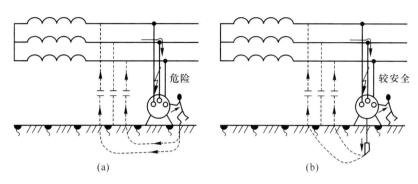

图 1-16　接地保护的说明

必须指出，在同一低压配电系统中，保护接地与保护接零不能混用。否则，当采取保护接地的设备发生单相接地故障时，危险电压将通过大地窜至零线以及采用保护接零的设备外壳上，如图 1-17 所示。

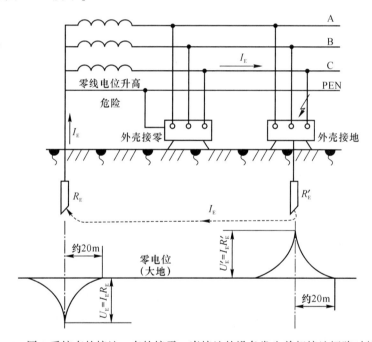

图 1-17　同一系统有的接地、有的接零，当接地的设备发生单相接地短路时的情形

C　重复接地

将零线上的一处或多处通过接地装置与大地再次连接，称为重复接地。在架空线路终端及沿线每 1km 处、电缆或架空线引入建筑物处都要重复接地。若不重复接地，当零线万一断线而同时断点之后某一设备发生单相碰壳时，断点之后的接零设备外壳都将出现较高的接触电压，如图 1-18 所示。

1.3.2　接地电阻

接地电阻是接地体的流散电阻和接地线与接地体电阻的总和。由于接地线与接地体的电阻相对较小，因此接地电阻可认为就是接地体的流散电阻。

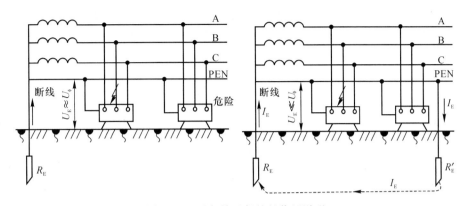

图 1-18 重复接地保护的作用说明

（a）没有重复接地的系统中，PE 线或 PEN 线断线时；（b）采取重复接地的系统中，PE 线或 PEN 线断线时

接地体的流散电阻是指接地体的对地电压与经接地体流入地中的接地电流之比，即以接地体为中心，半径为 20m 半球体范围内的土壤电阻。流散电阻大小还与电流的性质有关，工频电阻（50Hz）接地电流流经接地装置所呈现的接地电阻，称为工频接地电阻，用 R_E 或 $R_\sim$ 表示。雷电流流经接地装置所呈现的接地电阻，称为冲击接地电阻，用 R_{sh} 或 R_i 表示。

我国有关规程规定的部分电力装置所要求的工作接地电阻值，包括工频接地电阻和冲击接地电阻值。

1.3.3 低压配电系统的接地形式

低压系统接地制式按配电系统和电气设备不同的接地组合来分类，按照 IEC（国际电工委员会）规定，低压系统接地制式一般由两个字母组成，必要时可加后续字母。因为 IEC 以法文作为正式文件，因此所用的字母为相应法文文字的首字母。

按接地制式划分，配电系统有 TN-S、TN-C、TN-C-S、TT、IT 5 种。

第一个字母表示电源接地点对地的关系：其中，T（法文 Terre 的首字母）表示直接接地；I（法文 Isolant 的首字母）表示不接地（包括所有带电部分与地隔离）或通过阻抗与大地相连。

第二个字母表示电气设备的外露导电部分与地的关系：其中，T 表示独立于电源接地点的直接接地；N（法文 Neutre 的首字母）表示直接与电源系统接地点或与该点引出导体相连接。

后续字母表示中性线与保护线之间的关系：其中，C（法文 Combinasion 的首字母）表示中性线 N 与保护线 PE 合并为 PEN 线；S（法文 Separateur 的首字母）表示中性线与保护线分开；C-S 表示在电源侧为 PEN 线，从某点分开为 N 及 PE 线。

低压配电系统的保护接地按接地形式分为 TN 系统、TT 系统和 IT 系统 3 种。

1.3.3.1 TN 系统

TN 系统的电源中性点直接接地，并引出有中性线（N 线）、保护线（PE 线）或保护中性线（PEN 线），属于三相四线制或五线制系统。如果系统中的 N 线与 PE 线全部合为 PEN 线，则此系统称为 TN-C 系统，如图 1-19(a) 所示。如果系统中的 N 线与 PE 线全部分开，则此系统称为 TN-S 系统，如图 1-19(b) 所示。如果系统中前一部分 N 线与 PE 线合为 PEN 线，而后一部分 N 线与 PE 线全部或部分分开，则此系统称为 TN-C-S 系统，如图 1-19(c) 所示。

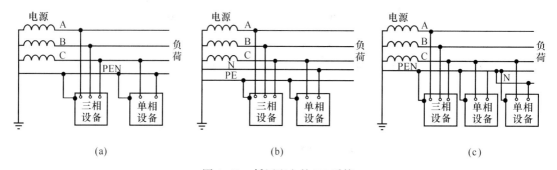

图 1-19　低压配电的 TN 系统

（a）TN-C 系统；（b）TN-S 系统；（c）TN-C-S 系统

TN 系统中，设备外露可导电部分经低压配电系统中公共的 PE 线（在 TN-S 系统中）或 PEN 线（在 TN-C 系统中）接地，这种接地形式我国习惯称为"保护接零"。

TN 系统中的设备发生单相碰壳漏电故障时，就形成单相短路回路，因该回路内不包含任何接地电阻，整个回路的阻抗就很小，故障电流会很大，足以保证在最短的时间内使熔丝熔断、保护装置或自动开关跳闸，从而切除故障设备的电源，保障了人身安全。

1.3.3.2　TT 系统

TT 系统的电源中性点直接接地，并引出 N 线，属三相四线制系统。设备的外露可导电部分均经与系统接地点无关的各自的接地装置单独接地，如图 1-20(a) 所示。

当设备发生单相接地故障时，就通过保护接地装置形成单相短路电流 $I_s^{(1)}$（见图 1-20(b)）。由于电源相电压为 220V，若按电源中性点工作接地电阻为 4Ω、保护接地电阻为 4Ω 计算，则故障回路将产生 27.5A 的电流。这么大的故障电流，对于容量较小的电气设备所选用的熔丝会熔断或使自动开关跳闸，从而切断电源，保障人身安全。但是，对于容量较大的电气设备，因所选用的熔丝或自动开关的额定电流较大，所以不能保证切断电源，也就无法保障人身安全了。这是保护接地方式的局限性，但可通过加装漏电保护开关来弥补，以完善保护接地功能。

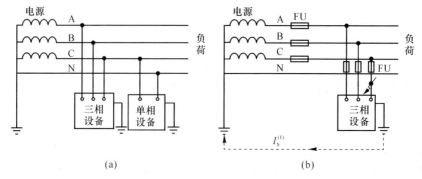

图 1-20　低压配电的 TT 系统及保护接地功能说明

1.3.3.3 IT 系统

IT 系统的电源中性点不接地或经 1kΩ 阻抗接地，通常不引出 N 线，属于三相三线制系统。设备的外露可导电部分均经各自的接地装置单独接地，如图 1-21(a) 所示。

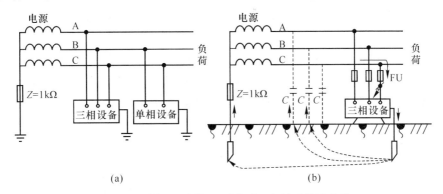

图 1-21 低压配电的 IT 系统及一相接地故障电流

当设备发生一相接地故障时，就通过接地装置、大地、两非故障相对地电容以及电源中性点接地装置（如采取中性点经阻抗接地时）形成单相接地故障电流（见图 1-21(b)）。这时人体若触及漏电设备外壳，因人体电阻与接地电阻并联，且 R_{min} 远大于 R_E（人体电阻比接地电阻大 200 倍以上），由于分流作用，通过人体的故障电流将远小于流经 R_E 的故障电流，极大地减小了人身触电的危害程度。

必须指出，在同一低压配电系统中，保护接地与保护接零不能混用。否则，当采取保护接地的设备发生单相接地故障时，危险电压将通过大地窜至零线以及采用保护接零的设备外壳上。

1.4 供电系统的雷电过电压及保护

1.4.1 雷电过电压及雷电的有关概念

过电压是指在电气设备或线路上出现的超过正常工作要求并对其绝缘构成威胁的电压。在电力系统中，过电压按产生原因不同，可分为内部过电压和雷电过电压两大类。

1.4.1.1 内部过电压

内部过电压是由于电力系统内的开关操作、事故切换、发生故障或负荷骤变时引起的过电压。可分为操作过电压、弧光接地过电压及谐振过电压。

内部过电压的能量来自于电力系统本身。经验证明，内部过电压一般不超过系统正常运行时额定相电压的 3~4 倍，对电力线路和电气设备绝缘性能的威胁不是很大。

1.4.1.2 雷电过电压

雷电过电压也称外部过电压或大气过电压。它是由于电力系统中的设备或建筑物遭受来自大气中的雷击、雷电感应和雷电冲击波（雷电行波）而引起的过电压。

雷电过电压产生的雷电冲击波，其电压幅值可高达1亿伏，其电流幅值可高达几十万安，对电力系统的危害远远超过内部过电压。雷电过电压可能毁坏电气设备和线路的绝缘，烧断线路，造成大面积、长时间停电。因此，其对供电系统的危害极大，必须采取有效措施加以防护。

雷电过电压可分为直击雷过电压、感应雷过电压和雷电侵入波（即雷电行波）三大类。

A　直击雷过电压

当雷电直接击中电气设备、线路或建筑物时，强大的雷电流通过其流入大地，不仅在被击物上产生较高的电位降并且产生破坏性极大的热效应和机械效应，相伴的还有电磁脉冲和闪络放电。这种雷电过电压称为直击雷过电压，如图1-22(b) 所示。

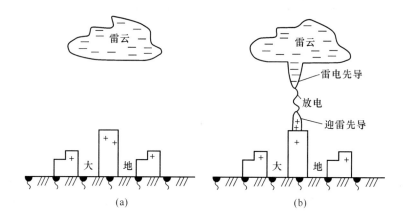

图1-22　直击雷示意图

（a）雷云在建筑物上方时；（b）雷云对建筑物放电

B　感应雷过电压

当雷云在架空线路上方时，使架空线路感应出异性电荷。雷云对其他物体放电后，架空线路上的电荷被释放，形成自由电荷流向线路两端，产生电位很高的过电压，称为感应电压，如图1-23(a) 所示。架空线路上的感应过电压可达几万甚至几十万伏，对供电系统的危害很大。

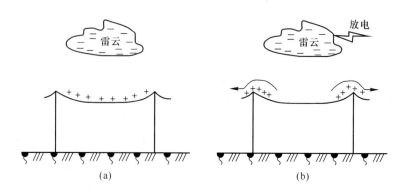

图1-23　架空线路上的感应过电压

（a）雷云在线路上方；（b）雷云对地或其他雷云放电后

C 雷电侵入波

由于直击雷或感应雷而产生的高电压雷电波（行波），会沿架空线路或金属管道侵入配电所或用户。这种高电压雷电波称为雷电侵入波，也称为雷电行波。这种雷电侵入波造成的危害占雷害总数的一半以上，如图1-23(b) 所示。

1.4.2 雷电的形成及有关概念

雷电是带有电荷的雷云之间或雷云和大地（或地上物体）之间产生急剧放电的一种自然现象。有关雷电形成过程的学说较多，随着高电压技术及快速摄影技术的发展，雷电现象的科学研究取得了很大进步。通常的一种说法是在闷热、潮湿、无风的天气里，接近地面的湿气受热上升，遇到冷空气凝成冰晶。冰晶受到上升气流的冲击而破碎分裂，气流挟带一部分带正电的小冰晶上升，形成"正雷云"；而另一部分较大的带负电的冰晶则下降，形成"负雷云"，随着电荷的积累，雷云电位逐渐升高。由于高空气流的流动，正、负雷云均在空中飘浮不定，当带不同电荷的雷云相互接近到一定程度时，就会产生强烈的放电，放电时瞬间出现耀眼的闪光和震耳的轰鸣，这种现象就称为雷电。

当空中的雷云靠近大地时，雷云与大地之间形成一个很大的雷电场。由于静电感应作用，使地面出现与雷云的电荷极性相反的电荷，如图1-22(a) 所示。

当雷云与大地之间在某一方位的电场强度达到25~30kV/cm时，雷云就会开始向这一方位放电，形成一个导电的空气通道，称为雷电先导。大地感应出的异种电荷集中在上述方位尖端上方，在雷电先导下行至离地面100~300m时，也形成一个上行的迎雷先导，如图1-22(b) 所示。当上、下先导相互接近时，正负电荷强烈吸引中和而产生强大的雷电流，并伴有强烈的雷鸣闪电。这就是直击雷的主放电阶段，这段时间很短，一般为50~100μs。主放电阶段之后，雷云中的剩余电荷继续沿着主放电通道向大地放电，形成断续的隆隆雷声。这就是直击雷的余辉放电阶段，时间约为0.03~0.15μs，电流较小，约为几百安。

雷击先导在主放电阶段前与地面上雷击对象之间的最小空间距离，称为闪击距离，简称击距。雷电的闪击距离与雷电流的幅值和陡度有关。采用"滚球法"确定直击雷防护范围的大小，就与闪击距离有关。

架空线路在附近出现对地雷击时极易产生感应过电压。当雷云出现在架空线路上方时，线路上由于静电感应而积聚大量异性的束缚电荷，如图1-23(a) 所示。当雷云对地或其他雷云放电后，线路上的束缚电荷被释放而形成自由电荷，向线路两端泄放，形成电位很高的过电压波，如图1-23(b) 所示。高压线路上的感应过电压，可高达几十万伏，低压线路上的感应过电压也可达几万伏，对供电系统的危害都极大。

当强大的雷电流沿着导体（如接地线）泄放入地时，由于雷电流具有很大的幅值和陡度，因此它在周围产生强大的电磁场。如果附近有开口的金属环，则其电磁场将在该金属环的开口（间隙）处感应出相当大的电动势而产生火花放电。这对于存放易燃易爆物品的建筑物是十分危险的。为了防止雷电流电磁感应引起的危险过电压，应该用跨接导体或焊接方法将开口金属环（包括包装箱上的铁皮箍）连成闭合回路后接地。

1.4.3　防雷装置

一个完整的防雷装置由接闪器或避雷器、引下线和接地装置三部分组成。

1.4.3.1　接闪器

接闪器是专门用来直接接受雷击的金属物体。接闪的金属杆称为避雷针，主要用于保护露天变配电设备及建筑物；接闪的金属线称避雷线或架空地线，主要用于保护输电线路；接闪的金属带、金属网称避雷带、避雷网，主要用于保护建筑物。它们都是利用其高出被保护物的突出地位，把雷电引向自身，然后通过引下线和接地装置把雷电流泄入大地，使被保护的线路、设备、建筑物免受雷击。因此，避雷针和避雷线的功能实质是引雷作用。由于避雷针和避雷线安装高度高于被保护物，因此当雷电先导临近地面时，它能使雷电场畸变，改变雷电先导的通道方向，吸引到避雷针或避雷线本身，然后经与避雷针或避雷线和接地装置将雷电流泄放到大地中去。

　　A　避雷针的保护范围

避雷针能否对被保护物进行保护取决于被保护物是否在其有效的保护范围内。避雷针的保护范围是以其能防护直击雷的空间来表示的，按新颁国家标准采用"滚球法"来确定。

"滚球法"就是选择一个半径为 h_r（滚球半径）的球体，沿需要防护直击雷的部位滚动，如果球体只触及接闪器或接闪器和地面，而不触及需要保护的部位时，则该部位就在这个接闪器的保护范围之内。滚球半径是按建筑物防雷类别确定的，见表1-1。

表1-1　各类防雷建筑物的滚球半径和避雷网格尺寸

建筑物防雷类别	滚球半径 h_r/m	避雷网格尺寸/m
第一类防雷建筑物	30	≤5×5 或 6×4
第二类防雷建筑物	45	≤10×10 或 12×8
第三类防雷建筑物	60	≤20×20 或 24×16

　　a　单支避雷针的保护范围

单支避雷针的保护范围如图1-24所示，按下列方法确定：

当避雷针高度 $h \leqslant h_r$ 时，单只避雷针的保护范围是一个以避雷针为轴线的对称锥体。过轴线的截面如图1-24所示，其两侧的边界是以 h_r 为半径的圆弧，它与针尖相交或相切，与地面相切。在被保护物高度 h_x 的 xx' 平面上的保护半径 r_x 按下式计算：

$$r_x = \sqrt{h(2h_r - h)} - \sqrt{h_x(2h_r - h_x)} \tag{1-1}$$

式中，h_r 为滚球半径，由表1-1确定。

避雷针在地面上的保护半径 r_0 按下式计算：

$$r_0 = \sqrt{h(2h_r - h)} \tag{1-2}$$

当避雷针高度 $h > h_r$ 时，其保护范围按高度等于 h_r 的避雷针计算。

　　b　双支等高避雷针的保护范围

在避雷针高度 h 小于或等于 h_r 的情况下，当两支避雷针的距离 D 大于或等于

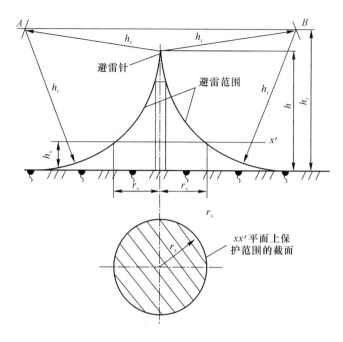

图 1-24　单支避雷针的保护范围

$2\sqrt{h(2h_r-h)}$ 时，应各按单支避雷针的方法确定；当 D 小于 $2\sqrt{h(2h_r-h)}$ 时，应按图 1-25 方法来确定。具体操作为：

（1）$AEBC$ 外侧的保护范围，按照单支避雷针的方法确定。

（2）C、E 点位于两针间的垂直平分线上。在地面每侧的最小保护宽度 b_0 按下式计算

$$b_0 = CO = EO = \sqrt{h(2h_r - h)^2 - (D/2)^2} \tag{1-3}$$

在 AOB 轴线上，距中心线任一距离 x 处，其在保护范围上边线上的保护高度 h_x 按下式确定：

$$h_x = h_r - \sqrt{(h_r - h)^2 + (D/2)^2 - x^2} \tag{1-4}$$

该保护范围上边线是以中心线距离地面 h_r 的一点 O' 为圆心，以 $\sqrt{(h_r-h)^2+(D/2)^2}$ 为半径所作的圆弧 AB。

（3）两针尖 $AEBC$ 内的保护范围，ACO 部分的保护范围按以下方法计算：在任一保护范围高度 h_x 和 C 点处垂直平面上，以 h_x 作为假想避雷针，按单支避雷针的方法确定，如图 1-25 的 1—1 剖面所示。确定 BCO、AEO、BEO 部分的保护范围的方法与 ACO 部分的相同。

确定 xx' 平面上保护范围截面的方法：以单支避雷针的保护半径 r_x 为半径，以 A、B 为圆心作弧形与四边形 $AEBC$ 相交，再以单支避雷针的 (r_0-r_x) 为半径，以 E、C 为圆心作弧线与上述弧线相接，如图 1-25 中的虚线所示。

　　B　避雷线的保护范围

避雷线一般采用截面不小于 $35mm^2$ 的镀锌钢绞线，架设在架空电力线路的上方，以保护架空线路或其他物体如建筑物等，使之免遭雷击。由于避雷线既要架空，又要接地，因此它又称为架空地线。避雷线的功能和原理与避雷针基本相同。

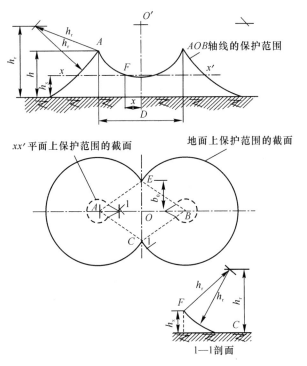

图 1-25　双支等高避雷针的保护范围

a　单根避雷线的保护范围

单根避雷线的保护范围也按滚球法确定。当避雷线高度 $h \geqslant 2h_r$ 时，起不到保护作用。当避雷线的高度 $h \leqslant 2h_r$ 时，保护范围如图 1-26 所示，保护范围应按下法确定。

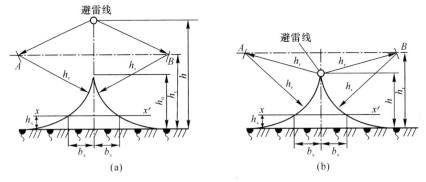

图 1-26　单根避雷线的保护范围

（a）当 $h_r < h < 2h_r$ 时；（b）当 $h_r \geqslant h$ 时

当 $h_r \geqslant h$ 时，其端部及两侧的保护范围按确定单只避雷针保护范围的方法确定，避雷线在 h_x 高度的 xx' 平面上的保护宽度 b_x 按下式计算：

$$b_x = \sqrt{h(2h_r - h)} - \sqrt{h_x(2h_r - h_x)} \qquad (1-5)$$

当 $h_r < h < 2h_r$ 时，保护范围最高点的高度 h_0 按下式计算：

$$h_0 = 2h_r - h$$

式中，h 为避雷线的高度；h_x 为保护物的高度。

但需要注意，确定架空避雷线的高度时，应考虑弧垂的影响。在无法确定弧垂的情况下，等高支柱间距小于 120m 时，其避雷线中点的弧垂宜采用 2m；间距为 120～150m 时，其中点的弧垂宜选用 3m。

b 双根等高避雷线的保护范围

当 $h \leqslant h_r$ 时，当两根避雷线之间距离 D 大于或等于 $2\sqrt{h(2h_r-h)}$ 时，各按单根避雷线所规定的方法确定；当两根避雷线之间距离 D 小于 $2\sqrt{h(2h_r-h)}$ 时，两根避雷线外侧的保护范围按照单根避雷线的方法确定，两根避雷线之间的保护范围按图 1-27 作图方法来确定。

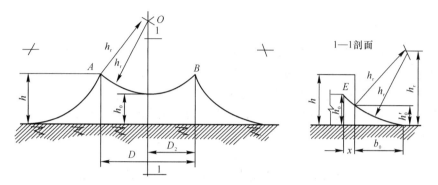

图 1-27 双根等高避雷线在 $h \leqslant h_r$ 时的保护范围

$$h_0 = \sqrt{h_r^2 - (D^2/2)^2} + h - h_r \qquad (1-6)$$

避雷线两端的保护范围按双支避雷针的方法确定，但在中线上 h_0 线的内移位置按图 1-27 的 1—1 剖面的方法确定：以双支避雷针所确定的中点保护范围最低点的高度 $h_0 = h_r - \sqrt{(h_r-h)^2 + (D^2/2)^2}$ 作为假想避雷针，将其保护范围的延长线与 h_0 线交于 E 点。内移位置的距离 x 也可按下式计算：

$$x_0 = \sqrt{h_0(2h_r - h_0)} - b_0 \qquad (1-7)$$

式中，b_0 为每一侧的最小保护宽度，按式（1-3）确定。

当 $h_r < h < 2h_r$ 时，且避雷线之间的距离 D 小于 $2h_r$ 且大于 $2[h_r - \sqrt{h(2h_r-h)}]$ 的情况下，避雷线保护范围按照图 1-28 方法来确定。

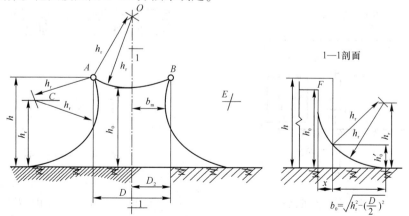

图 1-28 双根等高避雷线在 $h_r < h < 2h_r$ 时的保护范围

$$h_0 = \sqrt{h_r^2 - (D^2/2)^2} + h - h_r \qquad (1-8)$$

最小保护宽度 b_m 位于 h_r 高处，其值按下式计算：

$$b_m = \sqrt{h(2h_r - h)} + D/2 - h_r \qquad (1-9)$$

避雷线两端的保护范围按双支高度 h_r 的避雷针确定，但在中线上 h_0 线的内移位置以双支高度 h_r 的避雷针所确定的中点保护范围最低点的高度 $h_r' = h_r - D/2$ 作为假想避雷针，将其保护范围的延长弧线与 h_0 线交于 F 点。内移位置的距离 x 也可按下式计算：

$$x = \sqrt{h_0(2h_r - h_0)} + \sqrt{h_r^2 - (D/2)^2} \qquad (1-10)$$

1.4.3.2　避雷器

避雷器是用来防止雷电产生的过电压波沿线路侵入变配电所或其他建筑物内，危及被保护设备的绝缘介质。避雷器应与被保护设备并联，装在被保护设备的电源侧，如图 1-29 所示。当线路上出现雷电过电压时，避雷器的火花间隙就被击穿，或由高电阻变为低电阻，对地放电，从而保护了设备的绝缘介质。避雷器的类型有阀型避雷器、排气式避雷器、金属氧化物避雷器、保护间隙。

A　阀型避雷器

阀型避雷器在结构上由火花间隙和阀片组成，装在密封的瓷套管内。火花间隙是用铜片冲制而成，每对铜片为一个间隙，中间用云母片（垫圈式）隔开，其厚度约为 0.5~1mm，如图 1-30(a) 所示。在正常工作电压下，火花间隙不会被击穿从而隔断工频电流，但在雷电过电压时，火花间隙被击穿而放电。阀片是用碳化硅制成的，如图 1-30(b) 所示。这种阀片具有非线性特征，在正常工作电压下，阀片电阻值较高，起到绝缘作用，而在雷电过电压下电阻值较小，如图 1-30(c) 所示。当火花间隙击穿后，阀片能使雷电流泄放到大地中去。而当雷电压消失后，阀片又呈现较大电阻，使火花间隙恢复绝缘，切断工频续流，保证线路恢复正常运行。必须注意的是：雷电流流过阀片时要形成电压降（称为残压），加在被保护电力设备上，残压不能超过设备绝缘允许的耐压值，否则会使设备绝缘介质被击穿。

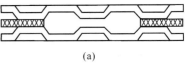

(a)

(b)

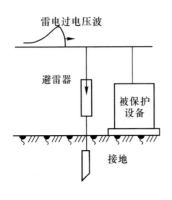

图 1-29　避雷器的连接

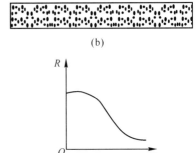

(c)

图 1-30　阀型避雷器的组成及特性
(a) 单元火花间隙；(b) 阀片；(c) 阀电阻特性曲线

阀型避雷器中火花间隙和阀片的多少，与其工作电压高低成比例。高压阀型避雷器串联很多单元火花间隙，目的是将长弧分成多段短弧，以加速电弧的熄灭。

国产 FS4-10 型和 FS-0.38 型阀型避雷器外形结构如图 1-31(a) 和 （b） 所示。

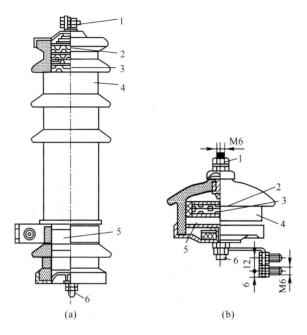

图 1-31　高低压阀型避雷器
1—上接线端；2—火花间隙；3—云母垫片；4—瓷套管；5—阀片；6—下接线端

B　管型避雷器

管型避雷器由产气管、内部间隙和外部间隙三部分组成，如图 1-32 所示。产气管由纤维、有机玻璃或塑料制成；内部间隙装在产气管内，其一个电极为棒形，另一个电极为环形。

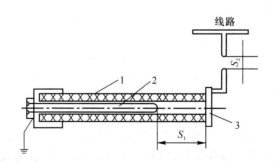

图 1-32　管型避雷器
1—产气管；2—内部电极；3—外部电极；S_1—内部间隙；S_2—外部间隙

当线路上遭到雷击或雷电感应时，雷电过电压使管型避雷器的内、外间隙被击穿，强大的雷电流通过接地装置入地。由于避雷器放电时，内阻接近于零，所以其残压很小，工频续流很大。雷电流和工频续流使管子内部间隙发生强烈电弧，使管内壁材料烧灼产生大量的灭弧气体，由管口喷出，造成强烈吹弧，使电弧迅速熄灭。这时外部间隙的空气恢复绝缘，使管型避雷器与电力系统隔离，恢复系统的正常运行。

排气式避雷器具有简单经济、残压很小的优点，但它动作时有电弧和气体从管中喷出，因此它只能用于室外架空场所（主要是架空线路上）。

C　氧化锌避雷器

氧化锌避雷器是目前最先进的过电压保护设备，由基本元件、绝缘底座构成。基本元件内部由氧化锌电阻片串联而成，电阻片的形状有圆饼形状，也有环状。氧化锌避雷器工作原理与阀型避雷器基本相似。由于氧化锌非线性电阻片具有极高的电阻而呈绝缘状态，所以其有十分优良的非线性特性。在正常工作电压下，电阻片仅有几百微安的电流通过，因而无需采用串联的放电间隙，使其结构先进合理。

有机外套氧化锌避雷器有无间隙和有间隙两种。无间隙有机外套氧化锌避雷器广泛应用于变压器、电机、开关、母线等电力设备的防雷，有间隙有机外套氧化锌避雷器主要用于 6~10kV 中性点非直接接地配电系统的变压器、电缆头等交流配电设备的防雷。整体式合成绝缘氧化锌避雷器是整体模压式无间隙避雷器，该型避雷器主要用于 3~10kV 电力系统电气设备的防雷。

D　保护间隙

与被保护物绝缘并联的空气火花间隙称为保护间隙（又称空气间隙）。按结构形式，可分为棒形、球形和角形三种。目前，3~35kV 线路广泛应用的是角形间隙。角形间隙由两根直径 10~12mm 的镀锌圆钢弯成羊角形电极并固定在瓷瓶上而构成，如图 1-33(a) 所示。

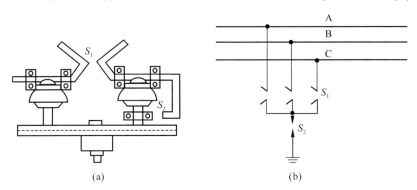

图 1-33　角形保护间隙结构与接线
（a）间隙结构；（b）三相线路上保护间隙接线图
S_1—主间隙；S_2—辅助间隙

正常情况下，保护间隙对地是绝缘的。当线路遭到雷击时，就会在线路上产生一个正常绝缘所不能承受的高电压，使角形间隙被击穿，将大量雷电流泄入大地。角形间隙击穿时会产生电弧，因空气受热上升，电弧转移到间隙上方，经拉长而熄灭，使线路绝缘子或其他电气设备的绝缘不致发生闪络，从而起到保护作用。因主间隙长期暴露在空气中，容易被外物（如鸟、鼠、虫、树枝）短接，所以对本身设有辅助间隙的保护间隙，一般在其接地引线中串联一个辅助间隙。这样，即使主间隙被外物短接，也不致造成接地或短路，如图 1-33(b) 所示。

保护间隙灭弧能力较小，雷击后，保护间隙很可能切不断工频续流而造成接地短路故障，引起线路开关跳闸或熔断器熔断，造成停电，所以其只适用于无重要负荷的线路上。在装有保护间隙的线路上一般要求装设自动重合闸装置或自复式熔断器以提高供电可靠性。

1.4.4　供电系统的防雷电措施

1.4.4.1　架空线路的防雷保护

（1）架设避雷线。这是线路防雷的最有效措施，但成本很高，只有 110kV 及以上线路才沿全线装设。35kV 的架空线上，一般只在进出变配电所的一段线路上架设；而 10kV 及以下的线路上一般不架设。

（2）提高线路本身的绝缘水平。在线路上采用瓷横担代替铁横担或改用高一绝缘等级的瓷瓶都可以提高线路的防雷水平。这是 10kV 及以下架空线路的基本防雷措施。

（3）利用三角形排列的顶线兼做防雷保护线。由于 3~10kV 线路中性点通常是不接地的，因此若在三角形排列的顶线绝缘子上装设保护间隙，如图 1-34 所示，则在雷击时顶线承受雷击，保护间隙被击穿，通过引下线对地泄放雷电流，从而保护了下面两根导线，一般不会引起线路断路器跳闸。

（4）加强对绝缘薄弱点的保护。线路上个别特别高的电杆、跨越杆、分支杆、电缆头、开关等处，就全线路来说是绝缘薄弱点，雷击时最容易发生短路。在这些薄弱点，需装设管型避雷器或保护间隙加以保护。

（5）采用自动重合闸装置。遭受雷击时，线路发生相间短路是难免的。在断路器跳闸后，电弧自行熄灭，经过 0.5s 或稍长一点时间后，自动重合闸装置可使开关自动合上，电弧一般不会复燃，可恢复供电，停电时间很短，对一般用户影响不大。

（6）绝缘子铁脚接地。对于分布广密的用户低压线路及接户线的绝缘子铁脚宜接地。当其落雷时，就能通过绝缘子铁脚放电，把雷电流泄入大地而起到保护作用。

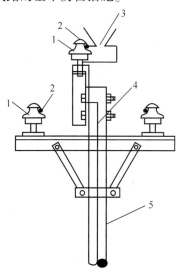

图 1-34　顶线间隙

1—绝缘子；2—架绝缘子附加保护空导线；3—保护间隙；4—接地引下线；5—电杆

1.4.4.2　变（配）电所的防雷保护

（1）防直击雷的保护措施。装设避雷针以保护整个变配电所建（构）筑物免遭直击雷。避雷针可以单独立杆，也可利用户外配电装置的构架。为防止"反击"事故的发生，独立避雷针与被保护物之间应保持一定的空间距离，一般大于 5m，避雷针接地体与被保护物之间也应保持一定的地中距离，一般大于 3m。

（2）进线的防雷保护。35kV 电力线路一般不采用全线装设避雷线来防直击雷，但为防止变电所附近线路上受到雷击时雷电压沿线路侵入变电所内损坏设备，需在进线 1~2km 段内装设避雷线，使该段线路免遭直接雷击。

　　为使避雷线保护段以外的线路受雷击时侵入变电所内的过电压有所限制，一般可在避雷线两端处的线路上装设管型避雷器。进线段防雷保护接线方式如图 1-35 所示。当保护段以外线路受雷击时，雷电波到管型避雷器 F_1 处，即对地放电，降低了雷电过电压值。管型避雷器 F_2 的作用是防止雷电侵入波在断开的断路器处产生过电压击坏断路器。

　　3~10kV 配电线路的进线，可以在每路进线终端，装设 FZ 型或 FS 型阀型避雷器，以保护线路断路器及隔离开关，如图 1-36 所示。如果进线是电缆引入的架空线路，则在架空线路终端靠近电缆头处装设避雷器，其接地端与电缆头外壳相连后接地。

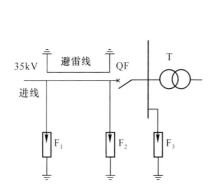

图 1-35　变电所 35kV 进线防雷保护接线
F_1，F_2—管型避雷器；F_3—阀型避雷器

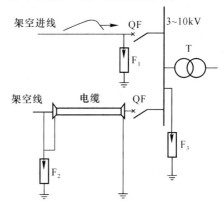

图 1-36　3~10kV 变配电所防雷保护接线
F_1，F_2—管型避雷器；F_3—阀型避雷器

1.4.4.3　配电装置的防雷保护

　　为防止雷电冲击波沿高压线路侵入变电所，对所内设备造成危害，特别是价值最高但绝缘相对薄弱的电力变压器，在变配电所每段母线上装设一组阀型避雷器，并应尽量靠近变压器，距离一般不应大于 5m，如图 1-35 和图 1-36 中的 F_3 所示。

思　考　题

（1）煤矿企业供电有哪些要求？用户的分级以及它们对供电可靠性的要求有哪些？

（2）煤矿企业中常用电压等级有哪些？为什么输送电能必须用高压？煤矿企业的供电电源来自何处？

（3）工厂供电压选择要考虑哪些因素？工厂高压配电压和低压配电压选择要考虑哪些因素？常用的高低压配电压有哪些？

（4）对工厂供电系统来说，提高电能质量主要有哪些方面的质量问题？

（5）对变（配）电所主接线的基本要求是什么？内桥接线和外桥接线各有什么特点，各适合哪种场合？

（6）什么叫过电压？过电压有哪些类型？雷电过电压有哪些形式，是如何产生的？

（7）避雷器的主要功能是什么？阀式避雷器和排气式避雷器在结构、性能和应用场合方面各有什么不同？

（8）在防止线路侵入雷电波保护变压器时，对避雷器的选择和安装位置有何要求，为什么？

（9）什么叫工作接地、保护接地、保护接零？

（10）什么是滚球法？如何确定避雷针和避雷线的保护范围？

（11）如何确定接地装置的接地电阻？

2 矿物加工过程电力拖动基础

【本章学习要求】
(1) 熟悉常用低压电器的构造、原理及其使用；
(2) 熟悉电路图的基础知识；
(3) 了解交流异步电机的原理及机械特性；
(4) 掌握电动机控制的常用环节；
(5) 掌握电动机的启动、反转、制动的方法及其控制电路；
(6) 掌握交流异步电动机降压启动的方式及特点；
(7) 熟悉变频调速的原理及使用注意事项。

2.1 常用低压电器

低压电器通常是指工作在交流 1200V 或直流 1500V 以下电路中的电器设备。低压电器在工矿企业中广泛使用。

根据低压电器在电路中的作用不同，可以将其分成两大类：一类是保护电器，用来保护线路或电器设备不至于因过载、短路或其他故障而损坏（如熔断器、热继电器等），另一类是控制电器，用来接通或分断低压电路（如开关、接触器、继电器等）。也有些电器既是控制电器，又是保护电器（如低压断路器等）。下面简要介绍几种常用的低压电器。

2.1.1 低压开关

低压开关种类很多，如刀开关、转换开关、低压断路器等。它的作用主要是用来隔离电源、接通或分断电路等。低压断路器还具有保护功能。

2.1.1.1 刀开关

刀开关又叫闸刀开关，是结构最简单、使用最广泛的一种低压开关电器。刀开关的种类很多，按活动刀片数分为单极、二极和三极，按闸刀的转换方向分有单掷的和双掷的，还有带熔断器的刀开关和带速断弹簧的刀开关等。

图 2-1 所示为瓷底胶盖闸刀开关的结构示意图。这是一种带熔断器的刀开关。这种开关广泛用于额定电压为交流 380V 或直流 440V，额定电流在 60A 以下的各种线路中，作为不频繁地接通或切断负载电路，并能起短路保护作用。也可用于 5.5kW 以下的三相电动机的不频繁直接启动和停车控制。

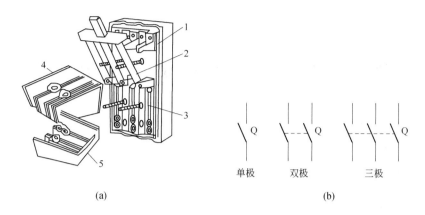

(a)   (b)

图 2-1 瓷底胶盖闸刀开关结构示意图

(a) 刀开关结构示意图；(b) 刀开关图形符号

1—触头；2—闸刀；3—熔丝；4—胶木盖；5—下胶木盖

2.1.1.2 转换开关

转换开关是一种多挡位、多段式、控制多回路的主令电器，当操作手柄转动时，带动开关内部的凸轮转动，从而使触点按规定顺序闭合或断开。它是由多组相同结构的触点组件叠装而成的多回路控制电器。它由操作机构、定位装置和触点三部分组成。触点为双断点桥式结构，动触点设计成自动调整式以保证短时的同步性。静触点装在触点座内。转换开关主要用于各种控制线路的转换、电压表、电流表的换相测量控制、配电装置线路的转换和遥控等。转换开关还可以用于直接控制小容量电动机的启动、调速和换向等。

常用的转换开关额定电压是交流 380V、220V，额定电流为 10A、25A、60A、100A 等，极数有 1、2、3、4 等多种。图 2-2 为转换开关结构示意图。

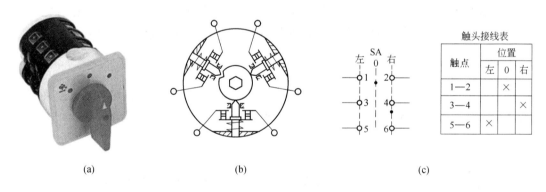

(a)   (b)   (c)

图 2-2 转换开关结构示意图

(a) 转换开关外形图；(b) 转换开关原理示意图；(c) 转换开关符号

2.1.1.3 按钮开关

按钮开关是一种结构简单、应用十分广泛的主令电器。一般情况下，它不直接控制主电路的通断，而在控制电路中发出手动"指令"去控制接触器、继电器等电器，再由它们去控制主电路，也可用来转换各种信号线路与电气联锁线路等。按钮的触头允许通过的电流很小，一般不超过5A。

按钮开关的结构种类很多，可分为普通揿钮式、蘑菇头式、自锁式、自复位式、旋柄式、带指示灯式、带灯符号式及钥匙式等，有单钮、双钮、三钮及不同组合形式，一般是采用积木式结构，由按钮帽、复位弹簧、桥式触头和外壳等组成，通常做成复合式，有一对常闭触头和常开触头，有的产品可通过多个元件的串联增加触头对数。还有一种自持式按钮，按下后即可自动保持闭合位置，断电后才能打开。图2-3所示为各种按钮的实物图。

图 2-3　各种按钮实物图

为了标明各个按钮的作用，避免误操作，通常将按钮帽做成不同的颜色，以示区别，其颜色有红、绿、黑、黄、蓝、白等。如红色表示停止按钮，绿色表示启动按钮等。按钮开关的主要参数有形式及安装孔尺寸、触头数量及触头的电流容量，在产品说明书中都有详细说明。

按钮开关一般是由按钮帽、复位弹簧、动触头、静触头和外壳组成。按钮开关按用途和触头的结构不同分为停止按钮（常闭按钮）、启动按钮（常开按钮）及复合按钮（常开、常闭组合按钮）。图2-4所示为按钮的原理示意图。

常开按钮，手指未按下时，触头是断开的，见图2-4中的3—4。当手指按下按钮帽时触头3—4被接通，而手指松开后，按钮在复位弹簧作用下自动复位。

常闭按钮：手指未按下时，触头是闭合的，见图2-4中1—2。当手指按下时，触头1—2断开，当手指松开后，按钮在复位弹簧作用下复位闭合。

复合按钮，当手指未按下时，触头1—2是闭合的，3—4是断开的。当手指按下时，

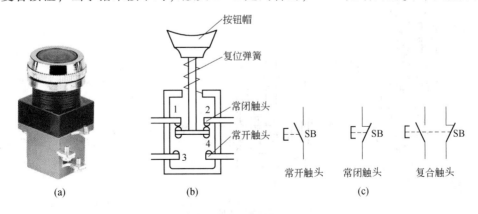

图 2-4　按钮原理图

（a）外形图；（b）结构示意图；（c）转换开关图形和文字符号

触头 1—2 断开，3—4 闭合，而手指松开后，触头全部恢复原状。

图 2-4(c) 为按钮的图形符号和文字符号。

2.1.1.4　限位开关

限位开关又称位置开关，是一种将机器信号转换为电气信号，以控制运动部件位置或行程的自动控制电器，是一种常用的小电流主令电器。

在电气控制系统中，位置开关的作用是实现顺序控制、定位控制和位置状态的检测。一类为以机械行程直接接触驱动，作为输入信号的行程开关和微动开关；另一类为以电磁信号（非接触式）作为输入动作信号的接近开关。其中最常见的是行程开关，它利用生产机械运动部件的碰撞使其触头动作来实现接通或分断控制电路，达到一定的控制目的。通常，这类开关被用来限制机械运动的位置或行程，使运动机械按一定位置或行程自动停止、反向运动、变速运动或自动往返运动等。图 2-5 所示为各种限位开关实物图。

图 2-5　限位开关实物图

常用的限位开关动作原理如图 2-6 所示。当运动机械的挡铁压到位置开关的滚轮 1 上时，传动机构 2 连同转轴 3 一起转动，使凸轮 4 推动撞块 5，当撞块被压到一定位置时，推动微动开关 7 快速动作，使其常闭触头断开，常开触头闭合；当滚轮上的挡铁移开后，复位弹簧就使位置开关的各部分恢复到原始位置。这种单轮自动复位式位置开关是依靠本身的复位弹簧来复原的，在生产机械的自动控制中应用很广泛。

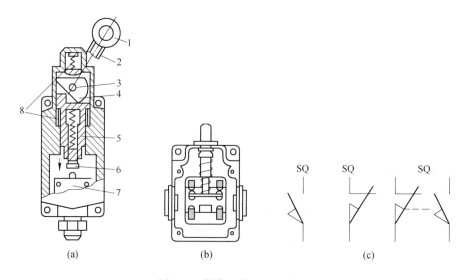

图 2-6　限位开关原理示意图

(a) 限位开关内部结构；(b) 微动开关示意图；(c) 限位开关图形和文字符号

1—滚轮；2—传动机构；3—转轴；4—凸轮；5—撞块；6—触头；7—微动开关；8—复位弹簧

2.1.1.5 接近开关

接近开关在控制电路中可供位置检测、行程控制、计数控制及检测金属物体的存在用。按作用原理区分，接近开关有高频振荡式、电容式、感应电桥式、永久磁铁式和霍尔效应式等，其中以高频振荡式为最常用。后者又分电感式或电容式。图 2-7 为各种接近开关实物图。

图 2-8 所示为接近开关原理图。接近开关由 LC 元件组成的振荡回路由电源供电后产生高频振荡。当检测体尚远离开关检测面时，振荡回路通过检波、门限、输出等回路，使开关处于某种工作状态（常开型为"断"状态，常闭型为"通"状态）。当检测体接近检测面达一定距离时，维持回路振荡的条件被破坏，振荡停止，使开关改变原有工作状态（常开型为"通"状态，常闭型为"断"状态）。检测体再次远离检测面后，开关又重新恢复原有状态。这样，接近开关就完成了一次"开""关"动作。

接近开关具有工作可靠、灵敏度高、寿命长、功率损耗小、允许操作频率高的优点，并能适应较严酷的工作环境，故在自动化机床和自动化生产线中得到越来越广泛的应用。

图 2-7　接近开关实物图

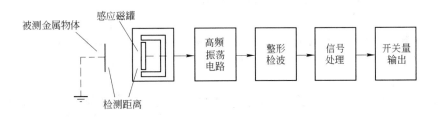

图 2-8　接近开关原理图

2.1.1.6 自动开关

自动开关（又称低压断路器）是一种不仅可以接通和分断正常负荷电流和过负荷电流，还可以接通和分断短路电流的开关电器。低压断路器在电路中除起控制作用外，还具有一定的保护功能，如过负荷、短路、欠压和漏电保护等。低压断路器的分类方式很多，按使用类别分，有选择型（保护装置参数可调）和非选择型（保护装置参数不可调），按灭弧介质分，有空气式和真空式（目前国产多为空气式）。低压断路器容量范围很大，最小为 4A，而最大可达 5000A。图 2-9 所示为自动空气开

图 2-9　自动空气开关实物图

关的实物图。

图 2-10 为自动空气开关的原理示意图。它由触头系统、操作机构和保护装置组成。其主触头由耐弧合金（如银钨合金等）制成，采用灭弧栅片灭弧；操作机构较复杂，电路通断可用操作手柄操作，故障时由保护装置自动脱扣跳闸。各类自动空气开关的保护装置有所不同，一般由热脱扣器（过载保护）和电磁脱扣器（短路保护）两部分组成（称为复式脱扣）。有些在复式脱扣的基础上又加上了欠压保护装置。

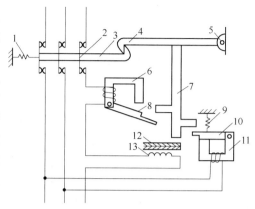

图 2-10　自动空气开关的原理图
1, 9—弹簧；2—主触头；3—触头连杆；4—锁钩；
5—轴；6—电磁脱扣器；7—连杆；8, 10—衔铁；
11—欠电压脱扣器；12—热继电器双金属片；
13—热继电器发热元件

合闸时，由手动操作结构克服弹簧 1 的拉力，将触头连杆 3 钩住锁钩 4，带动主触头 2 闭合而接通电路，手动分闸时，由手动操作机构顶开锁钩 4，主触头 2 在弹簧作用下迅速断开。

通过正常工作电流时，电磁脱扣器 6 所产生的电磁吸力不足以吸合衔铁 8，当发生短路故障时，流过电磁脱扣器 6 线圈的电流很大，产生足够大的电磁吸力，吸合衔铁 8，同时通过连杆 7 顶开锁钩 4，使触头连杆 3 脱扣，主触头 2 在弹簧作用下迅速断开，从而起到短路保护的作用。

当线路过载时，热脱扣器的热元件发热使双金属片弯曲，通过连杆 7 顶开锁钩 4，触头连杆 3 脱扣，主触头 2 断开。

在线路电压正常时，欠电压脱扣器 11 将衔铁 10 吸合，一旦线路欠压或失压，欠电压脱扣器 11 产生的电磁吸力减小或消失，衔铁 10 将被弹簧 9 拉开，同时通过连杆 7 顶开锁钩 4 使触头连杆 3 脱扣，主触头 2 开。

自动空气开关相当于刀开关、熔断器、热继电器和欠压继电器的组合。具有体积小、安装使用方便、操作安全等优点。在电路短路时，电磁脱扣器自动脱扣进行短路保护，故障排除后可以重新使用。因而自动空气开关被广泛用于配电、电动机、照明线路作短路和过载保护，也用作线路不频繁转换及不频繁启动的交流异步电动机的控制。

2.1.2　交流接触器

交流接触器是通过电磁机构动作，频繁地接通和分断主电路的远距离操纵电器。其优点是动作迅速、操作方便和便于远距离控制，所以广泛地应用于电动机、电热设备、小型发电机、电焊机和机床电路上。由于它只能接通和分断负荷电流，不具备短路保护作用，故必须与熔断器、热继电器等保护电器配合使用。

交流接触器的主要部分是电磁系统、触点系统和灭弧装置，其结构如图 2-11 所示。

2.1.2.1　电磁系统

电磁系统由电磁线圈、静铁芯、动铁芯（衔铁）等组成，其中动铁芯与动触点支架相连。电磁线圈通电时产生磁场，使动、静铁芯磁化而相互吸引，当动铁芯被吸引向静

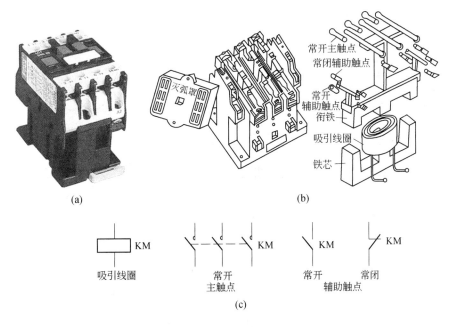

图 2-11 交流接触器

(a) 实物图；(b) 结构示意图；(c) 图形和文字符号

铁芯时，与动铁芯相连的动触点也被拉向静触点，令其闭合以接通电路。电磁线圈断电后，磁场消失，动铁芯在复位弹簧作用下，回到原位，牵动动触点与静触点分离，分断电路。

　　交流接触器的铁芯由硅钢片叠压而成，这样可减少交变磁通在铁芯中的涡流和磁滞损耗。在有交变电流通过电磁线圈时，线圈磁场对衔铁的吸引力也是交变的，当交流电流通过零值时，线圈磁通为零，对衔铁的吸引力也为零，衔铁在复位弹簧作用下将产生释放趋势，这就使动、静铁芯之间的吸引力随着交流电的变化而变化，从而产生振动和噪声，加速动、静铁芯接触面的磨损，引起接触不良，严重时导致金属触点烧蚀。为了消除这一弊端，在铁芯柱端面的部分，嵌入一只铜环，名为短路环，如图 2-12 所示。该短路环相当于变压器二次绕组，在线圈通入交流电时，不仅线圈产生磁通，短路环中的感应电流也将产生磁通，短路环相当于纯电感电路，从纯电感电路的相似关系可知，线圈电流磁通与短路环感应电流磁通不同时为零，即电源输入的交流电流通过零值时，短路环感应电流不为零。此时，它的磁场对衔铁将起着吸引作用，从而克服了衔铁被释放的趋势，使衔铁在通电过程中总是处于吸合状态，明显减小了振动和噪声。所以短路环又叫减振环，通常由黄铜、康铜或镍铬合金制成。

2.1.2.2 触点系统

　　触点系统按功能可分为主触点和辅助触点两类。主触点用于接通和分断主电路；辅助触点用于接通和分断二次电路，还能起自锁和联锁等作用。小型触点一般用银合金制成，大型触点用铜材制成。因为银合金和铜不易氧化，制成的触点接触电阻小，导电性能好，使用寿命长。

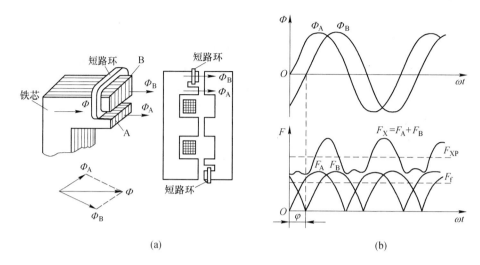

(a)   (b)

图 2-12 铁芯短路环原理图

(a) 铁芯加短路环原理图；(b) 磁通和电磁力变化曲线

触点系统按形状不同分为桥式触点和指形触点，桥式触点如图 2-13(a)、(b) 所示。图 2-13(a) 属于点接触桥式触点，适用于工作电流不大，接触电压较小的场合，如辅助触点。图 2-13(b) 属于面接触桥式触点，它的载流容量比点接触触点要大，多用于小型交流接触器主触点。指形触点如图 2-13(c) 所示，它的接触区域为一直线，触点闭合时产生滚动接触，适用于动作频繁，负荷电流大的场合。

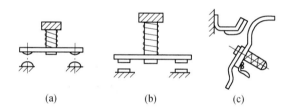

(a)   (b)   (c)

图 2-13 接触器触点示意图

(a) 点接触桥式；(b) 面接触桥式；(c) 指形触点

无论是桥式触点还是指形触点，都必须安装压力弹簧，随着触点的闭开，弹簧的作用力将加大触点之间的接触压力，减小接触电阻，改善导电性能，还能消除有害振动。

2.1.2.3 灭弧装置

交流接触器在分断较大电流电路时，在动、静触点之间将产生较强的电弧，它不仅会烧伤触点、延长电路分断时间，严重时还会造成相间短路。因此在容量稍大的电气装置中，均加装了一定的灭弧装置用以熄灭电弧。

2.1.2.4 交流接触器的附件

交流接触器除上述三个主要部分外，还有外壳、传动机构、接线柱、反作用弹簧、复位弹簧、缓冲弹簧、触点压力弹簧等附件。

2.1.2.5 交流接触器的工作原理

当交流电流通过交流接触器电磁线圈时，电磁线圈产生磁场，动、静铁芯磁化，使二者之间产生足够的吸引力，动铁芯克服弹簧反作用力向静铁芯运动，使常开主触点和常开辅助触点闭合，常闭辅助触点分断。于是主触点接通主电路，常开辅助触点接通有关二次电路，常闭辅助触点分断另外的二次电路。

如果电磁线圈断电，磁场消失，动、静铁芯之间的引力消失，动铁芯在复位弹簧的作用下复位，断开主触点和常开辅助触点，分断主电路和有关的二次电路。在较简单的控制电路中，有的常开和常闭辅助触点有时空着不用。

2.1.3　继电器

继电器是一种小信号控制电器。它利用电流、电压、时间、速度、温度等信号来接通和分断小电流电路，广泛应用于电动机或线路的保护及各种生产机械的自动控制。由于继电器一般都不直接用来控制主电路，而是通过接触器和其他开关设备对主电路进行控制，因此继电器载流容量小，不需灭弧装置。继电器有体积小、重量轻、结构简单等优点，但对其动作的灵敏度和准确性要求较高。

继电器和接触器的工作原理一样。主要区别在于接触器的主触头可通过大电流，而继电器的触头只能通过小电流。所以，继电器一般不用来直接控制主电路（而是通过控制接触器和其他开关设备对主电路进行间接控制）。

按继电器的工作原理或结构特征可以分为以下几类：

（1）电磁继电器。利用输入电路内电路在电磁铁铁芯与衔铁间产生的吸力作用而工作的一种电气继电器。

（2）固体继电器。指电子元件履行其功能而无机械运动构件的，输入和输出隔离的一种继电器。

（3）温度继电器。当外界温度达到给定值时而动作的继电器。

（4）舌簧继电器。利用密封在管内，具有触点簧片和衔铁磁路双重作用的舌簧动作来开、闭或转换线路的继电器。

（5）时间继电器。当加上或除去输入信号时，输出部分需延时或限时到规定时间才闭合或断开其被控线路的继电器。

（6）其他类型的继电器。如光继电器、声继电器、热继电器、仪表式继电器、霍尔效应继电器、差动继电器等。

2.1.3.1　电磁式继电器

电磁式继电器一般由铁芯、线圈、衔铁、触点簧片等组成。只要在线圈两端加上一定的电压，线圈中就会流过一定的电流，从而产生电磁效应，衔铁就会在电磁力吸引的作用下克服返回弹簧的拉力吸向铁芯，从而带动衔铁的动触点与静触点（常开触点）吸合。当线圈断电后，电磁的吸力也随之消失，衔铁就会在弹簧的反作用力下返回原来的位置，使动触点与原来的静触点（常闭触点）释放。这样吸合、释放，从而达到了在电路中的导通、切断的目的。对于继电器的“常开、常闭”触点，可以这样来区分：继电器线圈未通电时处于断开状态的静触点，称为“常开触点”；处于接通状态的静触点称为“常闭触点”。电磁继电器原理图如图2-14所示。

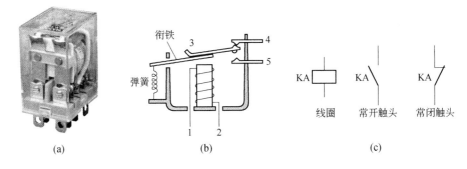

图 2-14　电磁继电器原理图

（a）实物图；（b）原理示意图；（c）图形和文字符号

1，2—线圈；3—动触点；4—静触点（常闭触点）；5—静触点（常开触点）

继电器有如下几种作用：

（1）扩大控制范围。多触点继电器控制信号达到某一定值时，可以按触点组的不同形式，同时开断、接通多路电路。

（2）放大。用一个很微小的控制量，可以控制很大功率的电路。

（3）综合信号。当多个控制信号按规定的形式输入多绕组继电器时，经过比较综合，达到预定的控制效果。

（4）自动控制。自动装置上的继电器与其他电器一起，可以组成程序控制线路，从而实现自动化运行。

继电器电磁线圈的电压规格有 AC380V、AC220V 或 DC220V、DV24V 等。

2.1.3.2　时间继电器

时间继电器是一种利用电磁原理或机械原理实现延时控制的自动开关装置。它的种类很多，有空气阻尼型、电动型、电子型等。

早期在交流电路中常采用空气阻尼型时间继电器，它是利用空气通过小孔节流的原理来获得延时动作的。它由电磁系统、延时机构和触点三部分组成。凡是继电器感测元件得到动作信号后，其执行元件（触头）要延迟一段时间才动作的继电器称为时间继电器。

目前最常用的为大规模集成电路型的时间继电器，它是利用阻容原理来实现延时动作。在交流电路中往往采用变压器来降压，集成电路作为核心器件，其输出采用小型电磁继电器，使得产品的性能及可靠性比早期的空气阻尼型时间继电器要好得多，产品的定时精度及可控性也提高很多。

随着单片机的普及，目前各厂家相继采用单片机为时间继电器的核心器件，而且产品的可控性及定时精度完全可以由软件来调整，所以未来的时间继电器将会完全由单片机来取代。

图 2-15 为时间继电器及图形符号，时间继电器的触点分为瞬时动作触点、通电延时触点和断电延时触点三类。

2.1.3.3　热继电器

热继电器是对电动机和其他用电设备进行过载保护的控制电器。热继电器的外形如图 2-16（a）所示，其主要部分由热元件、触点、动作机构、复位按钮和整定电流调节装置等

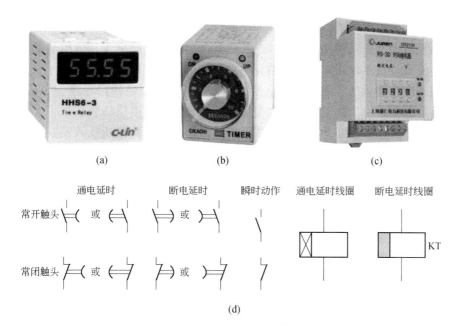

图 2-15　电子延时式时间继电器

（a）数显式；（b）指针式；（c）轨道安装式；（d）时间继电器图形和文字符号

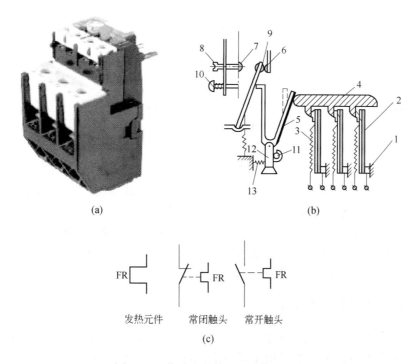

图 2-16　热继电器外形和动作原理图

（a）实物图；（b）原理图；（c）图形和文字符号

1—壳体；2—主双金属片；3—加热元件；4—导板；5—补偿双金属片；6—静触头（常闭）；7—静触头（常开）；

8—复位调节螺钉；9—动触头；10—复位按钮；11—凸轮；12—支持件；13—弹簧

组成。它的动作原理如图 2-16（b）所示。热继电器的常闭触点串联在被保护的二次电路中，它的热元件由电阻值不高的电热丝或电阻片绕成，靠近热元件的双金属片是用两种热膨胀系数差异较大的金属薄片叠压在一起。热元件串联在电动机或其他用电设备的主电路中。如果电路或设备工作正常，通过热元件的电流未超过允许值，则热元件温度不高，不会使双金属片产生过大的弯曲，热继电器处于正常工作状态使线路导通。一旦电路过载，有较大电流通过热元件，热元件烤热双金属片，双金属片因上层膨胀系数小，下层膨胀系数大而向上弯曲，使扣板在弹簧拉力作用下带动绝缘牵引板，分断接入控制电路中的常闭触点，切断主电路，从而起过载保护作用。热继电器动作后，一般不能立即自动复位，待电流恢复正常、双金属片复原后，再按动复位按钮，才能使常闭触点回到闭合状态。

热继电器在保护形式上分为二相保护式和三相保护式两类。二相保护式的热继电器内装有两个发热元件，分别串入三相电路中的两相。对于三相电压和三相负载平衡的电路，可用二相保护式热继电器；对于三相电源严重不平衡，或三相负载严重不对称的场合则不能使用，这种情况下只能用三相保护式热继电器。因三相保护式热继电器内装有三个热元件，分别串入三相电路中的每一相，其中任意一相过载，都将导致热继电器动作。

热继电器可以作过载保护但不能作短路保护，因其双金属片从升温到发生形变断开常闭触点有个时间过程，不可能在短路瞬时迅速分断电路。

热继电器的整定电流是指热继电器长期运行而不动作的最大电流。通常只要负载电流超过整定电流 1.2 倍，热继电器必须动作。整定电流的调整可通过旋转外壳上方的旋钮完成，旋钮上刻有整定电流标尺，作为调整时的依据。

2.2　电路图的基础知识

电气控制线路是用导线将电动机、控制和保护电器、检测仪表等电器元件连接起来，以实现某种控制要求的电路。将实际的控制电路用规定的符号按一定的要求绘在图纸上，即成为电路图。电路图有电气原理图和电气安装接线图及平面布置图三种。三种电路图虽然都是用规定的符号来描述实际电路，但其用途和绘制方法不同。电气原理图（用来表示控制电路的动作原理）是根据电器动作原理用展开图的形式绘制的，不考虑电器元件的实际结构和安装布置情况。利用电气原理图，可以分析各种电器元件在电路中所起的作用，以及整个控制电路的工作原理。电气安装接线图是根据电器元件的实际结构和安装布置情况来绘制的，用来表示控制电路的实际接线方式及各种电器元件的实际安装位置等。平面布置图表示各电器元件在平面上的位置及相互间的联系，供安装、检修控制电路时使用。

2.2.1　电气图形符号和文字符号

绘制电路图用的图形符号和标注各种电器元件用的文字符号都是由国家统一规定的。我国在 1964 年发布的国家标准《电工系统图图形符号》（GB 312—64）及《电工设备文字符号编制通则》（GB 315—64）中对电气图形符号和文字符号作了详细规定。为了适应改革开放和对外经济技术交流的需要，我国又于 1985~1987 年先后发布了一系列新的电气符号国家标准。新的国家标准大量地采用了国际电工委员会（IEC）发布的国际通用的图形符号，文字符号以及制图标准。文字符号采用英文名称的缩写字母取代了旧国标中的汉语拼音字母。表 2-1 所示为常用电气图形符号，表 2-2 所示为常用电气文字符号，表 2-3 所示为常用电气辅助文字符号。表中所列的图形符号和文字符号选自国标《电气图用图形符号》（GB 4728—85）和《电气技术中文字符号制订通则》（GB 7159—87）。

表 2-1　常用电气图形符号

符号名称	图形符号	符号名称	图形符号
直流		接地一般符号	
直流 若上面符号可能引起混乱，则用本符号		接机壳或接底板	形式 1 形式 2
交流		导线	
交直流		柔软导线	
正极		导线的连接	●
负极		端子 注：必要时圆圈可画成圆黑点	○
可拆卸的端子	Ø	N 型沟道结型场效应半导体管	
预调电位器		P 型沟道结型场效应半导体管	
具有固定抽头的电阻		光电二极管	
分流器		光电池	
电容器一般符号 注：如果必须分辨同一电容器的电极时，弧形的极板表示：（1）在固定的纸介质和陶瓷介质电容器中表示外电极；（2）在可调和可变的电容器中表示动片电极；（3）在穿心电容器中表示低电位电极	优选形 其他形	三极晶体闸流管	
		极性电容器	优选形 其他形
		可变电容器 可调电容器	优选形 其他形
导线的交叉连接 （1）单线表示法； （2）多线表示法		电感器	
		带磁芯的电感器	
		半导体二极管	
		PNP 型半导体管	

符号名称	图形符号	符号名称	图形符号
导线的不连接 （1）单线表示法； （2）多线表示法		NPN 型半导体管	
		他励直流电动机	
不需要示出电缆芯数的电缆终端头		电抗器、扼流圈	
电阻器		双绕组变压器	
可变电阻器		电流互感器 脉冲变压器	
可调电阻器		三相变压器 星形-三角形联结	
滑动触点电位器			
电机扩大机		多极开关一般符号 （1）单线表示； （2）多线表示	
原电池或蓄电池		接触器（在非动作位置触点闭合）	
旋转电机的绕组 （1）换向绕组或补偿绕组； （2）串励绕组； （3）并励或他励绕组		断路器	
		隔离开关	
集电环或换向器上的电刷 注：仅在必要时标出电刷		接触器（在非动作位置触点断开）	
旋转电机一般符号： 符号中的星号必须用下述字母代替：C 同步变流机；G 发电机；GS 同步发电机；M 电动机；MS 同步电动机；SM 伺服电机；TG 测速发电机		操作器件一般符号	
		熔断器一般符号	
三相鼠笼式感应电动机		熔断式开关	

符号名称	图形符号	符号名称	图形符号
串励直流电动机		熔断式隔离开关	
动合(常开)触点开关一般符号,两种形式		火花间隙	
动断(常闭)触点		避雷器	
先断后合的转换触点		缓慢吸合继电器的线圈	
中间断开的双向触点		位置开关的动合触点	
当操作器件被吸合时,延时闭合的动合触点形式		位置开关的动断触点	
当操作器件被释放时,延时断开的动合触点形式		电压表	
当操作器件被释放时,延时闭合的动断触点形式		转速表	
当操作器件被吸合时,延时断开的动断触点形式		力矩式自整角发送机	
吸合时延时闭合和释放时延时断开的动合触点		灯 信号灯	
带复位的手动开关(按钮)形式		电喇叭	
双向操作的行程开关		信号发生器 波形发生器	
		电流表	
热继电器的触点		脉冲宽度调制	
手动开关		放大器	

表 2-2 常用电气文字符号

名　称	文字符号 （GB 7159—87）	名　称	文字符号 （GB 7159—87）
分离元件放大器	A	电抗器	L
晶体管放大器	AD	电动机	M
集成电路放大器	AJ	直流电动机	MD
自整角机旋转变压器	B	交流电动机	MA
旋转变换器	BR	电流表	PA
电容器	C	电压表	PV
双（单）稳态元件	D	电阻器	R
热继电器	FR	控制开关	SA
熔断器	FU	选择开关	SA
旋转发电机	G	按钮开关	SB
同步发电机	GS	行程开关	SQ
异步发电机	GA	三极隔离开关	QS
蓄电池	GB	单极开关	Q
接触器	KM	刀开关	Q
继电器	KA	电流互感器	TA
时间继电器	KT	电力变压器	TM
电压互感器	TV	信号灯	HL
电磁铁	YA	发电机	G
电磁阀	YV	直流发电机	GD
电磁吸盘	YH	交流发电机	GA
接插器	X	半导体二极管	V
照明灯	EL		

表 2-3 常用电气辅助文字符号

名　称	文字符号	名　称	文字符号
交流	AC	直流	DC
自动	A AUT	接地	E
加速	ACC	快速	F
附加	ADD	反馈	FB
可调	ADJ	正，向前	FW
制动	B BRK	输入	IN
向后	BW	断开	OFF
控制	C	闭合	ON
延时（延迟）	D	输出	OUT
数字	D	启动	ST

2.2.2 电气控制线路设计规范及读图方法

2.2.2.1 电气控制系统线路设计要求及规范

电气控制系统设计的一般原则是：（1）最大限度地满足生产机械和生产工艺对电气控制的要求；（2）设计方案要合理；（3）机械设计与电气设计应相互配合；（4）确保控制系统安全可靠地工作。

电气控制系统的设计包括两个基本内容：电气原理图设计和电气工艺设计。电气原理图设计是为了满足生产机械和工艺的控制要求进行的电气控制电路设计，决定着生产机械设备的合理性与先进性，是电气控制系统设计的核心。其设计步骤包括：（1）拟订电气设计任务书；（2）确定电力拖动方案和控制方式；（3）根据选定的拖动方案及控制方式设计系统的原理框图，拟订出各部分的主要技术要求和主要技术参数；（4）设计电气控制总原理图，按系统框图结构将各部分连成一个整体；（5）根据各部分的要求，设计出原理框图中各个部分的具体电路，对于每一部分的设计总是按主电路—控制电路—辅助电路—联锁与保护—总体检查—反复修改与完善的步骤进行；（6）选择电器元件，制订元器件明细表。

电气工艺设计是为电气控制装置的制造、使用、运行及维修的需要进行的生产施工设计，决定着电气控制系统生产可行性、经济性、美观和使用维修方便。其设计步骤包括：（1）设计电气总布置图、总安装图与总接线图；（2）设计组件布置图、安装图和接线图；（3）设计电气箱、操作台及非标准元件；（4）列出元器件清单；（5）编写使用维护说明书。

只有各个独立部分都达到技术要求，才能保证总体技术要求的实现，保证总装调试的顺利进行。

A　电气控制系统图的标准和规范

电气控制系统图包括电气系统原理框图、电气原理图和电气接线图等。各种图的图纸尺寸一般选用 297mm × 210mm、297mm × 420mm、420mm × 594mm、594mm × 841mm 和 841mm×1189mm 五种幅面，特殊需要可按《机械制图》（GB 4457.1—84）国家标准选用其他尺寸。鉴于电气原理图是必需的，在这里重点说明。

B　目的和用途

电气原理图就是详细表示电路、设备或装置的全部基本组成部分和连接关系的工程图。主要用于详细理解电路、设备或装置及其组成部分的作用原理；为测试和故障诊断提供信息；为编制接线图提供依据。

C　绘制电气原理图基本原则

根据简单清晰的原则，电气原理图采用电器元件展开的形式绘制。它包括所有电器元件的导电部件和接线端点，但并不按照电器元件的实际位置来绘制，也不反映电器元件的大小。因此，绘制电路图时一般要遵循以下基本规则：

（1）图中所有的元器件都应使用国家统一的图形和文字符号。

（2）主电路绘制在图面的左侧或上方，辅助电路绘制在图面的右侧或下方。电器元件按功能布置，尽可能按动作顺序排列，按从左到右、从上到下的方式布局，避免线条交叉。

（3）所有电器的可动部分均以自然状态画出。所谓自然状态是指各种电器在没有通电或没有外力作用时的状态。

（4）同一元件的各个部分可以不画在一起，但必须使用统一文字符号；对于多个同类电器，需要在其文字符号后加上一个数字序号，以示区别，如 KM_1、KM_2 等。

（5）根据图面布局的需要，可以将图形符号旋转 90°、180° 或 45° 绘制，画面可以水平布置，或者垂直布置。

（6）原理图的绘制要层次分明，各元器件安排合理，所用元件最少，耗能最少，同时应保证线路运行可靠，节省连接导线以及施工、维修方便等。

D　图面区域的划分

为了便于检索电路，方便阅读，可以在各种幅面的图样上进行分区。按照规定，分区数应该是偶数，每一分区的长度一般不小于 25mm，不大于 75mm。每个分区内竖边方向用大写拉丁字母，横边方向用阿拉伯数字分别编号。编号的顺序应从标题栏相对的左上角开始。编号写在图样的边框内。

在编号下方和图面的上方设有功能、用途栏，用于注明该区域电路的功能和作用。

2.2.2.2　工艺设计的标准和规范

电气工艺设计包括电气控制设备总体布置、总接线图设计、各部分的电器装配图与接线图、各部分的元件目录、进出线号、主要材料清单及使用说明书等。

A　电气设备的总体布置设计

电气设备总体布置设计的任务是根据电气控制原理图，将控制系统按照一定要求划分为若干个部件，再根据电气设备的复杂程度，将每一部件划分成若干单元，并根据接线关系整理出各部分的进线和出线号，调整它们之间的连接方式。单元划分的原则如下：

（1）功能类似的元件组合在一起。如按钮、控制开关、指示灯和指示仪表可以集中在操作台上；接触器、继电器、熔断器和控制变压器等控制电器可以安装在控制柜中。

（2）接线关系密切的控制电器划为同一单元，以减少单元间的连线。

（3）强弱电分开，以防干扰。

（4）需经常调节、维护和易损元件组合在一起以便于检查与调试。

电气控制设备的不同单元之间的接线方式通常有以下几种：

（1）控制板、电器板和机床电器的进出线一般采用接线端子，可根据电流大小和进出线数选择不同规格的接线端子。

（2）被控制设备与电气箱之间采用多孔接插件，便于拆装、搬运。

（3）印制电路板及弱电控制组件之间的连接采用各种类型的标准接插件。

B　绘制电器元件布置图

同一部件或单元中电器元件按下述原则布置：

（1）一般监视器件布置在仪表板上。

（2）体积大和较重的电器元件应安装在电器板的下方，发热元件安装在电器板的上方。

（3）强弱电应分开，弱电部分应加装屏蔽和隔离，以防干扰。

（4）电器布置应考虑整齐、美观、对称。

（5）尽量使外形与结构尺寸类似的电器安装在一起，便于加工、安装和配线。

（6）布置电器元件时，应预留布线、接线和调整操作的空间。

C 绘制电气控制装置的接线图

电气控制装置的接线图表示整套装置的连接关系，绘制原则如下：

（1）接线图的绘制应符合《电气技术用文件的编制 第3部分：接线图和接线表》（GB 6988.3—1997）的规定。

（2）在接线图中，各电器元件的外形和相对位置要与实际安装的相对位置一致。

（3）电器元件及其接线座的标注与电气原理图中标注应一致，采用同样的文字符号和线号。项目代号、端子号及导线号的编制分别应符合《电气技术中的项目代号》（GB/T 5094—85）、《电器设备接线端子和特定导线线端的识别及应用字母数字系统的通则》（GB/T 4026—92）及《绝缘导线的标记》（GB 4884—1985）等规定。

（4）接线图应将同一电器元件的各带电部分（如线圈、触点等）画在一起，并用细实线框住。

（5）接线图采用细线条绘制，应清楚地表示出各电器元件的接线关系和接线去向。接线图的接线关系有两种画法：直接接线法和符号标注。接线图中要标注出各种导线的型号、规格、截面积和颜色。接线端子板上各接线点按线号顺序排列，并将动力线、交流控制线和直流控制线分类排开。元件的进出线除大截面导线外，都应经过接线板，不得直接进出。

D 电气控制系统图的基本知识

（1）图形符号：图形符号通常用于图样或其他文件，用以表示一个设备或概念的图形、标记或字符。电气控制系统图中的图形符号必须按国家标准绘制。

（2）文字符号：文字符号分为基本文字符号和辅助文字符号。文字符号适用于电气技术领域中技术文件的编制，也可表示在电气设备、装置和元件上或其近旁以标明它们的名称、功能、状态和特征。

（3）主电路各接点标记：三相交流电源引入线采用 L_1、L_2、L_3 标记；电源开关之后的三相交流电源主电路分别按 U、V、W 顺序标记，如电动机三相电源需要用 U、V、W 来标记；分级三相交流电源主电路采用三相文字代号 U、V、W 的后边加上阿拉伯数字1、2、3 等来标记，如 U_1、V_1、W_1，U_2、V_2、W_2 等。

E 电控柜和非标准零件图的设计

电气控制系统比较简单时，控制电器可以安装在生产机械内部；控制系统比较复杂或操作需要时，都要有单独的电气控制柜。电气控制柜设计要考虑以下几方面问题：

（1）根据控制面板和控制柜内各电器元件的数量确定电气控制柜总体尺寸。

（2）电气控制柜结构要紧凑，便于安装、调整及维修，外形美观，并与生产机械相匹配。

（3）在柜体的适当部位设计通风孔或通风槽，便于柜内散热。

（4）应设计起吊钩或柜体底部带活动轮，便于电气控制柜的移动。

电气控制柜结构常设计成立式或工作台式，小型控制设备则设计成台式或悬挂式。电气控制柜的品种繁多，结构各异。设计中要吸取各种形式的优点，设计出适合的电控柜。

2.2.2.3　电气控制线路读图方法

电气控制线路图是电工领域中最主要的提供信息的方式，它以电动机或生产机械的电气控制装置为主要的研究对象，提供的信息内容可以是功能、位置、设置、设备制造及接线等。包括电气原理图、电气接线图和电气布置图。电气原理图表示电气设备和元器件的用途、作用和工作原理，由主电路和辅助电路组成。其中辅助电路包括控制电路、照明电路、显示电路和保护电路。

电气原理图读图的一般原则是：化整为零、顺藤摸瓜、先主后辅、集零为整、安全保护和全面检查。通常，阅读电气控制系统时，要结合有关技术资料将控制线路"化整为零"，即以某一电动机或电器元件（如接触器或继电器线圈）为对象，从电源开始，自上而下，自左而右，逐一分析其接通及断开的关系（逻辑条件），并区分出主令信号、联锁条件和保护要求等。根据图区坐标标注的检索可以方便地分析出各控制条件与输出的因果关系。

要读懂项目的电气控制原理图，可以采取如下步骤：

（1）理解控制工艺。在阅读电气线路之前，应该了解生产设备要完成哪些动作，这些动作之间又有什么联系，即熟悉生产设备的工艺情况。必要时可以画出简单的工艺流程图，明确各个动作的关系。例如，车床主轴转动时，要求油泵先给齿轮箱供油润滑，即应保证在润滑泵电动机起动后才允许主拖动电动机起动，也就是控制对象对控制线路提出了按顺序工作的联锁要求。此外，还应进一步明确生产设备的动作与电路中执行电器的关系，给分析电气线路提供线索和方便。

（2）阅读主电路。在阅读电气线路时，一般应先从主电路着手，看主电路由哪些控制元件构成，从主电路构成可分析出电动机或执行器的类型、工作方式、起动、转向、调速和制动等基本控制要求。如是否有正反转控制、是否有起动制动要求、是否有调速要求等。这样，在分析控制电路的工作原理时，就能做到心中有数，有的放矢。

（3）阅读控制电路。阅读控制电路一般是按照由上往下或由左往右。设想按动了操作按钮（应记住各信号元件、控制元件或执行元件的原始状态），依各电器的得电顺序查对线路（跟踪追击），观察有哪些元件受控动作。逐一查看这些动作元件的触点又是如何控制其他元件动作的，进而驱动被控机械或被控对象有何运动。还要继续追查执行元件带动机械运动时，会使哪些信号元件状态发生变化，再查对线路，看执行元件如何动作。在读图过程中，特别要注意相互间的联系和制约关系，直至将线路全部看懂为止。

无论多么复杂的电气线路，都是由一些基本的电气控制环节构成的。在分析线路时，要善于运用"化整为零""顺藤摸瓜"的方法。可以按主电路的构成情况，把控制电路分解成与主电路相对应的几个基本环节，逐一进行分析。还应注意那些满足特殊要求的特殊部分，然后把各环节串起来，就不难读懂全图了。

（4）分析辅助电路、联锁环节、保护环节和特殊控制环节。在电气控制线路中，还包括诸如工作状态显示、电源显示、参数设定、照明和故障报警部分的辅助电路，需要结合控制电路来分析；对于安全性、可靠性要求较高的生产设备的控制，在分析电气线路图过程中，还需要考虑电气联锁和电气保护环节；在某些控制线路中，还有如产品计数、自动检测和自动调温等装置的控制电路，相对于主电路、控制电路比较独立，可参照上述分析过程逐一分析。

（5）理解全部电路。经过"化整为零"，逐步分析了每一局部电路的工作原理以及各部分之间的控制关系之后，还必须用"集零为整"的方法，检查整个控制线路，看是否有遗漏。特别要从整体角度去进一步检查和理解各控制环节之间的联系，以达到清楚地理解原理图中每一个电气元器件的作用、工作过程及主要参数，理解全部电路实现的功能。

2.3 三相交流电动机的基本知识

2.3.1 三相交流电动机的基础知识

了解三相交流电动机的基本知识，对于更快更好地理解三相交流电机的控制方法具有事半功倍的作用，有些模糊的概念和费解的方法将会变得简单明了和通俗易懂，所以本节先从三相交流电动机的基本知识说起。

2.3.1.1 三相交流电机的基本原理

19 世纪初，英国科学家法拉第用一个小磁棒在一个闭路绕组周围一晃，发现在绕组中有电流产生，从此人类发现了电磁感应现象，这个现象表明机械能和电能可以互相转化，也表明了电和磁之间的相互转换原理。在这一原理的启发下，发电机和电动机最终走上了人类的舞台，揭示了人类电气时代的到来。基于这一原理，19 世纪末，美国发明家特斯拉发明了交流电动机。

中学物理中有两个这样的实验，第一个实验如图 2-17 所示，用手顺时针转动 U 形磁铁，N 极和 S 极，两个磁极形成的磁场也同时发生旋转，这时磁铁中间的铝框也沿着同一方向转动起来，并且手转动得越快，铝框也就转得越快。

第二个实验如图 2-18 所示，U、V、W 分别为 3 个相同的绕组，3 个绕组互呈 120° 放置，它们中间装有一个可以旋转的铝框，当把 3 个绕组接入三相交流电时，可以看到铝框就转了起来，这说明通有三相交流电的 3 个绕组也产生了旋转磁场，所以铝框转了起来。

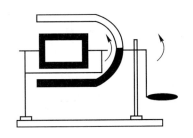
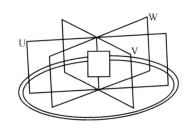

图 2-17　磁场旋转转化为机械旋转的实验　　　图 2-18　三相交流电动机的旋转原理

那么，为什么通有三相交流电的 3 个绕组能产生旋转磁场呢？先从三相交流电流的特点说起，三相交流电流的表达式如下所示：

$$i_U = I_m \cos\omega t$$
$$i_V = I_m \cos(\omega - 120°)t$$
$$i_W = I_m \cos(\omega - 240°)t$$

式中，I_{m} 为电流的最大值；ωt 为随时间变化的电角度；i_{U} 为流过 U 相绕组的电流；i_{V} 为流过 V 相绕组的电流；i_{W} 为流过 W 相绕组的电流。上式表明 U、V、W 三相电流在时间上相差 120°电角度，三相交流电的电流波形如图 2-19 所示。

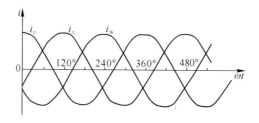

图 2-19　三相交流电的电流波形

假设 U 相绕组的首端为 U_1，末端为 U_2；V 相绕组的首端为 V_1，末端为 V_2；W 相绕组的首端为 W_1，末端为 W_2。当 U 相电流 i_{U} 为正时，表示电流从首端 U_1 流入，从末端 U_2 流出；当 U 相电流 i_{U} 为负时，表示电流从末端 U_2 流入，从首端 U_1 流出。同理，当 V 相电流 i_{V} 为正时，表示电流从首端 V_1 流入，从末端 V_2 流出；当 V 相电流 i_{V} 为负时，表示电流从末端 V_2 流入，从首端 V_1 流出。当 W 相电流 i_{W} 为正时，表示电流从首端 W_1 流入，从末端 W_2 流出；当 W 相电流 i_{W} 为负时，表示电流从末端 W_2 流入，从首端 W_1 流出。

电流流入时用"⊗"表示（类似于看到箭头的尾部，箭背向而去），电流流出时用"⊙"表示（类似于看到箭的箭头，箭迎面而来）。

以 $\omega t=0°$、$\omega t=60°$、$\omega t=120°$、$\omega t=180°$、$\omega t=240°$、$\omega t=300°$、$\omega t=360°$ 七个时刻来分析 U、V、W 相 3 个绕组中电流的流向，以及由电流流向所带来的磁场的变化情况。

画出 $\omega t=0°$ 时，U、V、W 相 3 个绕组中电流的流向，如图 2-20 所示。

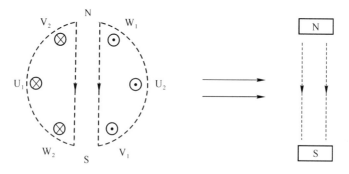

图 2-20　$\omega t=0°$ 时的磁场位置

由图 2-20 可知，$\omega t=0°$ 时，U 相电流为正（且为最大值），V 相电流为负，W 相电流为负，所以在图 2-20 中，U 相绕组电流从 U_1 流入，从 U_2 流出；V 相绕组电流从 V_2 流入，从 V_1 流出；W 相绕组电流从 W_2 流入，从 W_1 流出。根据右手定则，三相绕组形成的合成磁场为两极磁场，磁场的方向由上向下，上方为 N 极，下方为 S 极。

画出 $\omega t=60°$ 时，U、V、W 相 3 个绕组中电流的流向，如图 2-21 所示。

由图 2-19 可知，$\omega t=60°$ 时，U 相电流为正，V 相电流为正，W 相电流为负（且为负向最大值），所以在图 2-21 中，U 相绕组电流从 U_1 流入，从 U_2 流出；V 相绕组电流从

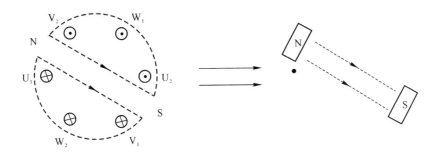

图 2-21 $\omega t = 60°$ 时的磁场位置

V_1 流入，从 V_2 流出；W 相绕组电流从 W_2 流入，从 W_1 流出。根据右手定则，磁场方向与 $\omega t = 0°$ 时的磁场相比，逆时针旋转了 $60°$。

画出 $\omega t = 120°$ 时，U、V、W 相 3 个绕组中电流的流向，如图 2-22 所示。

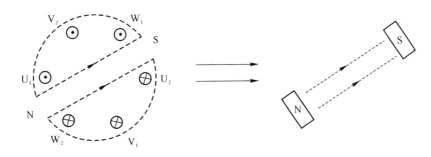

图 2-22 $\omega t = 120°$ 时的磁场位置

由图 2-19 可知，$\omega t = 120°$ 时，U 相电流为负，V 相电流为正（且为正向最大值），W 相电流为负，所以在图 2-22 中，U 相绕组电流从 U_2 流入，从 U_1 流出；V 相绕组电流从 V_1 流入，从 V_2 流出；W 相绕组电流从 W_2 流入，从 W_1 流出。根据右手定则，磁场又沿逆时针方向旋转了 $60°$，如图 2-22 所示。

画出 $\omega t = 180°$ 时，U、V、W 相 3 个绕组中电流的流向，如图 2-23 所示。

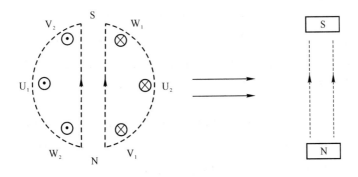

图 2-23 $\omega t = 180°$ 时的磁场位置

由图 2-19 可知，$\omega t = 180°$ 时，U 相电流为负（且为负向最大值），V 相电流为正，W

相电流为正，所以在图 2-23 中，U 相绕组电流从 U_2 流入，从 U_1 流出；V 相绕组电流从 V_1 流入，从 V_2 流出；W 相绕组电流从 W_1 流入，从 W_2 流出。根据右手定则，磁场又沿逆时针方向旋转了 60°，如图 2-23 所示。

同理，画出 $\omega t = 240°$ 时，U、V、W 相 3 个绕组中电流的流向，如图 2-24 所示；画出 $\omega t = 300°$ 时，U、V、W 相 3 个绕组中电流的流向，如图 2-25 所示；$\omega t = 360°$ 时 U、V、W 相 3 个绕组中电流的流向，与图 2-20 所示 $\omega t = 0°$ 时的流向相同。

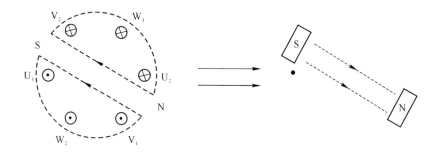

图 2-24 $\omega t = 240°$ 时的磁场位置

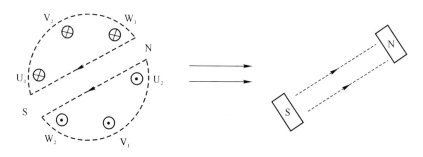

图 2-25 $\omega t = 300°$ 时的磁场位置

从图 2-20~图 2-25 可以看出，虽然 U、V、W 相 3 个绕组没有运动，但是它们通入交流电后形成的磁场却沿逆时针方向旋转，相当于图 2-17 中用人工方法将一个 N 极和一个 S 极磁铁旋转形成的磁场。

下面，再来分析一下图 2-18 中铝框的电流和受力情况。处于旋转磁场中的铝框，由于与旋转磁场存在相对运动，铝框作为导体因切割磁场而产生感应电动势，由于铝框为闭合回路，在该感应电动势的作用下，铝框中将有电流流过，如果不考虑感应电动势与电流之间的相位差，则电流的方向与感应电动势的方向相同。以 $\omega t = 0°$ 时刻为例，铝框处于静止状态，如图 2-20 所示。

图 2-26 中，U、V、W 相 3 个绕组形成的旋转磁场以 n_0 转速逆时针旋转，静止的铝框切割磁场。根据右手定则，铝框中的导体 1 产生流入电流，铝框中的导体 2 产生流出电流，假设该电流为 i_2，根据电磁力定律，流过电流的导体 1 和导体 2 必然会受电磁力的作用，电磁作用力的方向可以用左手定则确定，导体 1 受向左方向的力，导体 2 受向右方向的力，在铝框上合成为沿逆时针方向的转矩，该转矩方向与旋转磁场的方向相同，所以铝框沿逆时针方向旋转。铝框在其他位置的分析与此类似，只要铝框与旋转磁场之间存在相

对运动，也就是说两者不同步（或称异步），电磁力就会存在，铝框就会旋转，当然铝框转轴的阻转矩要小于电磁转矩。

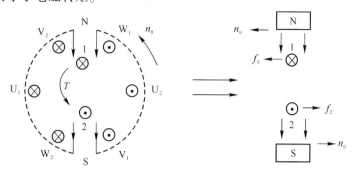

图 2-26 $\omega t = 0°$ 时铝框的受力分析

2.3.1.2   三相交流电动机的反向运行

用上述同样的方法分析容易得出，调换 U、V、W 相 3 个绕组中任意两个接入交流电的顺序，磁场的旋转方向就将变为顺时针方向，这也是三相交流电动机可以通过对调任意两个绕组的接线位置就可以改变电动机旋转方向的原因。调换 V 和 W 相两个绕组接入的电源，$\omega t = 0°$ 时，U、V、W 相 3 个绕组中电流的流向与图 2-23 所示的流向相同。

$\omega t = 0°$ 时，U 相电流为正，V 相电流为负，W 相电流为负，所以 U 相绕组电流从 U_1 流入，从 U_2 流出；V 相绕组电流从 V_2 流入，从 V_1 流出；W 相绕组电流从 W_2 流入，从 W_1 流出。根据右手定则，三相绕组形成的合成磁场为两极磁场，磁场的方向由上向下，上方为 N 极，下方为 S 极。

$\omega t = 60°$ 时，U、V、W 相 3 个绕组中电流的流向与图 2-25 所示的流向相同。

由图 2-19 可知，$\omega t = 60°$ 时，U 相电流为正，V 相电流为正，W 相电流为负，所以 U 相绕组电流从 U_1 流入，从 U_2 流出；由于 V 相绕组与 W 相绕组的电源进行了对调，V 相绕组电流从 V_2 流入，从 V_1 流出；W 相绕组电流从 W_1 流入，从 W_2 流出。根据右手定则，磁场方向与 $\omega t = 0°$ 时的磁场相比，顺时针旋转了 60°。

$\omega t = 120°$ 时，U、V、W 相 3 个绕组中电流的流向，与如图 2-24 所示的流向相同。

$\omega t = 120°$ 时，U 相电流为负，V 相电流为正，W 相电流为负，所以 U 相绕组电流从 U_2 流入，从 U_1 流出；由于 V 相绕组与 W 相绕组的电源进行了对调，V 相绕组电流从 V_2 流入，从 V_1 流出；W 相绕组电流从 W_1 流入，从 W_2 流出。根据右手定则，磁场又沿顺时针方向旋转了 60°，如图 2-24 所示。

同理，可以画出 $\omega t = 180°$、240°、300°、360° 时，V 相绕组与 W 相绕组的电源对调后，U、V、W 相 3 个绕组中电流的流向，并根据右手定则，确定出磁场的方向，分别与图 2-23、图 2-22、图 2-21 和图 2-20 所示的流向相同。

通过以上分析可以看出，对调 V、W 相两个绕组接入电源后，旋转磁场变为顺时针方向。

下面，再来分析一下 $\omega t = 0°$ 时铝框的电流和受力情况。处于旋转磁场中的铝框，由于与旋转磁场存在相对运动，铝框作为导体因切割磁场而产生感应电动势，由于铝框为闭合回路，在该感应电动势的作用下，铝框中将有电流流过，如果不考虑感应电动势与电流之间的相位差，则电流的方向与感应电动势的方向相同。以 $\omega t = 0°$ 时刻为例，铝框处于静止状态，如图 2-27 所示。

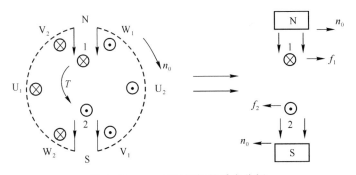

图 2-27 $\omega t = 0°$ 时铝框的受力分析

图 2-27 中，U、V、W 相 3 个绕组形成的旋转磁场以转速 n_0 顺时针旋转，静止的铝框切割磁场。根据右手定则，铝框中的导体 1 产生流入电流，铝框中的导体 2 产生流出电流，假设该电流为 i_2，根据电磁力定律，流过电流的导体 1 和导体 2 必然会受电磁力的作用，电磁作用力的方向可以用左手定则确定，导体 1 受向右方向的力，导体 2 受向左方向的力，在铝框上合成为沿顺时针方向的转矩，该转矩方向与旋转磁场的方向相同，所以铝框开始顺时针旋转。铝框在其他位置的分析与此类似，只要铝框与旋转磁场之间存在相对运动，也就是说两者不同步（或称异步），电磁力就会存在，铝框就会旋转，铝框的旋转方向与 V、W 相两个绕组的电源线对调前的旋转方向相反。

实际中，通过对调三相交流电动机任意两相绕组所接电源的顺序，就可以实现三相交流电动机的反向运行。

2.3.2　三相异步电动机构成及主要参数

2.3.2.1　三相电机的构成

三相异步电动机主要由定子和转子构成。定子是静止不动的部分。转子是旋转部分。定子与转子之间有一定的气隙。

A　定子

定子由铁芯、绕组与机座三部分组成。定子铁芯是电动机磁路的一部分，它由 0.5mm 的硅钢片叠压而成，片与片之间是绝缘的，以减少涡流损耗。定子铁芯的硅钢片的内圆冲有定子槽，槽中安放绕组，硅钢片铁芯在叠压后成为一个整体，固定于机座上。定子绕组是电动机的电路部分，由许多线圈连接而成，每个线圈有两个有效边，分别放在两个槽里。三相对称绕组 AX、BY、CZ 可连接成星形或三角形。机座主要用于固定与支撑定子铁芯。中小型异步电动机一般采用铸铁机座。根据不同的冷却方式，采用不同的机座形式。

B　转子

转子由铁芯与绕组组成。转子铁芯压装在转轴上，由硅钢片叠压而成。转子铁芯也是电动机磁路的一部分。转子铁芯、气隙与定子铁芯构成电动机的完整磁路。异步电动机转子绕组多采用鼠笼式，它是在转子铁芯槽里插入钢条，再将全部钢条两端焊在两个铜端环上而组成。小型鼠笼式转子绕组多用铝芯浇铸而成。这不仅是以铝代铜，而且制造也快。

异步电动机的转子绕组除了鼠笼式外，还有绕线式。绕线式转子绕组与定子绕组一样，由线圈组成绕组放入转子铁芯槽里，转子绕组一般是连接成星形的三相绕组。转子绕组组成的磁极数与定子相同。绕线式转子通过轴上的滑环和电刷在转子回路中接入外加电阻，用以改善启动性能与调节转速。

2.3.2.2　主要参数

A　三相交流电机的转速

由于余弦函数的周期性特点，ωt 从 $0° \sim 360°$ 之间的特性分析及变化规律也就代表了 $\omega t >$ 360°以后各时间段的周期变化情况。

$$\omega t = 2\pi ft = \frac{2\pi}{T}t \qquad (2-1)$$

式中，f 为三相交流电源的频率，Hz；T 为三相交流电源的周期，s。

对于三相 2 极交流电动机，时间 T 电动机的磁场旋转了一圈，每秒则旋转 $1/T$ 圈，也就是每秒旋转 f 圈，每分钟旋转 $60f$ 圈，这就是三相 2 极（$p=1$）交流电动机定子旋转磁场的转速。同理，对于三相 4 极交流电动机，时间从 0 到 T，三相交流电动机的定子磁场旋转 $1/2$ 圈，每秒旋转 $f/2$ 圈，每分钟旋转 $60f/2$ 圈，这就是三相 4 极（$p=2$）交流电动机定子旋转磁场的转速；对于三相 6 极（$p=3$）交流电动机，定子磁场每分钟旋转 $60f/3$ 圈，以此类推，得到三相交流电动机定子磁场的旋转速度 n_0（也叫同步转速）表达式为：

$$n_0 = \frac{60f}{p} \qquad (2-2)$$

式中，f 为三相交流电动机供电电源的频率；p 为三相交流电动机的极对数，有 1、2、3、4、5、6 等。

三相交流电动机转子输出转速 n 的表达式为：

$$n = (1 - s)\frac{60f}{p} \qquad (2-3)$$

式中，n 为三相交流电动机转子转速，r/min（每分钟转数）；s 为转差率，代表的是三相交流电动机转子输出的旋转速度同定子上的磁场旋转速度之间的差异，同步三相交流电动机的转差率 $s=0$，即转子输出的旋转速度同定子上的磁场旋转速度相等，异步三相交流电动机的转差率 $s>0$，转差率 s 的表达式为：

$$s = \frac{n_0 - n}{n_0} \qquad (2-4)$$

B　三相异步电动机的电磁转矩

电磁转矩 T（以下简称转矩）是三相异步电动机的最重要的物理量之一，它表征一台电动机拖动生产机械能力的大小。三相交流电动机的额定转矩 T_e 必须大于或等于负载所需的转矩才能保证设备的正常运行，三相交流电动机的启动转矩 T_q 必须大于负载启动所需的启动转矩才能保证设备能正常启动。

从异步电动机的工作原理知道，异步电动机的电磁转矩是由于具有转子电流 I_2 的转子导体在磁场中受到电磁力 F 作用而产生的，因此电磁力转矩的大小与转子电流 I_2、旋转磁场的每极磁通 Φ 成正比。

转子电路是一个交流电路，它不但有电阻，而且还有漏磁感抗存在，所以转子电流 I_2 与感应电动势 E_2 之间有一相位差，用 φ_2 表示。于是转子电流 I_2 可分解为有功分量 $I_2\cos\varphi_2$ 和无功分量 $I_2\sin\varphi_2$ 两部分。只有转子电流的有功分量 $I_2\cos\varphi_2$ 才能与旋转磁场相互作用而产生电磁转矩。也就是说，电动机的电磁转矩实际是与转子电流的有功分量 $I_2\cos\varphi_2$ 成正比。综上所述，异步电动机的电磁转矩表达式为：

$$T = K_{\mathrm{m}}\Phi I_2\cos\varphi_2 \qquad (2-5)$$

式中　　K_{m}——仅与电动机结构有关的常数；

　　　　Φ——旋转磁场每极磁通；

　　　　I_2——转子电流；

　　$\cos\varphi_2$——转子回路的功率因数。

2.3.3　交流异步电动机的机械特性

三相异步电动机的机械特性曲线是指转子转速 n 随着电磁转矩 T 变化的关系曲线，即 $n=f(T)$ 曲线。它有固有机械特性和人为机械特性之分。

2.3.3.1　固有机械特性

异步电动机在额定电压和额定频率下，用规定的接线方式，定子与转子电路中不串联任何电阻或电抗时的机械特性称为固有（自然）机械特性。三相异步电动机的固有机械特性曲线如图 2-28 所示。从特性曲线上可以看出，其上有 4 个特殊点可以决定特性曲线的基本形状和异步电动机的运行性能，这 4 个特殊点如下：

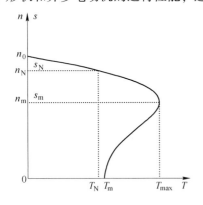

（1）$T=0$，$n=n_0(s=0)$，电动机处于理想工作状态，转速为理想空载转速 n_0。

（2）$T=T_{\mathrm{N}}$，$n=n_{\mathrm{N}}(s=s_{\mathrm{N}})$，为电动机额定工作点，此时输出额定转矩。

（3）$T=T_{\mathrm{st}}$，$n=0(s=1)$，异步电动机的启动转矩 T_{st} 与每项绕组的电压 U、转子电阻 R_2 及转子电抗 X_{20} 有关。

（4）$T=T_{\mathrm{max}}$，$n=n_{\mathrm{m}}(s=s_{\mathrm{m}})$ 为电动机的临界工作点，最大转矩 T_{max} 的大小与定子每相绕组上所加电压 U 的平方成正比。

图 2-28　异步电动机的固有机械特性

2.3.3.2　人为机械特性

异步电动机的机械特性与电动机的参数有关，也与外加电源电压、电源频率有关，将相关参数人为地加以改变而获得的特性称为异步电动机的人为机械特性，即改变定子电压 U，定子电源频率 f，定子电路串入电阻或电抗，转子电路串入电阻或电抗等，都可得到异步电动机的人为机械特性。

A 改变定子端电压的人为特性

异步电动机在额定电压下工作时，铁芯已进入饱和，故定子端电压只能在额定电压值以下改变。

当定子端电压降低为某一值，其他参数不变时，电动机的最大转矩 T_m 以及起动转矩 T_{st} 都与电压 U_1 的平方成正比地降低，使电动机的过载能力降低；临界转差率 s_m 不随 U_1 改变；同步转速 n_1 不变。因此可在固有机械特性的基础上绘制出降压后的机械特性，如图 2-29 所示。显然，定子电压降低后，在 $0 \leqslant s < s_m$ 范围内，机械特性曲线的斜率增加，即特性变软。

若电动机带恒转矩负载工作在额定点时，当电动机的端电压由 U_N 降到 $0.8U_N$ 后，由图 2-29 可知，电动机将运行在新的点，此时电动机的转速略低于额定转速。由于电压 U_1 的降低，使磁通 Φ_{m1} 减小；转速下降不大，所以转子功率因数 $\cos\varphi_2$ 变化不大；由于负载转矩不变，所以电磁转矩 T 不变。从电磁转矩公式 $T = C_T\Phi_{m1}I'_2\cos\varphi_2$ 知，此时转子电流 I'_2 增大，定子电流也要增大，这使得电机铜损耗增大。如果电机长期处于低压满载运行，将使电机的寿命降低，甚至烧坏。

B 转子回路串入电阻的人为特性

绕线式异步电动机可以在转子回路中串入对称电阻（转子各相串入同样大小的电阻），以获得相应的人为机械特性。

转子串入对称电阻后：最大转矩 T_m 不变；临时转差率 s_m 随转子回路电阻的增大而增大，机械特性变软；启动转矩 T_{st} 随转子回路的电阻增大而改变；同步转速 n_1 不变。转子串入对称电阻的人为机械特性如图 2-30 所示。

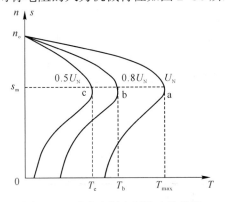

图 2-29 改变电源电压的人为特性

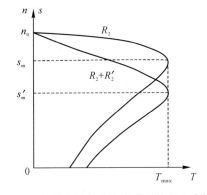

图 2-30 转子电路外接电阻或电抗的人为特性

由图 2-30 可以看出，转子电阻增加，起动转矩增大，当转子电阻增大到一定程度后，起动转矩上升为最大转矩时，若再增大转子电阻，起动转矩反而会随之下降。上述现象是由于最初转子电阻增加时，使转子的功率因素提高，转子电流的有功分量增加所致；随着转子电阻的增加，转子电流减小，转子功率因数提高甚微，致使起动转矩下降。

C 定子电路接入电阻或电抗时的人为特性

在电动机定子电路中外串电阻或电抗后，电动机端电压为电源电压减去定子外串电阻上或电抗上的压降，致使定子绕组相电压降低，这种情况下的人为特性与降低电源电压时的相似，如图 2-31 所示。图中实线 1 为降低电源电压的人为特性，虚线 2 为定子电路串入电阻 R_{1s} 或电抗 X_{1s} 的人为特性。从图 2-31 可看出，所不同的是定子串 R_{1s} 或 X_{1s} 后的最大转矩要比直接降低电源电压时的最大转矩大一些，这是因为随着转速的上升和启动电流的减小，在 R_{1s} 或 X_{1s} 上的压降减小，加到电动机定子绕组上的端电压自动增大，致使最大转矩大些；而降低电源电压的人为特性在整个启动过程中，定子绕组的端电压是恒定不变的。

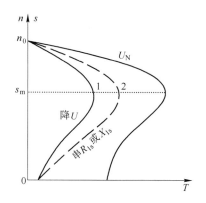

图 2-31   定子电路接入电阻或
电抗时的人为特性

2.3.4 三相交流电动机的几种外部和内部联结方式

最简单最常见的三相交流电动机外部联结方式是每相绕组留出两个抽头：首端和尾端，三相绕组共 6 个抽头：U_1、U_2、V_1、V_2、W_1、W_2。把 U_2、V_2、W_2 三个抽头接在一起，形成中性点 N，引出 U_1、V_1、W_1 接电源，U、V、W 构成星形联结，如图 2-32 所示。把 U_1、W_2 两个抽头接在一起，U_1 接 U 相电源，把 V_1、U_2 两个抽头接在一起，V_1 接 V 相电源，把 W_1、V_2 两个抽头接在一起，W_1 接 W 相电源，这样就形成了三角形联结，如图 2-33 所示。星形联结用符号 Y 表示，三角形联结用符号 △ 表示。

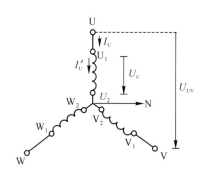
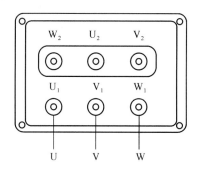

图 2-32   星形联结

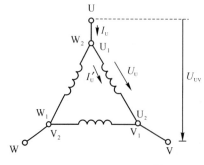
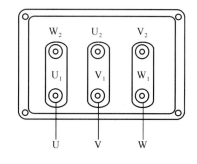

图 2-33   三角形联结

在我国，对于 AC380V 的低压三相交流电动机，额定功率在 3kW 及以下的为 Y 联结，额定功率在 3kW 以上的为△联结，这样的安排，可以方便地实现较大功率电动机的丫-△降压起动。

三相交流电动机的线电压是指三相电源两个线端之间的电压，一般所说的三相电源电压就是指的线电压。对于 AC380V 的三相电源，就是指线电压为 AC380V，U 相和 V 相两线之间的线电压 $U_{UV} = 380V$，同理，$U_{VW} = 380V$，$U_{WU} = 380V$。

三相交流电动机的相电压是指每相绕组上的电压。对于 AC380V 的三相电源，如果采用丫联结，U 相绕组的相电压 U_U 等于 U 端到中性点 N 之间的电压，它是线电压的 $1/\sqrt{3}$，有 $U_U = 380 \div \sqrt{3} = 220V$；如果采用△联结，则 U 相绕组的相电压 U_U 等于线电压，即 $U_U = U_{UV} = 380V$。

三相交流电动机的线电流是指流过每条电源线的电流，如 U 相绕组的线电流 I_U。三相交流电动机的相电流是指流过每相绕组的电流，如 U 相绕组的相电流 I'_U，在丫联结中 $I_U = I'_U$，在△联结中 $I_U = \sqrt{3} I'_U$。

2.4 三相鼠笼式异步电动机直接启动的控制

三相鼠笼式异步电动机一般使用在不需要调速的设备上，矿物加工企业中大多使用这种电动机。对鼠笼式电动机的控制包括对启动、正反转及停车的控制。鼠笼式电动机的启动有两种方法：一种是直接启动，又叫全压启动，另一种是降压启动。

直接启动仅限于小容量电动机，这是因为交流异步电动机在启动瞬间，定子绕组中流过的电流可达额定电流的 4~7 倍。容量较大的电动机若直接启动，很大的启动电流使线路产生过大的电压降，不仅影响同一线路上的其他负荷的正常工作，而且电动机本身绕组过热，使绝缘老化，使用寿命减少，甚至会烧毁电动机。所以，对较大容量的电机（通常在 50kW 以上）要采用降压启动。下面介绍小容量鼠笼式电动机直接启动的控制。

2.4.1 点动控制线路

如图 2-34 为鼠笼式异步电动机点动控制线路。380V 交流电源经刀开关 QS、熔断器 FU、接触器 KM 的主触点，接至电动机 M，组成主电路，按钮 SB 和接触器线圈串联组成控制电路。图 2-34(a) 为接线简图，该图非常直观，控制原理一目了然，但画图麻烦，一般采用图 2-34(b) 所示的原理图。该线路的工作原理如下：

启动时，合上电源开关 QS，此时接触器 KM 尚未动作，其主接触器未闭合，电动机不转。按下启动按钮 SB，控制电路接通，接触器 KM 线圈中有电流流过，衔铁吸合，带动主触点动作，接通主电路，电动机开始启动。

停车时，松开按钮 SB，控制电路断开，接触器 KM 线圈断电，衔铁在释放弹簧作用下释放，KM 的主触点断开，电动机停转。

这种点动控制电路用于频繁启动和停止的生产机械，如吊装设备用的行车、电动葫芦等。

2.4.2 具有自锁功能控制线路

图 2-35 所示为具有自锁功能的控制线路。该线路与图 2-34 所示的点动控制线路主电路部

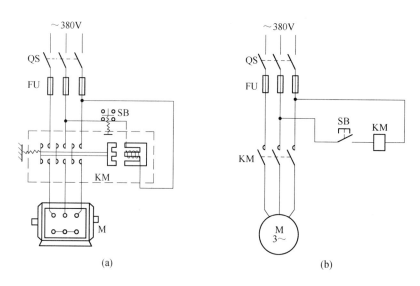

图 2-34 鼠笼式异步电动机点动控制

(a) 接线简图；(b) 原理图

分相同，其控制电路中，在启动按钮（常开按钮）SB_2 两端并联接触器 KM 的一对常开辅助触点，控制电路中同时又串联了一个停止（常闭）按钮 SB_1。该电路的工作原理如下：

启动时，合上电源开关 QS，按下启动按钮 SB_2，控制电路接通，接触器 KM 线圈得电，其触点动作，主触点闭合，接通主电路，电动机启动，同时，常开辅助触点 KM 也闭合，将启动按钮 SB_2 两端短接，这时即使松开 SB_2，控制电路仍然能通过 KM 的常开辅助触点形成回路，接触器继续保持吸合状态，电动机仍可连续运行下去。这种通过并联在启动按钮两端的接触器常开辅助触点来保持电动机连续运行的功能称为自锁，这对常开辅助触点称为接触器的自锁触点。

停车时，按下停止按钮 SB_1，控制电路断开，接触器 KM 的线圈失电，KM 主触点断开，电动机 M 停转，KM 常开辅助触点断开，解除自锁，为下次启动作准备。

这种线路不仅具有自锁功能，而且具有失压和欠压保护功能。当线圈电压下降到低于额定电压的 70% 时，接触器电磁线圈和铁芯所产生的电磁吸力不足以克服释放弹簧的反作用力而使衔铁释放，接触器主触点断开，电动机停转，保证了电动机不至于长时间工作于欠压状态而损坏。当由于某种原因使电源断电时，电动机停转，因接触器电磁线圈失电，主触点和常开辅助触点断开，这样即使电源再恢复送电，由于自锁触点已断开了控制电路，电动机不会自行启动，因此可以避免意外事故，保障操作人员和设备的安全。当需要启动时，可以重新按下启动按钮 SB_2。

图 2-35 线路中还具有短路保护功能。当电路某一部分发生短路故障时，很大的短路电流使串接在主电路中的熔断器 FU 迅速熔断而切断电源，从而可以有效地限制事故范围和降低事故的损坏程度。

2.4.3 具有过载保护的正转控制线路

图 2-35 所示线路虽具有欠压保护、失压保护和短路保护等多种功能，但许多生产机

械因负荷不稳定，经常会造成电动机长时过载，若不采取相应的保护措施，将导致电动机绝缘老化、寿命下降，严重时会损坏电动机。图 2-36 所示线路为带有热继电器的电动机正转控制线路。热继电器 FR 用来进行过载保护。热继电器 FR 的热元件串接在电路中，其常闭触点串接在控制电路中，若电动机长时过载，过载电流使 FR 的双金属片弯曲并带动常闭触点动作，切断控制电路，使接触器 KM 线圈失电、主触点断开，切断主电路，电动机停转，从而起到过载保护的作用。

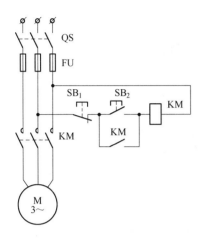

图 2-35 具有自锁功能的控制线路

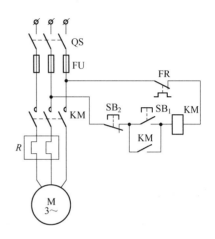

图 2-36 具有过载保护的正转控制线路

2.4.4 正反转控制

许多生产机械要求具有上下、左右、前后等相反方向的运动，这就要求电动机能够正反转。对于三相交流异步电动机，改变其定子绕组三相交流电的相序，定子绕组所产生的旋转磁场的方向也随之变化，因而可以通过改变供给定子绕组（三相交流电）的相序来使电动机反转。常用的正反转控制的方法有倒顺开关控制和接触器控制等。下面介绍用接触器控制电动机的正反转的控制线路。

2.4.4.1 接触器正反转控制线路

图 2-37 为接触器正反转控制线路。图中采用了两个接触器，即正转用的接触器 KM_1 和反转用的接触器 KM_2，它们分别由正转按钮 SB_1 和反转按钮 SB_2 控制。这两个接触器的主触头接线的相序不同，KM_1 按 U—V—W 相序接线，KM_2 则调了两相相序，按 W—V—U 相序接线，所以当两个接触器分别工作时，电动机的旋转方向不一样。

动作原理如下：先合上电源开关 QS，然后按下列程序进行。

正转控制：

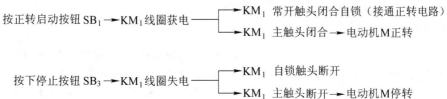

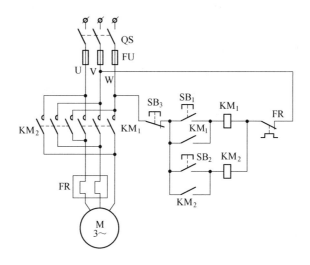

图 2-37　接触器正反转控制线路

反转控制：

按动反转启动按钮 SB_2 → KM_2 线圈获电 ── KM_2 常开自锁触头闭合

└→ KM_2 主触头闭合 → 电动机 M 反转

图 2-37 所示的控制线路虽然能够控制电动机的正反转，但存在一个很大的问题，就是当司机误操作同时按下 SB_1 和 SB_2，或在电动机正转期间按下 SB_2，或在电动机反转期间按下 SB_1 时，都会使正反转接触器 KM_1 和 KM_2 线圈同时得电，两组主触点同时闭合，可导致主电路相间短路。因此，要求正反转接触器 KM_1 和 KM_2 不能同时得电，正反转工作时必须有联锁关系。

利用两只控制电器的常闭触头（一般是接触器的常闭触头、按钮的常闭触头）使一个电路工作，而另一个电路绝对不能工作的相互制约的作用就称为联锁或互锁。实现联锁作用的触头称为联锁触头。与联锁触头相联系的这一部分线路又称联锁控制线路或联锁控制环节。

2.4.4.2　接触器联锁的正反转控制线路

为了避免前述缺点，可利用两只接触器的常闭辅助触头 KM_1 和 KM_2（见图 2-38）串联接到对方接触器线圈所在的支路里，即 KM_1 的常闭触头串于 KM_2 线圈所在支路，KM_2 常闭触头串于 KM_1 线圈所在支路。这样，当正转接触器线圈 KM_1 通电时，串联在反转接触器线圈 KM_2 支路中的 KM_1 常闭触头断开，从而切断了 KM_2 支路，这时即使按下反转启动按钮 SB_2，反转接触器 KM_2 线圈也不会通电。同理，在反转接触器 KM_1 通电时，即使按下正转启动按钮 SB_1，线圈 KM_1 也不会通电，这样就能保证不致发生电源线间短路的事故。图 2-38 所示线路的动作原理如下：先合上电源开关 QS，然后按下列程序进行。

正转控制：

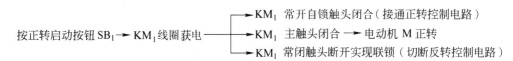

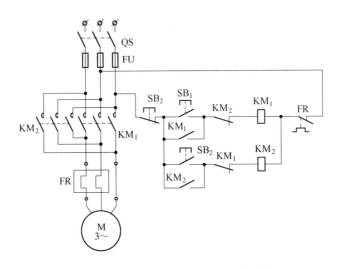

图 2-38　接触器联锁的正反转控制线路

反转控制：

这种接触器联锁正反转控制线路也存在一个缺点：如需要电动机从一个旋转方向改变为另一个旋转方向时，必须首先按下停止按钮 SB₃，然后再按下另一方向的启动按钮。假如不先按下停止按钮，因联锁作用就不能改变旋转方向。这就是说，要使电动机改变旋转方向，需要按动两个按钮，就这一点，对于频繁改变运转方向的电动机来说很不方便。

2.4.4.3　按钮、接触器双重联锁的正反转控制线路

图 2-39 所示的双重联锁的正反转控制线路克服了图 2-38 的缺点，它除利用接触器 KM₁ 和 KM₂ 的常闭触点联锁外，还用正反转按钮进行联锁。图中正反转启动按钮均为复合按钮，在操作时，常开触点和常闭触点并不同时动作，而是常闭触点先断开，常开触点才闭合。其动作原理基本与图 2-38 线路相似。首先合上电源开关 QS，然后按下列程序进行。

正转控制：

若电动机处在反向转动期间，可直接按下 SB_1 ，这时接触器 KM_2 线圈失电，KM_1 线圈得电，电动机又恢复正转，过程基本与上述相同。反转控制过程与原理和正转控制过程完全相同，这里不再赘述。

停车时，只需按下 SB_3 按钮，接触器线圈 KM_1 或 KM_2 失电，电动机停止运行，所有开关触头恢复失电状态，为下次启动做准备。

图 2-38 和图 2-39 所示的正反转控制线路在选煤厂也是很常见的，如胶带运输机等设备的控制等。

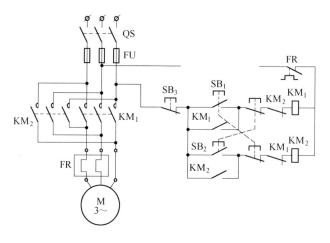

图 2-39　双重联锁的正反转控制线路

交流异步电动机单向运行及正反转运行也可采用磁力启动器来控制。磁力启动器是一种低压配套自动化电器，由接触器、热继电器和按钮等组成。磁力启动器有不可逆式和可逆式两类。不可逆式磁力启动器由一个接触器、一个热继电器和控制按钮组成。其内部接线和图 2-38 所示电路相同，可控制电动机的单向运行。可逆式磁力启动器由两个接触器、一个热继电器和控制按钮等组成。其内部接线和图 2-39 所示电路相同，用来控制电动机的正反转运行。磁力启动器有三个进线端和三个出线端，使用时，只需将三个进线端与三相交流电源相连，三个出线端接至电动机，即可直接控制电动机的运行。这种低压配套电器的优点是使用方便，不需要再进行内部接线。

2.5　电动机控制的几个常用环节

各种生产机械由于工作要求的不同，对电力拖动系统的要求也不同，电动机控制电路也不同。但有许多控制环节是各种电路都必须具备的，如短路保护、过载保护等，也有些环节是控制电路中经常出现的。下面我们对几种常用的控制环节来进行分析。

2.5.1　多地控制

有些生产要求不仅能够就地操作，而且能够远距离操作，或者能在多处对其进行操作，这时就要用多地控制环节。实现多地控制很简单，只要将若干个安装在不同地点的停

止按钮串联，启动按钮并联，按动任何一个停止按钮都可以控制停车，按动任何一个启动
按钮都可以启动电动机，这样就达到了
多地控制的目的。图 2-40 所示电路为
对某台电动机（设备）进行两地控制的
线路，SB_1 和 SB_2 为就地控制按钮，SB_3
和 SB_4 为远程控制按钮，其中停止按钮
SB_1 和 SB_3 串联，启动按钮 SB_2 和 SB_4
并联。

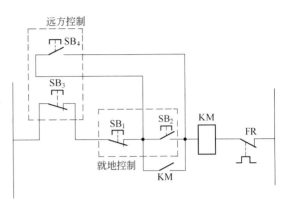

2.5.2 顺序控制

选煤生产中许多工艺环节需要生产
机械按一定的先后顺序来动作，如要求
全厂设备逆煤流方向启动，顺煤流方向

图 2-40 两地控制线路

停车，这就要求对拖动这些生产设备的电动机进行顺序控制。

顺序控制原则可以归纳为：若要求甲接触器动作后乙接触器才能动作，则需要把甲接
触器的常开辅助触点串接在乙接触器线圈电路中。图 2-41(a) 所示为两台电动机顺序启
动控制电路，要求电动机 M_1 启动后电动机 M_2 才能启动。图中把接触器 KM_1 的常开辅助
触点串接在接触器 KM_2 的线圈电路中，这样在电动机 M_1 未启动（KM_1 未动作）时，即使
按下 SB_4，由于串接在 KM_2 线圈回路中的 KM_1 的常开辅助触点是断开的，KM_2 线圈也不
会得电，电动机 M_2 不会启动。只有当 KM_1 得电，电动机 M_1 启动后，再按下 SB_4，KM_2
线圈才能得电，M_2 才能启动。这样就可以保证电动机 M_1，M_2 始终能够按先后顺序启
动。如果把 KM_2 线圈电路中 SB_3、SB_4 及自锁触点除掉，只用一个启动按钮 SB_2 和一个停
止按钮 SB_1 即可自动控制两台电动机 M_1、M_2 的顺序启动和停止。如图 2-41(b) 所示，
当按下 SB_2 时，KM_1 线圈得电，电动机 M_1 启动，同时串在 KM_2 线圈电路中的 KM_1 的常开
辅助触点闭合，KM_2 线圈得电，电动机 M_2 自行启动。

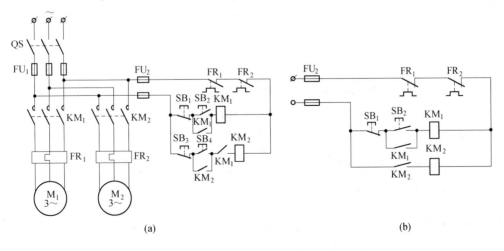

(a)   (b)

图 2-41 两台电动机的顺序控制线路

2.5.3　联锁控制

在第2.4.4节中我们已经讲述了联锁控制，在图2-38中用到了接触器联锁。图2-39中除了接触器联锁以外，还有按钮联锁。联锁控制在以后的电路中还将大量出现，是一种很常见的控制环节。联锁控制多数情况下是利用接触器联锁。接触器联锁的控制原则可以归纳为：若要求甲接触器动作时乙接触器不能动作，则需将甲接触器的常闭辅助触点串接在乙接触器线圈电路，反之亦然。现在很多联锁的控制功能都可以在 PLC 程序中实现。

2.5.4　时间控制

许多生产机械除了要求按某种顺序完成动作外，有时还要求各种动作之间要有一定的时间间隔，这就要用到时间控制。时间控制是利用时间继电器来实现的，时间继电器在接到控制信号以后，其触点并不立即动作，而延时一段时间后动作，接通或断开相应的控制电路。根据生产机械的要求不同，可以选择不同延时的时间继电器来控制。下面以图2-42所示电路为例来分析时间控制。

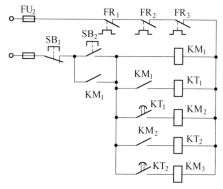

图 2-42　三台电动机顺序延时控制线路

该电路为三台电动机按一定时间间隔顺序启动的控制电路，要求电动机 M_1 启动后延时 n_1s 后电动机 M_2 才启动，M_2 启动后延时 n_2s，电动机 M_3 启动。接触器 KM_1、KM_2、KM_3 分别控制电动机 M_1、M_2、M_3。时间继电器 KT_1 和 KT_2，用于 M_1 和 M_2、M_2 和 M_3 之间的延时控制。电路工作原理如下：

首先合上电源开关 QS，然后按下列程序进行。

启动控制：

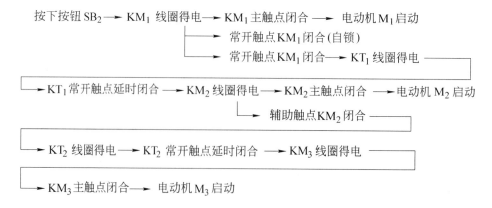

2.5.5　位置控制

生产中常需要控制某些机械运动的行程或终端位置，实现自动停止，或实现整个加工过程的自动往返等。这种控制生产机械运动行程和位置的方法称为位置控制。这种控制方法就是利用位置开关与生产机械运动部件上的挡铁碰撞而使位置开关触头动作，达到接通或断开电路来控制生产机械的运动部件自动停止或行程位置。

图 2-43 所示为某工作台自动往返控制线路。为了使电动机的正反控制与工作台的左、右运动相配合，在控制线路中设置了四个位置开关 SQ₁、SQ₂、SQ₃、SQ₄，并把它安装在工作台需限制的位置上。当工作台运动到所限位置时，位置开关动作，自动换接电动机正反转控制电路，通过机械传动机构使工作台自动往返运动。

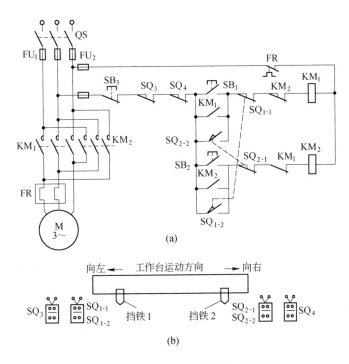

图 2-43　某工作台自动往返控制线路

控制线路动作原理如下：

按下启动按钮 SB₁，接触器 KM₁ 线圈获电动作，电动机正转启动，通过机械传动装置拖动工作台向左运动。当工作台运动到一定位置时，挡铁 1 碰撞位置开关 SQ₁ 使常闭触头 SQ₁₋₁ 断开，接触器 KM₁ 线圈断电释放，电动机断电停转。与此同时，位置开关 SQ₁ 的常开触头 SQ₁₋₂ 闭合，使接触器 KM₂ 获电动作，进而电动机反转，拖动工作台向右运动。同时位置开关 SQ₁ 复原，为下次正转作准备，由于这时接触器 KM₁ 的常开辅助触头已经闭合自锁，故电动机继续拖动工作台向右运动。当工作台向右运动到一定位置时，挡铁 2 碰撞位置开关 SQ₂，使常闭触头 SQ₂₋₁ 断开，接触器 KM₂ 线圈断电释放，电动机断电停转，与此同时，位置开关 SQ₂ 的常开触头 SQ₂₋₂ 闭合，使接触器 KM₁ 线圈再次获电动作，电动机又开始正转。如此循环往复，使工作台在预定的行程内自动往返。

图 2-43 中位置开关 SQ₃ 和 SQ₄ 安装在工作台往返运动的极限位置上，起终端保护作用，以防位置开关 SQ₁ 和 SQ₂ 失灵，致使工作台继续运动不止而造成事故。

需要停车时，按下 SB₃ 即可。

2.6　鼠笼式电动机的降压启动

对于较大容量的鼠笼式电动机，为了降低其启动电流，必须采用降压启动。电动机降压启动就是在电动机启动时将定子端电压降低，待启动过程结束后再将定子端电压恢复为额定电压。降压启动的方法有：定子串电阻降压启动，定子串自耦变压器启动和星形-三角形（Y-△）启动等多种。

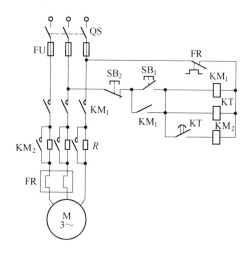

图 2-44　定子串电阻降压启动控制线路

2.6.1　定子串电阻降压启动

图 2-44 所示为定子串电阻降压启动的控制电路。启动时，在定子回路中串入电阻器，在电阻器上产生一定的电压降，从而降低定子的端电压，减少启动电流，当电动机转速上升到一定数值以后，再将启动电阻器短接，使电动机在额定电压下正常运行。

图中 KM_1 为线路接触器，KM_2 为短接启动电阻 R 的接触器，KT 为启动延时继电器。电路的控制过程如下：

先合上开关 QS，然后按下列程序进行。

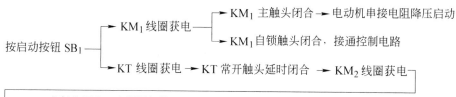

停止时，按下 SB_2 即可实现。

这种定子串电阻降压启动的优点是结构简单、造价低、动作可靠，缺点是电阻上功率损耗大。通常用于控制中小容量且不常开停的电动机。

2.6.2　定子串自耦变压器降压启动

定子串自耦变压器降压启动的控制线路如图 2-45 所示。这种启动电路和定子串电阻降压启动原理相同，所不同的是电动机启动时定子绕组端电压为自耦变压器的二次电压，启动结束后甩掉自耦变压器，电动机在额定电压下正常运转。

合上电源开关，线路工作过程如下：

（1）降压启动。按下 SB_2 后，KA 线圈得电，KA 自锁触头闭合自锁，KT 线圈得电，KM_2 线圈得电 KM_2 主触头闭合，KM_2 联锁触头分断对 KM_1 联锁。电动机 M 接入 TM 降压启动。

（2）全压运转。当电动机转速上升到接近额定转速时，KT 延时结束，KT 常闭触头先

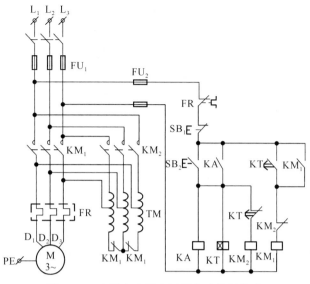

图 2-45　定子串自耦变压器启动控制线路

分断，KM_2 线圈失电，KM_2 常闭辅助触头分断对 KM_1 联锁，KT 常开触头后闭合，KM_1 线圈得电，KM_1 自锁触头闭合自锁，KM_1 主触头闭合，电动机 M 接成 △ 全压运行。

（3）停止时按下 SB_1 即可。

这种启动方法和定子串电阻相比，在同样的启动转矩下，对电网的电流冲击小，功率损耗小，但自耦变压器结构较电阻复杂，造价高。这种电路用于容量较大的鼠笼式异步电动机的启动。

2.6.3　星形–三角形启动

星形–三角形（Y–△）启动适用于正常运行时定子绕组为三角形接线的电动机。在启动时，将定子绕组接成星形，以降低每相绕组的电压，启动结束后，再将定子绕组恢复为三角形接线。定子绕组接成星形方式启动，每相绕组电压只有三角形接线时的 $\frac{\sqrt{3}}{3}$ 倍。这种启动方式可以有效地限制启动电流，但其启动转矩较小，只有三角形接线直接启动时的 $\frac{1}{\sqrt{3}}$，因而只适于空载或轻载启动的场合。

星形–三角形降压启动控制线路如图2-46所示。接触器 $KM_△$ 和 KM_Y 用来控制三相定子绕组的接线方式。接触器 KM 和 KM_Y 得电时，电动机定子绕组接成星形方式启动，启动结束后，接触器 KM_Y 释放，$KM_△$ 吸合，电动机定

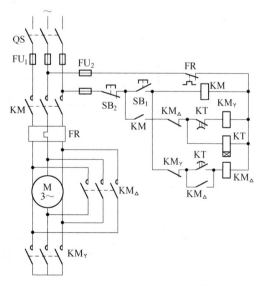

图 2-46　星形–三角形启动控制线路

子绕组接成三角形方式接入正常运行。其控制过程如下：

先合上电源开关 QS，然后按下列程序进行：

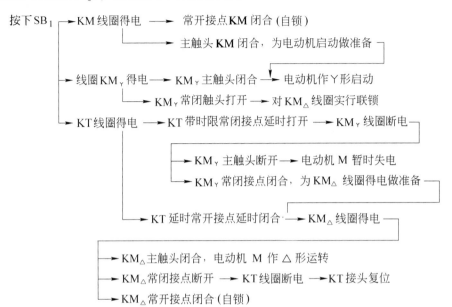

对于功率在 125kW 以下的鼠笼式异步电动机，可直接选用配套的星形-三角形启动器来进行降压启动控制。常用的星形-三角形启动器有 QX3 等系列，可根据电动机的容量来选择。

2.7　绕线式异步电动机的启动控制

鼠笼式异步电动机采用降低绕组端电压的方法启动，可以减小启动电流，但也同时降低了启动转矩。对需要重载启动的生产机械，采用这种电动机就不能满足生产要求，这时可采用绕线式异步电动机。

绕线式异步电动机的转子结构不同于鼠笼式异步电动机，其转子由三相转子绕组和转子铁芯组成。三相转子绕组接在固定转轴上的三个相互绝缘的滑环上，通过滑环上的电刷可以把三相转子绕组线头引出。绕线式异步电动机的启动是在转子绕组回路串接适当电阻或电抗器来降低启动电流。绕线式异步电动机的启动电流

$$I_{\mathrm{g}} \approx \frac{U_1}{\sqrt{r_{\mathrm{L}}^2 + X_{\mathrm{L0}}^2}}$$

式中　U_1——定子端电压；

　　　r_{L}——转子每相绕组电阻；

　　　X_{L0}——转子每相绕组的感抗。

当转子绕组串入电阻或电抗器时，r_{L} 或 X_{L0} 增加，启动电流下降。这种方法的定子端电压保持不变，可以保证电动机有较大的启动转矩。

2.7.1 转子串电阻启动

转子串电阻启动，是在电动机启动时通过电刷和滑环在三相转子绕组中串入对称三相电阻，启动过程中随电动机转速的升高逐步切除电阻，启动结束后，将转子绕组短接。

图 2-47 所示为绕线式异步电动机自动启动控制线路，这个控制线路是依靠 KT_1、KT_2、KT_3，三只时间继电器和 KM_1、KM_2、KM_3 三只接触器的相互配合来实现转子回路三段启动电阻的短接，动作原理如下。

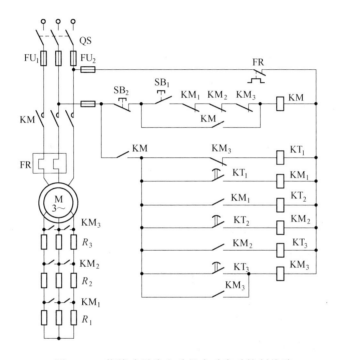

图 2-47 绕线式异步电动机自动启动控制线路

合上电源开关 QS，按启动按钮 SB_1，接触器 KM 线圈获电，电动机定子接通电源，转子串接全部电阻启动。

当接触器 KM 线圈获电动作时，时间继电器 KT_1 同时获电。经过整定的时间后，KT_1 的常开触头延时闭合，接触器 KM_1 线圈获电动作，使转子回路中两副 KM_1 常开触头闭合，切除（短接）第一级启动电阻 R_1，同时使时间继电器 KT_2 的线圈获电。经过整定的时间后，KT_2 的常开触头延时闭合，接触器 KM_2 线圈获电动作，使 KM_2 两对在转子回路中的常开触头闭合，切除第二级启动电阻 R_2。同时另一个 KM_2 常开触头闭合，使时间继电器 KT_3 线圈获电，经过整定的时间后，KT_3 的常开触头延时闭合，使接触器 KM_3 线圈获电动作，其两对在转子回路中的常开触头闭合，切除第三组启动电阻 R_3，另一对常开触头闭合自锁。接触器 KM_3 的一对常闭触头断开，使 KT_1 线圈失电，进而 KT_1 的常开触头瞬时断开，使 KM_2、KT_2、KM_3、KT_3 依次断电释放，恢复原位。只有接触器 KM_3 保持工作状态，电动机的启动过程全部结束，进行正常运转。

接触器 KM_1、KM_2 和 KM_3 的常闭触头与 SB_1 启动按钮串接，其作用是保证电动机在转子回路全部接入外加电阻的条件下才能启动。如果接触器 KM_1、KM_2 及 KM_3 中任何一组触头因焊住或机械故障而没有释放时，启动电阻就没有全部接入转子回路里，启动电流就超过规定的值。因此，接触器 KM_1、KM_2 及 KM_3 的常闭触头只要有一个没恢复闭合时，电动机就不可能接通电源直接启动。在线路中，只有接触器 KM 和 KM_3 长期通电，而 KM_1、KM_2、KT_1、KT_2、KT_3 只是在启动阶段短时通电。

这种控制线路中的启动电阻还可用来调速。当电动机需要降低转速时，在转子绕组中串入相应的电阻即可。因此，这种启动控制电路多用于需要调速的设备。

采用转子串电阻启动，具有启动电流小，启动转矩大，允许在重负荷下启动等优点，但采用这种方式启动所用电器元件多，结构复杂造价高，维修量大，且电阻上电能耗损大，目前已逐步被变频调速器控制取代。

2.7.2　转子串频敏变阻器启动

转子串电阻启动方法在启动过程中由于逐段切除电阻，电流和转矩都会有突变，且控制线路复杂，使用电器较多，因此，近年来在工矿企业中广泛采用转子串频敏变阻器启动代替转子串电阻启动。

频敏变阻器是一种阻抗值随频率变化的特殊电抗器。它由铁芯和绕组两部分组成，其铁芯是用几十毫米厚的铸铁板或钢板叠成的。铁芯中的涡流损耗很大，涡流损耗可用一个等效电阻 R_m 来反映。由于涡流损耗与频率的平方成正比，所以等效电阻 R_m 也随频率而变化，故称为频敏变阻器。频敏变阻器的三相绕组可接成星形或三角形。图 2-48 所示为频敏变阻器的结构示意图和等效电路。

频敏电阻器采用图 2-48 中（b）图来等效，R_b 为绕组本身电阻，R_m 为涡流损耗等效电阻，X_m 为绕组电抗，R_m 和 X_m 都随频率的变化而变化。把频敏变阻器串入转子绕组，当电动机启动开始时，转子绕组中电流频率 f_2 等于定子电流频率 f_1，此时频率 f_2 最大，电抗 X_m 和等效电阻 R_m 也最大，因而限制了启动电流。随着电动机转子转速的升高，转子电流频率 f_2 逐渐下

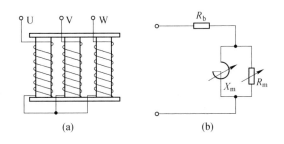

图 2-48　频敏变阻器的结构和等效电路

降 $(f_2 = \dfrac{n_0 - n}{n}f_1$，随着 n 的增加，f_2 减小)，电抗 X_m 和等效电阻 R_m 也随之自动减小，当转子转速趋于额定值时，电抗 X_m 和等效电阻 R_m 趋于零。在整个启动过程中，频敏变阻器的阻抗自动减小。这样不仅启动设备少，而且启动速度平稳，可以达到无级、平滑启动。

图 2-49 所示为绕线式异步电动机转子串频敏变阻器启动的控制线路。该线路可以利用转换开关 SA 来进行自动控制和手动控制完成启动过程的选择。

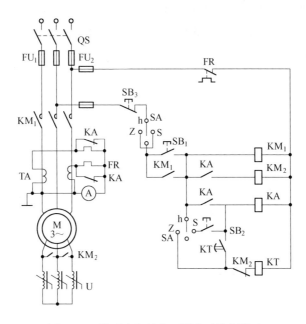

图 2-49 转子串频敏变阻器启动控制线路

采用自动控制时，将转换开关 SA 拨到自动位置（即 Z 位置），时间继电器 KT 将起作用。然后按下启动按钮 SB$_1$，接触器 KM$_1$ 线圈获电动作，其三副主触头闭合使电动机接通电源启动，转子回路中的频敏变阻器产生作用，一对常开辅助触头闭合自锁。与此同时，时间继电器 KT 线圈获电动作，经过整定的时间后，KT 的常开触头延时闭合，中间继电器 KA 线圈获电，KA 常开触头闭合，使接触器 KM$_2$ 线圈获电动作，KM$_2$ 主触头闭合，将频敏变阻器短接，启动完毕。启动过程中，中间继电器 KA 不带电，故 KA 的两对常闭触头将热继电器 FR 的发热元件短接，以免因启动过程较长而使热继电器过热产生误动作。启动结束后，中间继电器 KA 的线圈获电动作，其两对常闭触头断开，热继电器 FR 的发热元件又接入主电路工作。图中 TA 为电流互感器，它的作用是将主电路中的很大实际电流变换成较小电流，串于热继电器热元件反映过载程度。

频敏变阻器具有结构简单，材料和加工要求低、启动性能好、使用寿命长、维护方便等优点，从而得到广泛应用。

2.7.3 转子串水电阻启动

水电阻是指利用电解液的阻值特性，通过调节极板间距离来实现电机的软启动或者调速。水电阻的基本原理是靠溶解在水中的电解质（NaHCO$_3$）离子导电，电解质充满于两个平面极板之间，构成一个电容状的导电体，自身无感性元件，故与频敏、电抗器等启动设备相比，有提高电动机的功率因数、节能降耗的功能。水电阻串入电动机转子回路以后，不仅能改变电动机的转差率 s，达到调速的目的，还能增加电动机启动时的转矩，减小启动电流。具有平滑无级调速，并可使转速达到额定转速。水阻调速器是以改变串入电机转子回路的水电阻来调节电机转速的，电阻越大，电机转速越低；电阻为零，电机达到全速。为了克服调速过程中水电阻过热现象，可增加循环冷却装置。

水电阻优点如下：

（1）作电动机启动之用，水阻软启动器具有启动电流小，启动平稳等优点；

（2）可用于大中型绕线异步电动机调速，调速比可达 2∶1，与变频调速、可控硅串级调速相比更经济可靠实用，且维护简单。

水电阻缺点如下：

（1）通过调节极板距离改变电阻，精度和灵敏度低；

（2）需要经常加水；

（3）环境温度变化对启动特性有影响，温度变化比较大的地方一般需要加装空调。

在选煤厂中可用于大型水泵、磨机的软启动。图 2-50 所示为转子串水电阻启动电路原理图。

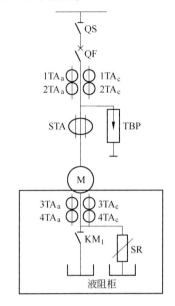

图 2-50　转子串水电阻启动控制原理图

2.8　交流电动机的变频调速

2.8.1　通用变频器的基本知识

由 2.3 节交流异步电动机同步转速公式可知，当频率 f 连续可调时，电动机的同步转速 n_0 也连续可调。又因为异步电动机的转子转速 n 总是比同步转速 n_0 略低一些，所以当 n_0 连续可调时，n 也连续可调。

目前工业领域中应用数量最多最普遍的变频器是低压 AC 380V 电压型通用变频器，所以本书变频器的基本知识就以这种变频器为例，讲述变频器基本构成及基本使用方法，其他种类变频器的结构和使用方法虽然略有不同，但总的情况基本类似。

2.8.1.1　通用变频器的主电路结构

通用变频器的主电路由 3 部分组成：整流部分、直流部分和逆变部分，如图 2-51 所示，采用交—直—交结构。

整流部分由 6 只二极管组成三相整流桥，它把三相交流电源 R、S、T 变为直流电，直流部分由若干个大容量电容器和均压电阻组成，直流电经过滤波电容，保持该直流电压 U_D 平稳。由于目前大容量的电解电容耐压都不高，且电容值的一致性较差，为了避免因此造成各电解电容的压降差异太大，出现电容压降高于耐压值使电容击穿，可以利用电阻的均压作用基本保证各电容上的压降一致，图中电容器 C_1 和 C_2 电容值相等起存储电能和滤波作用，电阻 R_3 和 R_4 阻值相等起均压作用。逆变部分由 6 个 IGBT 模块和 6 只反并联

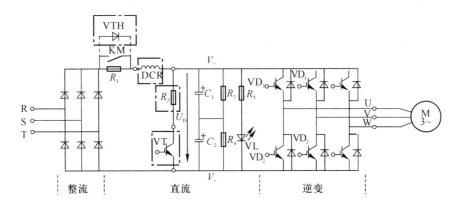

图 2-51 通用变频器的主电路结构

二极管组成，将直流电压 U_D 转换为可以改变频率和有效电压的三相交流电。

为了增强滤波效果，滤波电容 C_1 和 C_2 的容量一般很大，再加上变频器初上电时滤波电容上的电压为零，这样势必造成滤波电容的充电电流很大，使供电电网瞬间电压产生陡降，造成同一电网上的其他设备跳闸或误动作，干扰电网的正常运行。为了解决这一问题，图 2-51 中增加限流电阻 R_1，来限制滤波电容的最大充电电流，当上电完成后，为了消除 R_1 的压降和热损耗，利用 KM 触点或晶闸管 VTH 再把 R_1 旁路掉。

图 2-51 中，直流电抗器 DCR 的作用是利用电感对电流的抑制作用，平滑电源的输入电流，提高变频器的功率因数，同时还可以降低变频器初上电时滤波电容的充电电流，直流电抗器在有些变频器中是随机附带的标准配件，也有些变频器（或是大容量的变频器）是作为可选附件，不选用直流电抗器 DCR 时，须将两端用粗导线短接在一起。

在需要快速停止或重物下降的场合，电动机处于发电状态，电动机发出的电能通过反并联二极管给滤波电容充电，导致变频器内部直流电压升高。如果这些能量不进行恰当的处理，就会导致直流电压 U_D 超过高限，一般高限为 DC 650V 左右，考虑到 IGBT 和滤波电容的耐压问题，变频器会产生过压报警停车。如果不能停车，就必须对此进行处理，处理的方法有两种，一种是把这部分能量反馈回电网；一种是用制动电阻把这些能量消耗掉。图 2-51 中，采用大量使用的第二种方法，用制动电阻把能量消耗掉，R_2 是制动电阻，VT 是制动单元中起开关作用的 IGBT，当直流电压 U_D 超过高限时，VT 导通，制动电阻 R_2 将滤波电容上高出的能量消耗掉。制动电阻和制动单元在小容量的变频器中是内部自带的标准配置，对于大容量的变频器是作为可选附件。

图 2-51 中，R_5 和 VL 的作用是指示大容量滤波电容上的电压有无，当变频器断电后，由于滤波电容上的电荷并没有立即泄放掉，其残留电压足以对人身形成威胁，为了避免人们在电容放电完成前，因触摸滤波电容的外接端子而发生危险，用 VL 指示滤波电容电压的有无，只有 VL 指示灯熄灭后，方可进行触摸接线或维修。

2.8.1.2 正弦波脉宽调制（SPWM）方式和实现方法

图 2-51 中，逆变部分的 VD_1 导通 VD_2 关断时，U 相输出 V_+，VD_1 关断 VD_2 导通时，U 相输出 V_-，U 相输出的电压为有两种电平状态的矩形波，V 相和 W 相情况一样，由于

电动机中电感的影响，电流上升速度比电压要滞后，当出现 U 相输出 V_+，而 U 相电流为负时，VD_1 导通，电流流回直流侧，VD_2 的作用与此相同。

变频器输出的电压波形是一系列电压幅度相等而宽度不相等的矩形脉冲波形，该矩形方波的频率和脉宽用正弦脉宽调制（SPWM）方式控制，是等效正弦波，矩形波与正弦波等效的原则是矩形波和正弦波在每一时间段所包围的面积相等，如图 2-52 中，把正弦波的每个波头分成 5 份，每份正弦波与时间横轴所包围的面积等于该矩形波在该时间段与时间横轴所包围的面积，改变脉冲波的频率和脉宽就可以实现等效正弦波的频率和幅值的变化，这就是变频变压输出。

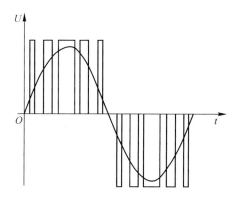

图 2-52　正弦脉宽调制（SPWM）方式

构成矩形波的脉冲数越多，其等效波形就越接近正弦波，脉冲的多少在变频器中用载波频率来衡量，图 2-52 中，载波频率是正弦波频率的 5 倍。早期 SPWM 的产生方法，是用三角波作为载波，用可以改变频率和幅值的正弦波为信号波进行调制产生的，三角形载波的频率可以调节。以电动机是丫联结为例，中性点的电压为 0V，使用一个比较器，比较各相信号波与三角载波的高低，利用比较器输出的开关信号去控制对应相的 IGBT 输出。以 U 相为例，U 相信号正弦波高于三角波的时刻，U 相 IGBT 导通，U 相输出 U_D；U 相信号正弦波低于三角波的时刻，U 相 IGBT 关断，输出 0V。假设三角形载波为 U_t，U 相信号波为 U_U，U 相输出为 U_{U0}，V 相信号波为 U_V，V 相输出为 U_{V0}，U 相和 V 相的线电压为 U_{UV}，载波 U_t 的频率为信号波 U_U 和信号波 U_V 频率的 3 倍，如图 2-53(a) 所示。

对于 U 相信号波，信号波 U_{U0} 幅值高于三角载波 U_t 的时刻，U 相输出直流电压 U_D；信号波 U_{U0} 幅值低于三角载波 U_t 的时刻，U 相输出 0V，如图 2-53(b) 所示。

对于 V 相信号波，信号波 U_{V0} 幅值高于三角载波 U_t 的时刻，V 相输出直流电压 U_D；信号波 U_{V0} 幅值低于三角载波 U_t 的时刻，V 相输出 0V，如图 2-53(c) 所示。

U 相和 V 相的线电压 $U_{UV}=U_{U0}-U_{V0}$，U_{UV} 的波形如图 2-53(d) 所示，U_{UV} 就是用矩形波组成的等效正弦波，由于载波频率是信号波频率的 3 倍，所以每个 U_{UV} 的波头由 3 个宽窄变化的矩形波构成。

改变信号波的频率就改变了输出等效正弦波的频率，改变正弦信号波的幅值就改变了等效正弦波中矩形波的宽窄，也就改变了有效电压值，在此不再进行说明。随着数字技术的快速发展，目前 SPWM 方法已经不再需要这些繁杂的变换，直接用专用芯片或计算方法就可以轻松实现。

虽然变频器输出电压波形为一系列的矩形脉冲波，但是由于电动机这一感性负载对电流变化的抑制作用，电动机中的电流波形为一波动的且相位滞后的近似正弦波，载波频率越高，电机波动越小，电流波形越平滑。当载波频率足够高时（如 12kHz），变频器输出到电动机的电流波形基本为一平滑正弦波，如图 2-54 所示，该电流波形滞后于电压等效正弦波。载波频率高时，低频力矩输出也稳定，电动机的噪声小，需要注意的是，载波频率高将使变频器自身的损耗变大，变频器温度增高，并使电压毛刺变大，漏电流变大，干扰变大；载波频率低时，电机的噪声大，电动机的损耗变大且转矩降低，电动机温度增高。

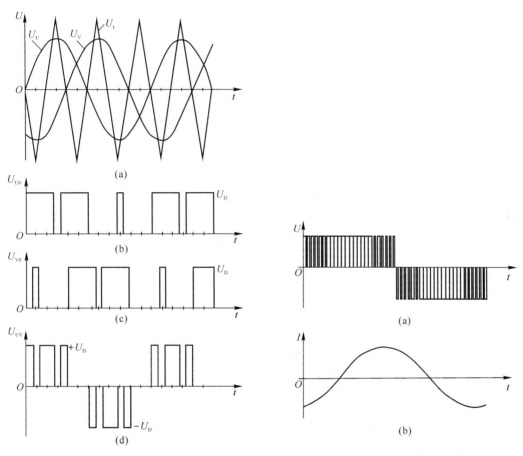

图 2-53　信号波和载波的关系

图 2-54　高载波频率时变频器的输出电压和电流波形
（a）电压波形；（b）电流波形

2.8.2　变频器的基本使用方法

2.8.2.1　变频器的选型

（1）首先是变频器的功率和电动机的额定电流要匹配，由于功率因数不同以及电动机的效率不同，同一功率同一电压等级的电动机，其额定电流有较大的差异，而变频器受IGBT器件电流等级的限制，变频器的输出电流不能超过最大允许值，所以选择变频器的功率要和电动机的额定电流相匹配。

（2）负载性质与变频器类型要匹配，有些厂家的变频器分水泵风机类（适用于平方转矩负载）和通用类（适用于恒转矩（如机床）和平方转矩负载），两种类型的变频器价格不同，一般水泵风机类变频器价格要低一些。

2.8.2.2 变频器的主要动力和控制接线

变频器的主要接线如图 2-55 所示，其中 R、S、T 为三相主电源（也有单相 AC220V 的变频器），U、V、W 接三相交流电动机，速度控制输入为模拟量 0～10V 或 4～20mA 信号，起/停控制输入（开关量）控制电动机的起停，正/反转控制（开关量）控制电动机的转向，报警输出（开关量）用于通知外部控制设备变频器的报警状态或运行状态，当电动机需要经常处于发电状态（如急停、重物下放等）时需接制动电阻，模拟信号输出主要用于输出当前变频器的频率、电流或转矩等参数，变频器的其他接线多数情况下可以不用。

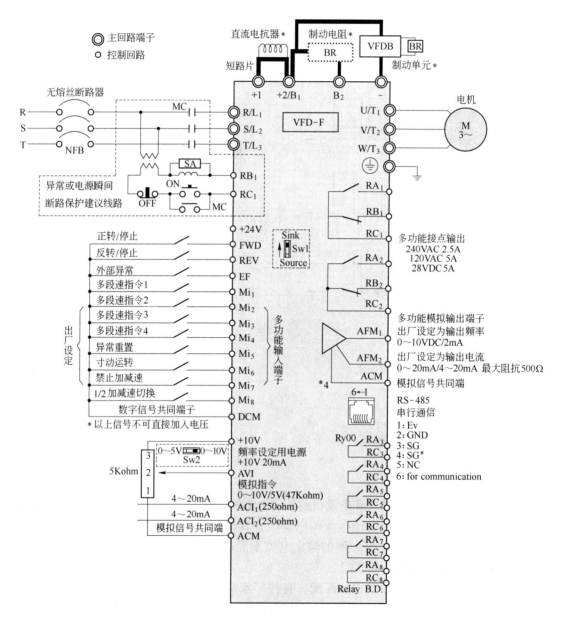

图 2-55 变频器的主要接线

2.8.2.3 变频器的基本参数设定

变频器面板上有显示器和按键，显示器可以显示输出频率、输出电压、电流、设定参数等，参数输入方法不同厂家的变频器会有所不同，具体方法应参考厂家的产品说明书。

变频器说明书中介绍的参数非常多，有些变频器可以设定的参数甚至有几百项，但是变频器实际应用中，需要使用者必须输入的参数也就十几项。

（1）控制方式参数：

1）频率控制方式：面板控制；用端子由外部模拟信号（0～10V 或 4～20mA）控制。

2）起停控制方式：面板控制电动机起/停；用端子由外部开关信号控制电动机起/停。

3）正反转控制方式：面板控制电动机正/反旋转方向；用端子由外部开关信号控制电机正/反转方向。

4）通讯控制方式：利用通讯接口或总线接口进行频率、起停或正反转控制。

（2）被驱动电动机的参数：包括额定功率、额定电流、额定电压、额定转速、电动机极数、电动机空载电流、电动机阻抗、电动机感抗等。

如果电动机说明书上没有这些参数，则采用变频器（与电动机相同功率）的出厂默认值，或利用很多变频器自身提供的电动机阻抗和感抗在线测试功能进行测试。

（3）主要控制参数：电源电压（如 AC 380V）、输出最小频率（如 0Hz）、输出最大频率（如 50Hz）、升速时间（如 0.1～3600s）、转矩提升方式选择、V/F 方式选择、V/F、矢量方式或直接转矩控制选择。

（4）其他参数：一般情况下可以采用默认值，如有特殊要求需要参照厂家的变频器说明书。

2.8.3 变频器使用注意事项

2.8.3.1 变频器的散热问题

安放变频器的变频柜其通风条件要满足说明书中提出的通风量和环境温度要求，不过由于变频器通风量的计算一般比较复杂，为了简化这一问题，根据作者的经验，可以用以下方法简单处理：在变频器柜上方没有风机抽风的情况下，设计变频柜上方通风孔（含侧面通风孔）的通风面积，要大于变频器散热器和风扇出风口的面积一定的比例。如果总散热孔的面积不够，也可以加高上方出风口部分的高度，或者增加通风机强行吸风。

由于变频器的散热要求模糊而笼统，因散热设计不当导致变频器无法正常工作的现象在很多工程中发生过，这应该引起大家足够的重视。

2.8.3.2 变频器的无功补偿问题

由于电动机和供电电源通过变频器的直流环节隔离开来，所以在电动机侧不需要进行无功补偿。在变频器的电源输入侧，由高次谐波引起的功率因数问题，用电容补偿很难奏效，高频脉动还会影响电容器的寿命，所以，在通用变频器中多是采用在输入侧增加输入电抗器和在直流部分增加直流电抗器的方法来改善功率因数。

2.8.3.3 变频器的降容使用

（1）运行环境温度与变频器允许的输出电流之间的关系如图 2-56 所示。

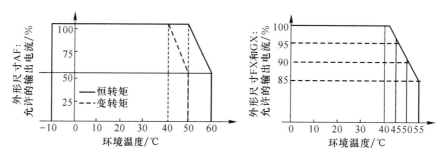

图 2-56 运行环境温度与变频器允许的输出电流之间的关系

（2）变频器安装地点的海拔高度与变频器性能参数的关系如图 2-57 所示。

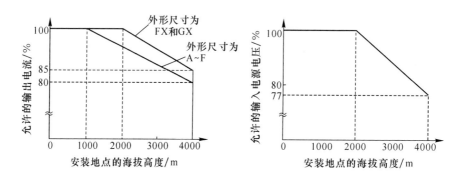

图 2-57 变频器安装地点的海拔高度与变频器性能参数的关系

在选煤厂中变频器主要用途为：（1）实现大功率设备（如胶带输送机等）的软启动控制，较少大功率设备直接起动对电网的冲击和对机械设备的冲击；（2）对于需要变速的设备进行变频调速，可以实现无级调速；（3）它具备多种信号输入输出端口，接收和输出模拟信号、数字信号、电流、电压信号，便于实现设备和工艺过程的自动控制；（4）使用变频器可以优化电动机及机械设备（如风机等）的运行状况实现节能。

❖❖

思 考 题

（1）试述交流接触器安装灭弧装置的原因。

（2）交流接触器短路环的作用及作用原理是什么？

（3）继电器和接触器有哪些主要区别？

（4）什么是行程开关，常用的行程开关有哪几种？

（5）什么是接近开关，常用的接近开关有哪几种，各有何特点？

（6）低压断路器有哪些保护功能，简要说明电路发生短路时，低压断路器自动跳闸的动作过程。

（7）试述电气原理图绘制的一般原则。

（8）自锁环节怎样组成，它起什么作用，并具有什么功能？

（9）什么是互锁环节，它起到什么作用，试采用按钮、刀开关、接触器和中间继电器，画出异步电动机点动、连续运行的混合控制电路。

（10）电器控制线路常用的保护环节有哪些，各采用什么电器元件？

（11）失电压保护电路的作用是什么？

（12）互锁和顺序控制的联锁各有何作用？

（13）交流笼型异步电动机常用哪些启动方式，各有何优缺点，各用于什么场合？

（14）交流笼型异步电动机常用哪些制动方式，各有何优缺点，各用于什么场合？

3 矿物加工过程检测仪器仪表

【本章学习要求】

(1) 了解矿物加工过程中需要检测的变量种类及特点；

(2) 熟悉温度、压力、流量、物位、重量、水分、密度、灰分及固体物含量的检测方式方法；

(3) 掌握测量温度、压力、流量、物位、重量、水分、密度、灰分及固体物含量传感器的工作原理及使用注意事项。

随着矿物加工过程自动化水平的不断提高，要实现生产过程中的自动控制，首先要解决的问题是实现对有关工艺参数的自动检测。在矿物加工过程中，需要测量的参数很多，如温度、压力、流量、料位、液位、质量、矿浆浓度，跳汰分选过程中水流运动的位移、速度和加速度，床层松散度和厚度，重介分选过程中重介悬浮液密度等。本章将分别介绍各种参数的检测方法及有关检测仪表的检测原理。

3.1 温 度 检 测

温度是表征物体冷热程度的物理量，是物体内部分子无规则运动剧烈程度的标志，与自然界中的各种物理和化学过程相联系，温度的测量是以热平衡为基础的。

温度最本质的性质：当两个冷热程度不同的物体接触后就会产生导热换热，换热结束后两物体处于热平衡状态，则它们具有相同的温度。接触式测温法就是利用这一原理工作的。

3.1.1 膨胀式温度计

热膨胀式温度计应用液体、气体或固体（物体）热胀冷缩的性质测温，将温度转换为测温敏感元件的尺寸或体积变化，表现为位移；热膨胀式温度计分为液体膨胀式（酒精温度计、水银温度计）和固体膨胀式（热敏双金属温度计）两种，如图 3-1 所示。

3.1.1.1 液体膨胀式温度计

液体受热后体积膨胀和温度的关系可用下式表示：

$$V_{t1} - V_{t2} = V_{t0}(d - d')(t_1 - t_2) \tag{3-1}$$

式中　V_{t1}，V_{t2}——分别为液体在温度为 t_1 和 t_2 时的体积；

　　　　V_{t0}——同一液体在 0℃时的体积；

　　　　d，d'——分别为液体和盛液体容器的体膨胀系数。

由式（3-1）看到，液体的体膨胀系数越大，液体的体积随温度升高而增大的数值也越大。因此，选用 d 值大的液体作为温度计的工作液，可以提高温度计的测量精度。一般采用水银或红色酒精作为工作液体，测温范围在-30~600℃之间。

运用这一原理制成的玻璃液体温度计如图 3-1 所示。工作液采用水银更多，水银的体膨胀系数虽然不太大，但它不粘玻璃，不易氧化，能在-38~365.66℃之间保持液态，尤其是 200℃以下，水银体积膨胀几乎与温度呈线性关系。水银温度计测量上限为 300℃，加压充氮时测温上限可达 600℃。

工业上还有带电接点的水银温度计，与继电器配合后可用于恒温控制和超温报警等自动装置上。

图 3-1　热膨胀式温度计

3.1.1.2　固体膨胀式温度计

双金属温度计是利用两种不同的金属在温度改变时膨胀程度不同的原理工作的。双金属温度计敏感元件如图 3-2 所示。它是由两种或多种线膨胀系数 α 不同的金属片粘贴组合而成的，其中 α 大的材料 A 为主动层，α 小的材料 B 为被动层。其一端固定，另一端为自由端，自由端与指示系统的指针相连接。为增加测温灵敏度，通常金属片制成螺旋卷形状，如图 3-3 所示。

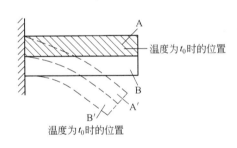

图 3-2　双金属温度计工作原理示意图

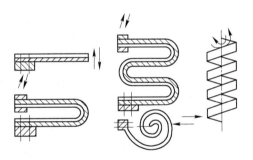

图 3-3　双金属温度计金属片形状

当温度变化时，由于 A、B 两种金属的膨胀不一致而向被动层一侧弯曲，受冷则向主动层一侧弯曲，导致自由端产生一定的角位移，温度恢复到原有温度则仍然平直。自由端角位移的大小与温度变化成一定的函数关系，通过温度标定，在圆形分度标尺上指示出温度，实现温度测量。可以实现工业现场-80~550℃温度的液体、蒸汽和气体的中低温检测。

当温度变化为 Δt 时，自由端的弯曲挠度为：

$$\delta = \frac{3}{4} \times \frac{\alpha_1 - \alpha_2}{h_1 + h_2} l^2 \Delta t \qquad (3-2)$$

式中　δ——自由端中心线的挠度；

　　　α——线膨胀系数；

　　　h——金属片的厚度；

　　　l——金属片的长度。

双金属温度计常被用作恒定温度的控制元件，如恒温箱、加热炉、电热水壶等就是采用双金属片温度计控制和调节恒温。

3.1.2　热电偶温度计

热电偶温度计是工业生产自动化领域应用最广泛的一种测温仪表。热电偶温度计由热电偶、显示仪表及连接二者的中间环节组成。热电偶是整个热电偶温度计的核心元件，能将温度信号直接转换成直流电势信号，便于温度信号的传递、处理、自动记录和集中控制。热电偶温度计具有结构简单、使用方便、动态响应快、测温范围广、测量精度高等特点，这些优点都是膨胀式温度计所无法比拟的。一般情况热电偶温度计被用来测量-200～1600℃的温度范围，某些特殊热电偶温度计可以测量高达2800℃的高温或低至4K的低温。

3.1.2.1　热电偶的测温原理

热电偶的测温原理是基于热电偶的热电效应，如图3-4所示。将两种不同材料的导体或半导体A和B连在一起组成一个闭合回路，该闭合回路称为热电偶。构成热电偶的两种材料称为热电极，热电极有两个连接点：其中一个连接点在工作时插入被测温度场，感受被测温度信号，称该点为测量端、工作端或热端；另一个连接点在工作时一般处于周围环境中，称为参比端、自由端、固定端或冷端。

由热电效应原理可知，对于图3-4（a）中A、B两种材质组成的热电偶，两端温度分别为 t、t_0 时产生的热电势大小 $E_{AB}(t, t_0)$，可用式（3-3）表示：

$$E_{AB}(t, t_0) = E_{AB}(t) - E_{AB}(t_0) \tag{3-3}$$

式中　$E_{AB}(t, t_0)$ ——A、B两种材质组成的热电偶，两端温度分别为 t、t_0 时产生的热电势；

　　　　$E_{AB}(t)$ ——热电偶测量端的热电势；

　　　　$E_{AB}(t_0)$ ——热电偶参比端的热电势；

　　　　t，t_0——测量端、参比端温度。

当热电偶材料已知且均匀时，固定参比端温度 t_0，热电势 $E_{AB}(t, t_0)$ 将只与测量端温度 t 有关，这就建立了热电势与被测温度间一一对应的函数关系，见式（3-4）。因此通过测量热电势就可以知道被测温度的大小，这就是热电偶测温的依据。

$$E_{AB}(t, t_0) = E_{AB}(t) - C = f(t) \tag{3-4}$$

在热电偶测量温度时，要想得到热电势数值，必定要在热电偶回路中引入第三种导体，接入测量仪表。根据热电偶的"中间导体定律"可知：热电偶回路中接入第三种导体后，只要该导体两端温度相同，热电偶回路中所产生的总热电势与没有接入第三种导体时热电偶所产生的总热电势相同；同理，如果回路中接入更多种导体时，只要同一导体两端温度相同，均不影响热电偶所产生的热电势值。因此热电偶回路可以接入各种显示仪表、变送器、连接导线等，如图3-4（b）所示。利用上述特性，我们可以采用开路热电偶对液态金属或金属壁面进行温度测量，如图3-5（a）、（b）所示。但必须保证两热电极A、B插入点的温度一致。

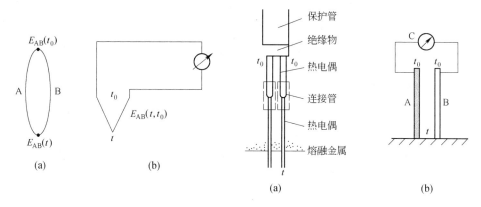

图 3-4　热电偶原理及测温回路示意图　　　　图 3-5　开路热电偶的应用
（a）热电偶热电效应；（b）热电偶测温回路

根据上述的热电偶的测温原理，可知热电偶构成具有如下特点：

（1）热电偶必须采用两种不同材料作为电极，否则无论热电偶两端温度如何，热电偶回路总电动势均为零；

（2）即使采用两种不同的材料，若热电偶两接触点温度相等，即 $t=t_0$，则热电偶回路总电动势为零；

（3）热电偶的热电动势只与接触点处的温度有关，与材料的中间各处温度无关。

3.1.2.2　热电偶的特点

热电偶的特点是结构简单，可以测量的温度范围为-200~1600℃。

（1）同样温度之下输出信号较小。以 0~100℃ 为例，如用 K 热电偶，输出为 4.095mV；用 S 热电偶更小，只有 0.643mV。测量毫伏级的电动势，显然不太容易。

（2）热电偶的热电势与温度之间是非线性的关系，目前采用热电特性曲线和分度表（各种热电偶的热电势与温度的对照表）两种形式描述二者的关系。

（3）使用热电偶测温时只有保证 t_0 保持不变，热电势 $E_{AB}(t, t_0)$ 与被测温度才是一一对应的关系，如果 t_0 发生变化，即使 t 保持不变，$E_{AB}(t, t_0)$ 也会发生变化，给测量带来附加误差。

（4）如果组成热电偶的两种热电极材料相同，无论两个接触点的温度如何，热电势保持为零。

（5）如果两个接触点的温度相同，即使组成热电偶的两种热电极材料不同，热电势也会为零。

（6）热电偶的热电动势只与接触点处的温度有关，与材料的中间各处温度无关。

（7）热电偶的热端是很小的焊点，尺寸小，可以测量小空间的温度。

3.1.2.3　热电偶的冷端补偿方法

热电偶冷端处理及补偿由热电偶测温原理可知，只有保持冷端温度 t_0 固定不变时热电势与测量端温度 t 才是一一对应的函数关系。但实际应用中，由于外界环境温度波动等无法保持冷端温度的恒定，如果不对冷端进行处理，必然给测量带来误差。此外，随着控制系统规模的不断扩大，就地显示已不能满足实际生产的需要，很多情况下要求对热电势信号进行远传，如果全部采用热电偶材料进行信号远传，必然会带来成本的提高。同时，标准热电偶的分度表只给出了冷端在0℃时测量端温度 t 与热电势 $E_{AB}(t, t_0)$ 的对应关系，实际应用中冷端往往不在0℃。为了解决以上问题，保持热电偶冷端温度恒定，远传热电势信号，获得任意冷端温度下的热电势，在实际热电偶应用中要对热电偶进行冷端处理和补偿。常用的冷端处理方法有以下几种：

（1）冷端温度校正法，当热电偶冷端温度偏离0℃，但稳定在 t_0 时，可按照 $E_{AB}(t, 0) = E_{AB}(t, t_0) + E_{AB}(t_0, 0)$ 修正仪表指示值，得到冷端0℃的热电势 $E_{AB}(t, 0)$，通过查分度表确定被测温度 t。

（2）冷端恒温法，冷端恒温法就是把热电偶冷端置于温度恒定的装置中，当恒温装置的温度为0℃时，这种方法也被称为冰点法或冰浴法。为了防止短路，这种方法要做好绝缘工作。因为该方法使用到冰点槽等恒温装置，相对比较麻烦，多用于实验室测量，工业测量一般不采用。

（3）补偿导线延伸法（又称延伸热电极法），为了使热电偶冷端的温度保持不变，可以把热电偶延长，使冷端延伸到温度比较稳定的地方，远离被测温度的影响。为了减小贵金属热电偶延伸的成本，可以采用在一定温度范围内与需延伸热电偶热电特性相近的廉价金属代替贵金属，实现冷端延伸，如图3-6所示。这种专用的导线称为补偿导线，根据所用材料，可将补偿导线分成补偿型补偿导线和延伸型补偿导线两种。补偿型补偿导线材料与热电极材料不同，多用于贵金属热电偶；延伸型补偿导线材料与热电极材料相同，多用于廉价金属热电偶。按精度等级可以将补偿导线分为精密级（S）和普通级两类。按使用温度可以将补偿导线分为一般用（G）和耐热用（H）两类。

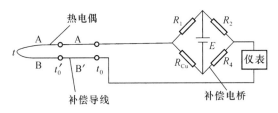

图3-6　冷端温度补偿器

为保证准确无误地起到迁移冷端的作用，使用补偿导线时应注意以下几点：

1）不同的热电偶配不同的补偿导线，使用时热电偶和补偿导线一定要配套。

2）注意补偿导线的使用温度范围，如果要求较高的测量精度，要保证补偿导线和热电偶连接处温度在100℃以下。

3）补偿导线有正负极之分，使用时注意极性不能接反。

4）补偿导线只是将冷端迁移，并不能固定冷端，因此，如果新冷端温度有波动，仍要采用其他冷端补偿方法恒定冷端温度。

5）由于补偿导线的热电特性与相应热电偶的热电特性不完全相同，因此使用补偿导线迁移冷端会引入一定的测量误差。

6）保证补偿导线与热电极连接处的两个接点温度相等。

（4）补偿电桥法（又称冷端温度补偿器），这是最常用的一种补偿冷端的方法，特别是在冷端温度波动较大时。如图 3-6 所示，利用不平衡电桥产生的不平衡电压来补偿因冷端温度变化引起的热电势的变化。

使用冷端温度补偿时需要注意以下几点：

1）热电偶与冷端温度补偿器一定要配套。

2）冷端温度补偿器接入测温系统时正、负极不能接错。

3）显示仪表的零位要调整到冷端温度补偿器的平衡点温度。

4）由于冷端温度补偿器的输出电压与相应热电偶的热电特性不完全相同，因此，补偿电桥在补偿温度范围内只有在两个点完全补偿，其他点上不能完全补偿，会引入一定的测量误差。

3.1.2.4 热电偶常用测温电路

A 测量温度的基本电路

如图 3-7 所示，A′、B′ 为热电偶补偿导线，t_0 为使用补偿导线后热电偶的冷端温度，实际使用时把补偿导线一直延伸到测量仪表的接线端子。冷端温度即为仪表接线端子所处的环境温度。

B 测量多点温度的电路

如图 3-8 所示，多个被测温度用多个型号相同的热电偶分别测量，多个热电偶共用一台显示仪表，它们是通过多路转换开关来进行测温点切换的。多点测温电路用于自动巡回检测中，按要求显示各测点的温度值，只需要一套显示仪表和补偿热电偶。

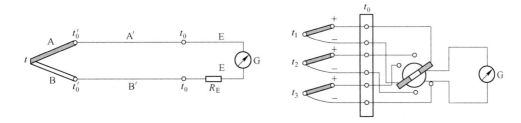

图 3-7 热电偶测温基本电路图　　　　图 3-8 热电偶多点测温电路

C 测量温度差电路

如图 3-9 所示，用两个相同型号热电偶反向串联，配以相同的补偿导线，这种连接方法使得仪表测量的是两个热电偶产生的热电动势之差，因此可以测量 t_1 和 t_2 之间的温度差。

3.1.3 电阻式温度计

测量温度较低时，热电偶产生的热电势较小，测量精度较低。因此，中低温区常采用热电阻（简称 RTD）温度计测量温度。热电阻温度计由热电阻、显示仪表及连接两者的中间环节组成。热电阻是整个热电阻温度计的核心元件，能将温度信号转换成电阻的变

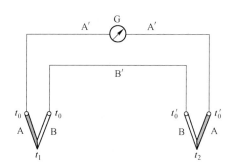

图3-9　热电偶测量温差电路图

化。热电阻温度计具有性能稳定、测量准确度高等特点。热电阻温度计被广泛用于−200~650℃范围的温度测量，其中标准铂电阻被定为13.8033K~961.78℃的温度量值传递基准仪器。

热电阻是根据热电阻阻值与温度呈一定函数关系的原理实现温度测量的。根据材料不同，热电阻分为金属热电阻和半导体热电阻两类，半导体热电阻又称为热敏电阻。金属电阻的阻值会随着温度的升高而变大；热敏电阻的阻值会随着温度的升高而变小。

金属热电阻材料具备以下特点：高温度系数、高电阻率；整个测温范围内物理、化学性能稳定；具有良好的线性或者接近线性；良好的公益性，便于加工，低成本和批量生产。使用最广泛的是铂和铜，铂热电阻具有精度高、性能稳定、抗氧化性好、复现性好等优点；缺点是电阻温度系数小、电阻与温度呈非线性关系、价格高。铜热电阻的优点是价格便宜、电阻与温度关系的线性度较好、电阻温度系数大；缺点是电阻率低、易被氧化、热惯性较大。

热敏电阻通常采用钴、锰、镍、铁等金属的氧化物粉末高温烧结而成。与金属热电阻相比，热敏电阻具有灵活度高、体积小、热惯性小、相应速度快等优点；但是热敏电阻存在的主要缺点是复现性、互换性、稳定性差，非线性严重，不适合高温下使用。

3.1.3.1　热电阻的结构

热电阻构成包括电阻体（最主要部分）、绝缘套管、接线盒3部分，其结构如图3-10所示。

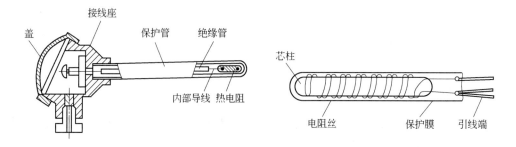

图3-10　热电阻剖面图

3.1.3.2 热电阻的测温方法

用 RTD 测量温度的方法有多种。第一种是让电流通过 RTD 并测量其上电压的二线方法，如图 3-11 所示。其优点是仅需要使用两根导线，因而容易连接与实现。缺点是引线内阻参与温度测量，从而引入一些误差。

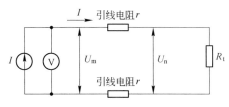

图 3-11 典型二线电阻测温方法示意图

测试电阻为：

$$R_{\text{test}} = \frac{U_{\text{m}}}{I} = R_{\text{t}} + 2 \times r \qquad (3-5)$$

二线方法的一种改进是三线方法，即第二种用 RTD 测量温度的方法，如图 3-12 所示。热电阻为桥路的一个桥臂，连接热电阻的导线存在阻值，且导线电阻值随环境温度的变化而变化，从而造成测量误差，因此实际测量时采用三线制接法，也采用让电流通过电阻并测量其电压的方法，但使用第三根线可对引线电阻进行补偿。

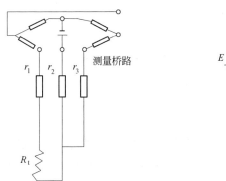
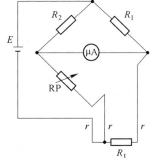

图 3-12 典型三线电阻测温方法示意图

所谓三线制接法，就是从现场热电阻两端引出 3 根材质、长短、粗细均相同的连接导线，其中两根导线被接入相邻两对抗桥臂中，另一根与测量桥路电源负极相连。由于流过两桥臂的电流相等，因此当环境温度变化时，两根连接导线因阻值变化而引起的压降变化相互抵消，不影响测量桥路输出电压的大小。这种引线方式可以较好地消除引线电阻的影响，提高测量精度。所以工业热电阻多半采取这种方法。

第三种方法是四线法，在热电阻的根部两端各连接两根导线的方式称为四线制，其中两根引线为热电阻提供恒定电流，把 R 转换成电压信号 U，再通过另两根引线把 U 引至二次仪表。可见这种引线方式可完全消除引线的电阻影响，这意味着将引线电阻完全排除在温度测量路径以外。换句话说，引线电阻不是测量的一部分，因此不会产生误差，主要用于高精度的温度检测。

与其他两种方法一样，四线法中也同样采用让电流通过电阻并测量其电压的方法。但是从引线的一端引入电流，而在另一端测量电压。电压是在电阻温度传感器（RTD）上，而不是和源电流在同一点上测量，这意味着将引线电阻完全排除在温度测量路径以外。换句话说，引线电阻不是测量的一部分，因此不会产生误差。4 线法有助于消除温度测量中的大部分噪声与不确定性。

测试电阻为：

$$R_{test} = \frac{U_m}{I} = \frac{U_n}{I} = R_t \tag{3-6}$$

无论是采用 2 线、3 线还是 4 线配置，RTD 都是一种稳定而又精确的测温器件。

3.1.3.3　热电阻的优点和注意事项

热电阻具有如下一些明显优于其他测温器件的优点：

（1）输出信号较大，易于测量；

（2）热电阻对温度的响应是阻值的增量，必须借助桥式电路或其他措施，将起始阻值减掉才能得到反映被测温度的电阻增量；

（3）测电阻必须借助外加电源，通过电流才能体现小阻值的变化，停止供电不能工作；

（4）热电阻感温部分的尺寸较大，通常约几十毫米长，测出的是该空间的平均温度；

（5）RTD 是所有测温器件中最稳定、最精确的一种。

测阻值时热电阻必须通过电流，电流又会使电阻发热，阻值增大。为了避免由此引起的误差过大，应该尽量采用小电流通过热电阻。但是电流太小导致电阻上的电压降过分微小，又会给测量带来困难。一般认为通过电阻的电流只要不超过 6mA，就不会引起显著误差。

3.1.4　辐射式温度传感器

辐射式温度传感器是利用物体的辐射能随温度变化的原理制成的。其原理是一种非接触式测温方法，即只要将传感器与被测对象对准即可测量其温度的变化。与接触式温度传感器相比，辐射式温度传感器具有以下特点：

（1）传感器与被测对象不接触，不会干扰被测对象的温度场，故可测量运动物体的温度，且可进行遥测；

（2）由于传感器与被测对象不在同一环境中，不会受到被测介质性质的影响，所以可以测量腐蚀性、有毒物体及带电体的温度，测温范围广，理论上无测温上限限制；

（3）在检测时传感器不必和被测对象进行热量交换，所以测量速度快，响应时间短，适于快速测温；

（4）由于是非接触测量，测量精度不高，测温误差大。

3.1.4.1　辐射测温的原理

辐射温度传感器是利用斯忒藩-玻耳兹曼全辐射定理研制出的，其数学表达式为：

$$E_0 = \sigma T^4 \tag{3-7}$$

式中　E_0——全波长辐射能力；

σ——斯忒藩-玻耳兹曼常数，$\sigma = 5.67 \times 10^{-8} W/(m^2 \cdot K^4)$；

T——物体的绝对温度。

由式（3-7）可知，物体温度越高，辐射功率就越大，只要知道物体的温度，就可以计算出它所发射的功率。反之，如果测量出物体所发射出来的辐射功率，就可利用式（3-7）确定物体的温度。

3.1.4.2 辐射式温度传感器结构原理

A 热释电红外传感器

热释电红外传感器的结构及内部电路如图3-13所示。传感器主要由外壳、滤光片、热电元件PZT、结场效应管FET、电阻、二极管等组成，并向壳内充入氮气封装起来。其中滤光片设置在窗口处，组成红外线通过的窗口。滤光片为6μm多层膜干涉滤光片，它对5μm以下短波长光有高反射率，而对6μm以上人体发射出来的红外线热源（10μm）有高穿透性，阻抗变换用的FET管和电路元件放在管底部分。敏感元件用红外线热释电材料PZT（或其他材料）制成很小的薄片，再在薄片两面镀上电极，构成两个反向串联的有极性的小电容。这样，当入射的能量顺序地射到两个元件时，由于是两个元件反相串联，故其输出是单元件的两倍；由于两个元件反相串联，对于同时输入的能量会相互抵消。由于双元件红外敏感元件具有以上的特性，可以防止因太阳光等红外线所引起的误差或误动作；由于周围环境温度的变化影响整个敏感元件产生温度变化，两个元件产生的热释电信号互相抵消，起到补偿作用。

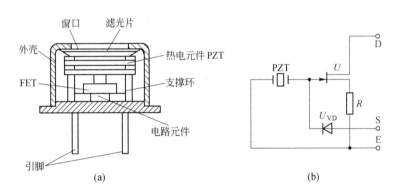

图3-13 热释电红外传感器
（a）结构；（b）内部电路

供测温用的热释电红外传感器，其响应波长范围为 2～15μm，测温范围可达 −80～1500℃。

B 比色温度传感器

比色温度传感器是以两个波长的辐射亮度之比随温度变化的原理来进行温度测量的。图3-14所示为光电比色温度传感器的工作原理。被测对象的辐射射线经过透镜射到由电动机带动的旋转调制盘上，在调制盘的开孔上附有红、蓝两种颜色的滤光片。当电动机转动时，光敏器件上接收到的光线为红、蓝两色交变的光线，进而使光敏器件输出与红、蓝光对应的电信号，经过放大器放大处理后，送到显示仪表，从而得到被测物体的温度。

3.1.5 温度检测仪表的选用

温度检测仪表的选用应根据工艺要求，正确选择仪表的量程和精度。正常使用温度范

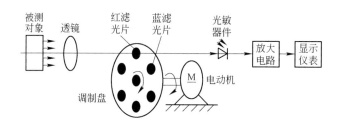

图 3-14　光电比色温度传感的工作原理

围，一般为仪表量程的 30%～90%。现场直接测量的仪表可按工艺要求选用。

玻璃液体温度计具有结构简单、使用方便、测量准确、价格便宜等优点，但强度差、容易损坏，通常用于指示精度较高，现场没有振动的场合，还可作为温度报警和位式控制。

双金属温度计具有体积小、使用方便、刻度清晰、机械强度高等优点，但测量误差较大，适用于指示清晰，有振动的场合，也可作报警和位式控制。

热敏电阻温度计具有体积小、灵敏度高、惯性小、结实耐用等优点，但是热敏电阻的特性差异很大，可用于间断测量固体表面温度的场合。

测量微小物体和运动物体的温度或测量因高温、振动、冲击等原因而不能安装测温元件的物体的温度，应采用光学高温计、辐射感温器等辐射型温度计。辐射型温度计测温度必须考虑现场环境条件，如受水蒸气、烟雾等影响，应采取相应措施，克服干扰。辐射感温器具有性能稳定、使用方便等优点，与显示仪表配套使用能连续指示记录和控制温度，但测出的物体温度和真实温度相差较大，使用时应进行修正。当与瞄准管配套测量时，可测得真实温度。

3.2　压　力　检　测

选煤厂生产过程中有许多生产环节都是在一定压力下进行的，只有把压力控制得合适，才能得到最佳的效果。

工程上所说的"压力"实质是物理学上"压强"的概念，即垂直而均匀地作用在单位面积上的力。根据参考点的选择不同，工业上涉及的压力分绝对压力、相对压力（即表压力）和大气压力。通常压力表测量得到的压力为相对压力 P，它是绝对压力 P_k 和大气压力 P_d 之差，即 $P = P_k - P_d$。相对压力有正有负，当绝对压力大于大气压力时相对压力为正，绝对压力小于大气压力时相对压力为负。负压的绝对值称为真空度（即真空表读数）。

压力单位是一个导出单位。国际单位制中定义压力单位为：1 牛顿（N）的力垂直而均匀地作用在 $1m^2$ 面积上产生的力为 1 帕斯卡（简称帕，Pa）。除 Pa 之外还有很多非法定压力单位，如：毫米水柱（mmH_2O）、标准大气压（atm）、工程大气压（kgf/cm^2）、毫米汞柱（mmHg）。压力的检测靠压力表来完成，下面介绍几种常用压力检测仪表：

（1）液柱式压力表。它是根据流体静力学原理，将被测压力转成液柱高度进行测量。按其结构形式的不同，有 U 形管压力计、单管压力计和斜管压力计等。这类压力计结构简单、使用方便，但其精度受工作液的毛细管作用、密度及视差等因素的影响，测量范围较窄，一般用来测量较低压力、真空度或压力差。

（2）弹性式压力表。它是将被测压力转换成弹性元件变形的位移进行测量的。例如弹簧管压力计、波纹管压力计及膜片式压力计等。

（3）电气式压力表。它是通过机械和电气元件将被测压力转换成电量（如电压、电流、频率等）来进行测量的仪表，例如各种压力传感器和压力变送器。

（4）智能型压力变送器。智能变送器可以输出数字和模拟两种信号，其精度、稳定性和可靠性均比模拟式变送器优越，并且可以通过现场总线网络与上位计算机相连。

3.2.1 液柱式压力表

液柱式压力表以流体静力学原理为基础，利用一定高度的液柱产生的压力平衡被测压力，用相应的液柱高度反映被测压力的大小。这类压力表结构简单、显示直观、使用方便、价格便宜。缺点是体积大、读数不便、玻璃管易碎、精度较低。此类压力计适合就地测量指示及精度要求不高且环境不复杂的条件。受液柱高度的限制，这类压力表的测量上限较低，只限于测量低压、微压或压差。液柱式压力表很多，主要有 U 形管压力计、单管压力计、多管压力计、斜管压力计、补偿式微压力计、差动式微压力计等。一般采用水、酒精或汞作产生平衡压力的液柱。

3.2.1.1 U 形管压力计

U 形管压力计可以测量表压、真空以及压力差，其测量上限可达 1500mm 液柱高度。U 形管压力计的示意图如图 3-15 所示，由 U 形玻璃管、刻度盘和固定板三部分组成。根据液体静力平衡原理可知，在 U 形管的右端接入待测压力，作用在其液面上的力为左边一段高度为 h 的液柱。这个力和大气压力 P_0 作用在液面上的力所平衡，即：

$$P_绝 A = (\rho g h + P_0)A \qquad (3-8)$$

如将上式左右两边的 A 消去得：

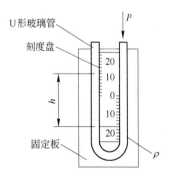

图 3-15 U 形管压力计

$$h = \frac{P_绝 - P_0}{\rho g} = \frac{P_表}{\rho g} \qquad (3-9)$$

式中 A——U 形管截面积；

      ρ——U 形管内所充入的工作液体密度；

$P_绝$，P_0——分别为绝对压力和大气压力；

      $P_表$——被测压力的表压，$P_表 = P_绝 - P_0$；

      h——左右两边液面高度差。

可见，使用 U 形管压力计测得的表压力值与玻璃管断面的大小无关，这个值等于 U 形管两边液面高度差与液柱密度的乘积。而且，液柱高度 h 与被测压力的表压值成正比。

U 形管压力计的"零"位刻度在刻度板中间，液柱高度需两次读数。在使用之前，可以不调零，但在使用时应垂直安装。测量准确度受读数精度和工作液体毛细管作用的影响，绝对误差可达 2mm。玻璃管内径为 5~8mm，截面积要保持一致。

3.2.1.2　单管压力计

U 形管压力计在读数时，需读取两边液位高度，将其相减，使用起来比较麻烦。为了能够直接从一边读出压力值，人们将 U 形压力计改成单管压力计形式，其结构如图3-16所示。即把 U 形管压力计的一个管改换成杯形容器，就成为单管压力计。杯内充有水银或水，当杯内通入待测压力时，杯内液柱下降的体积与玻璃管内液柱上升的体积是相等的。这样，就可以用杯形容器液面作为零点，液柱差可直接从玻璃管刻度上读出。

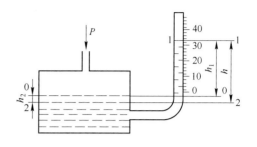

图 3-16　单管压力计

由于左边杯的内径 D 远大于右边管子的内径 d，当压力 $P_{绝}$ 加于杯上，杯内液面由 0—0 截面下降到 2—2 截面处，其高度为 h_2，玻璃管内液柱由 0—0 截面上升到 1—1 截面处，其高度为 h_1，而杯内减少的工作液的体积等于玻璃管内增加的工作液的体积，即：

$$\frac{\pi D^2}{4} \cdot h_2 = \frac{\pi d^2}{4} \cdot h_1 \qquad (3-10)$$

或

$$h_2 = \left(\frac{d}{D}\right)^2 \cdot h_1 \qquad (3-11)$$

因为

$$h = h_1 + h_2 \qquad (3-12)$$

故

$$h = h_1 + \left(\frac{d}{D}\right)^2 \cdot h_1 \qquad (3-13)$$

由于 $D \gg d$，所以 $\left(\dfrac{d}{D}\right)^2$ 可以忽略，得：

$$h \approx h_1 \qquad (3-14)$$

被测压力 $P_{表}$ 可以写成：

$$P_{表} = \rho g h_1 \qquad (3-15)$$

单管压力计的"零"位刻度在刻度标尺的下端，也可以在上端。液柱高度只需一次读数。使用前需调好零点，使用时要检查是否垂直安装。单管压力计的玻璃管直径，一般选用 3~5mm。

3.2.1.3　液柱式压力计注意事项

（1）使用汞封液压力计时，由于汞有毒，应装收集器。

（2）读数时注意液体毛细现象和表面张力的因素。凹形液面（如水）以液面最低点为准，凸形液面（如汞）以液面最高点为准。

（3）直管材料为玻璃时，为了保证玻璃管的安全，要注意压力计工作环境的温度和振动。

（4）压力计维修时，如果更换了液体，要重新标度压力计。

（5）如果被测介质与工作液混合或发生化学反应，则应更换其他工作液或加隔离液。

近年来液柱式压力计在工业上应用已日益减少，特别是汞压力计已趋于淘汰，只有在科学实验中还经常使用。

3.2.2 弹性式压力表

弹性压力表是工业生产中使用最广泛的一种历史悠久的压力测量仪表。弹性压力表是根据弹性元件受压产生的弹性变形（即机械位移）与所受压力成正比的原理工作的。这种仪表具有结构简单、读数清晰、牢固可靠、价格低廉、测量范围宽、有足够的精度等优点。若增加附加装置，如记录机构、电气变换装置、控制元件等，则可以实现压力的记录、远传、信号报警、自动控制等。弹性式压力表可以用来测量几百帕到数千兆帕范围内的压力，因此在工业上是应用最为广泛的一种测压仪表。

3.2.2.1 弹性元件

弹性元件主要有弹簧管（单圈、多圈）、膜片（平膜片、波纹膜、挠性膜）、膜盒、波纹管等，如图 3-17 所示。膜片式、波纹管式弹性元件只能用来测量微压、低压；弹簧管式弹性元件应用范围广泛，为提高相同输入下的输出信号，可以用多圈式代替单圈式。挠性膜和弹簧管两种弹性元件输出特性的线性度较好。

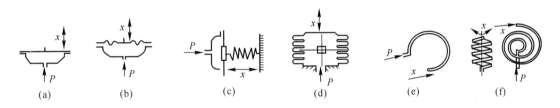

图 3-17　弹性元件结构

（a）平薄膜，（b）波纹膜，（c）挠性膜，（d）波纹管，（e）单圈弹簧管，（f）多圈弹簧管

3.2.2.2 弹簧管压力表

弹簧管压力表具有结构简单、使用可靠、读数清晰、价格低廉、测量范围宽以及有足够的精度等优点。弹簧管压力表可以用来测量几百帕到数千兆帕范围内的压力。因此广泛应用于生产装置或设备上的压力指示。

单圈弹簧管压力表的结构原理如图 3-18 所示。压力表的测量元件弹簧管 1 为单圈弹簧管，它是一个弯成 270° 圆弧的椭圆截面的空心金属管子。管子的自由端 B 封闭，管子的另一端固定在接头 9 上，当通入被测的压力 P 后，由于椭圆形截面在压力 P 的作用下，将趋于圆形，而弯成圆弧形的弹簧管也随之产生向外挺直的扩张变形。由于变形，使弹簧管的自由端 B 产生位移。输入压力 P 越大，产生的变形也越大。由于输入压力与弹簧管自由端 B 的位移成正比，所以只要测得 B 点的位移量，就能反映压力 P 的大小，这就是弹簧管压力表的基本测量原理。

弹簧管自由端 B 的位移量一般很小，直接显示有困难，所以必须通过放大机构才能指示出来。具体的放大过程如下：被测压力通过弹簧管 1 传送至弹簧管自由端 B，其位移通过拉杆 2 使扇形齿轮 4 作逆时针偏转，于是指针 5 通过同轴的中心齿轮 6 的带动作顺时针偏转，在面板 8 的刻度标尺上显示出被测压力 P 的数值。由于弹簧管自由端 B 的位移与被测压力之间具有正比关系，因此弹簧管压力表的刻度标尺是线性的。游丝 7 用来克服因扇形齿轮和中心齿轮间的传动间隙而产生的仪表变差。改变调整螺钉 3 的位置，即改变机械传动的放大系数，可以实现压力表量程的调整。

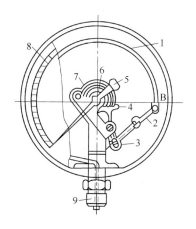

图 3-18　单圈弹簧管压力表结构原理
1—弹簧管；2—拉杆；3—调整螺钉；
4—扇形齿轮；5—指针；6—中心齿轮；
7—游丝；8—面板；9—接头

从精度等级上分，弹簧管压力表分为普通压力表和精密压力表两类。普通压力表适用于测量不结晶、不凝固、对金属无腐蚀的液体、气体或蒸气的压力，测量范围从零到几兆帕，精度等级为 1.5/2.5；精密压力表用来作普通压力表的校验标准表，测量范围从零到几十兆帕，精度等级为 0.25/0.4。

3.2.3　物性式压力表

利用某些元件的物理特性随压力变化而变化可以制成物性式压力表，如压电式，压磁式、压阻式等。这类压力仪表由于内部没有运动部分，因此仪表可靠性高。物性式压力表因结构简单，耐腐蚀，精度高，抗干扰能力强，响应快，测量范围宽，利于信号远传、控制等特点成为压力检测仪表的重要组成部分，广泛用于工业生产自动化、航空工业等领域。

3.2.3.1　压阻式压力表

某些固体受到作用力后其电阻会发生变化，这种现象称为压阻效应。利用压阻效应可以制成压阻式压力表，将压力转换成电阻，经电桥测量转换成电信号输出。20 世纪 70 年代前的压阻元件主要是半导体式；70 年代以后，利用微电子技术和计算机技术，研制出了扩散性压阻传感器。

压阻式压力传感器的优点是易于微型化、灵敏度高、测压范围宽、精度高、工作可靠、频率响应好、易于集成化和智能化，已成为代表型的新型传感器。缺点是应变片电阻值受环境温度的影响较大，大应变情况下输出的非线性较大，抗干扰能力较差。使用压阻式压力表应注意温度补偿和修正，将应变片贴在不会受到介质污染、氧化、腐蚀的位置。

3.2.3.2　压电式压力表

某些介质沿一定方向受外力作用变形时，内部会产生极化现象，同时两个相对表面上产生电荷；外力去掉后，又恢复不带电状态，这种现象称为压电效应。具有压电效应的材料称为压电材料。压电材料可分成压电晶体和压电陶瓷两类，常见的压电材料有天然石英晶体、人造压电陶瓷、锆钛酸铅、钛酸钡等。

压电效应可以用来测量压力。压电式压力表体积小、重量轻、工作频率宽，是一种可以测量快速变化压力、进行信号远传的压力表，血压计就是一种典型的压电式压力计。压电式压力表已广泛应用于空气动力学、爆破力学中的压力测量。压电式压力表使用时要注意环境温度和湿度（温度升高，压电材料的绝缘电阻明显下降），并做好抗干扰工作。

3.2.3.3 压磁式压力表

某些铁磁材料受到外力作用时，材料的磁导率会发生变化，这种现象称为压磁效应。利用压磁效应可以测量压力的大小。压磁材料有硅钢片、坡莫合金和一些铁氧体。

压磁式压力传感器具有输出电势较大（甚至只需滤波整流，无需放大处理）、抗干扰能力强、过载性能好、结构简单、能在恶劣环境下工作、寿命长等一系列优点；缺点是测量精度不高、反应速度慢。但由于上述优点，尤其是寿命长、对使用条件要求不高两点，压磁式压力传感器很适合在重工业、化学工业等部门应用。压磁式压力传感器在使用中应注意两点：防止因侧向力干扰而破坏硅钢的叠片结构；由于铁磁材料的磁化特性会随温度发生变化，因此要进行温度补偿。

3.2.4 压力信号的电测法

工业过程的很多情况下需要对压力信号远传，进行集中测量、显示、控制、管理等。弹性式压力表仅能将压力转换成弹性元件的位移信号，利用信号转换元件将弹性元件的弹性变形转换成电信号，可以实现压力信号的电测。

3.2.4.1 霍尔式压力传感器

当一块通有电流的金属或半导体薄片（霍尔片）垂直地放在磁场中时，薄片的两端就会产生电势（霍尔电势），这种现象称为霍尔效应。霍尔电势与霍尔片通过的电流和磁感应强度成正比，固定电流，改变磁感应强度，霍尔电势就会发生变化。霍尔式压力传感器就是采用这种检测方式，将霍尔片与弹簧管自由端相连，弹簧管自由端带动霍尔片移动，改变了通过霍尔片的磁感应强度，从而实现压力—位移—霍尔电势的转换。由于霍尔片均是半导体材料，因此使用时也要注意环境温度对传感器性能的影响，采取恒温或温度补偿措施。

3.2.4.2 电容式压力传感器

采用弹性元件作电容器的极板，当弹性元件受压变形时会改变电容器的电容量，通过测量电容，便可以测量压力的大小，实现压力—电容转换。改变电容的方法有改变极板间距离和改变面积两种，但改变极板间距离更实用。电容式压力传感器在结构上有单端式和差动式两种形式。因为差动式灵敏度高，非线性误差小，所以常采用这种形式。电容式压力传感器因抗振性好、精度高等优点近年来获得广泛应用。

3.2.4.3 电感式压力传感器

利用电磁感应原理，把压力变化转换成自感或互感系数变化，通过测量电感，便可以测量压力的大小，实现压力—电感转换。

3.2.4.4 谐振式压力传感器（频率式压力传感器）

谐振式压力传感器是通过压力形成的应力改变弹性元件的谐振频率，实现压力—频率转换。适合与计算机配合，进行集中压力测量、显示、控制。根据谐振原理可以将谐振式压力传感器分为电式、机械式、原子式三种。

3.2.4.5 光纤式压力传感器

光纤式压力传感器主要有三种类型：强度调制型光纤压力传感器，大多是基于弹性元件受压变形发生位移变化，改变光纤与弹性元件的距离，从而改变了光纤接收到的反射光量，对光强进行调制；相位调制型光纤压力传感器，利用光纤本身作为敏感元件，压力引起变形器产生位移，导致光纤弯曲而调制光强度；偏振调整型光纤压力传感器，主要是利用晶体的光弹性效应（晶体受压后折射率发生变化，呈现双折射现象）。这类传感器抗干扰能力强、灵敏度高，适合高压、易燃易爆介质的压力测量。

3.2.5 压力检测仪表的选用

根据工艺生产过程的要求、被测介质的性质、现场环境条件等方面，来选择压力检测仪表的类型、测量范围和精度等级。选用压力表和选用其他仪表一样，一般应该考虑以下几个方面的问题。

（1）仪表类型的选用。仪表类型的选用必须满足工艺生产的要求。例如是否需要远传、自动记录和报警；被测介质的物理化学性能（诸如腐蚀性、温度高低、强度大小、脏污程度、易燃易爆性能等）是否对测量仪表提出特殊要求；现场环境条件（诸如高温、电磁场、振动及现场安装条件等）对仪表类型是否有特殊要求等。总之，根据工艺要求正确选用仪表类型是保证仪表正常工作及安全生产的重要前提。

（2）仪表测量范围的确定。仪表的测量范围是指该仪表可按规定的精确度对被测介质进行测量的范围，它是根据操作中需要测量的参数的大小来确定的。

在测量压力时，为了延长仪表使用寿命，避免弹性元件因受力过大而损坏，压力表的上限值应该高于工艺生产中可能的最大压力值。为了保证测量值的准确度，所测的压力值不能太接近于仪表的下限值，亦即仪表的量程不能选得太大，一般被测压力的最小值不低于仪表满量程的1/3为宜。

（3）仪表精度级的选取。仪表精度是根据工艺生产上所允许的最大测量误差来确定。一般来说，选用的仪表越精密，则测量结果越精确、可靠。但不能认为选用的仪表精度越高越好，因为越精密的仪表，一般价格越贵，操作和维护要求越高。因此，在满足工艺要求的前提下，应尽可能选用精度较低、廉价耐用的仪表。

3.3 流量检测

流体流动的量称为流量，根据时间可以把流量分为瞬时流量和累积流量。单位时间内流过工艺管道或明渠有效截面的流体的量称为瞬时流量 q；一定时间间隔内流过该有效截面的流体总量称为累积流量 Q。测量瞬时流量的仪表称为流量计；测量累积流量的仪表称为计量表。可见累积流量是瞬时流量在该时间间隔上的积分。根据计算流体数量的办法或单位的不同，流量可分为体积流量 q_v 和质量流量 q_m。体积流量的单位有 m³/s、m³/h，质量流量的单位有 kg/s、kg/h 等。根据质量和体积的关系可知体积流量与质量流量的关系符合 $q_m = \rho q_v$，式中，ρ 为流体的密度。

由于密度是温度、压力的函数，因此必须注意不同压力、不同温度下相同体积流量对应的质量流量是不同的。液体的密度受压力影响不大，可以忽略；要求测量精度较高或温度变化很大的情况下要考虑温度对液体密度的影响，其他情况可以忽略。气体的密度受压力、温度影响均很大，测量气体体积流量的同时要指明其工作压力和温度状态。定义 20℃温度、101325Pa 压力下的气体体积流量为标准体积流量。通过气体状态方程可以进行其他状态下体积流量和标准体积流量的相互转换。下面介绍几种选煤厂中常用的流量计。

3.3.1 节流式流量计

节流式流量计（又称为差压式流量计、变压降式流量计）是一类历史悠久、技术成熟完善的流量仪表。它具有结构简单、安装方便、工作可靠、成本低、设计加工已经标准化等优点。这些优点决定了节流式流量计是工业领域应用最广泛的流量测量仪表，特别适合大流量测量。这类流量计的缺点是压损较大、精度不高、对被测介质特性比较敏感、属非通用仪表。因此，尽管节流式流量计发展较早，但随着其他各种形式的流量仪表的不断完善和开发，随着工业发展对流量计测量要求的不断提高，节流式流量计在工业测量中的地位正在逐渐被先进的、高精度的、便利的其他流量仪表所取代。

3.3.1.1 工作原理

节流式流量计是利用流体流动过程中一定条件下动能和静压能可以相互转换的原理进行流量测量的。节流式流量计由节流装置及差压测量装控两部分组成。节流装置安装在被测流体的管道中，流体流经节流装置时产生节流现象，动能与静压能相互转换，节流装置前后产生与流量（流速）成比例的差压信号；差压测量装置接收节流装置产生的差压信号，将其转换为相应的流量进行显示。

在质量守恒、能量守恒以及流体连续性基础上可以推导出节流装置前后压差与流量的关系式。

如图 3-19 所示，设流体在节流装置前的流速为 v_1，静压力为 P_1，密度为 ρ。流体流经节流装置时流速为 v_2，静压力为 P_2。如忽略流体在管路中的能量损耗，根据能量守恒定律可写出

$$\frac{P_1}{\rho} + \frac{v_1^2}{2} = \frac{P_2}{\rho} + \frac{v_2^2}{2} \qquad (3-16)$$

由于管道内径 D 远大于节流装置孔径 d，所以 $v_2 \gg v_1$，当 $D \gg 10d$ 时，可忽略 v_1，令 $v_2 = v$，于是得到

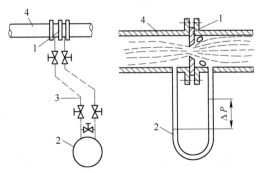

图 3-19 节流式流量计

1—节流装置；2—压差计；3—引压管；4—管道

$$\Delta P = P_1 - P_2 = \frac{v_2^2}{2}\rho = \frac{v^2}{2}\rho \tag{3-17}$$

又因为流量 $Q = Sv$(S 为节流处截面积），或者 $v = \dfrac{Q}{S}$，代入式（3-16）经整理得到

$$Q = S\sqrt{\frac{2}{\rho}\Delta P} = K\sqrt{\Delta P} \tag{3-18}$$

式（3-18）表明流量 Q 与 $\sqrt{\Delta P}$ 成正比。测量出压差 ΔP，即可计算出流量。

这种流量计可用来测量气体、清水等各种流体的流量。但这种流量计不宜用在温度和压力经常变化的地方。因为温度和压力变化要引起流体密度的变化，使测量误差增大。

3.3.1.2 节流装置

A 节流装置分类

节流式流量计有标准化和非标准化两类。按标准设计、制造、安装、使用的节流装置称为标准节流装置，可直接使用，无需进行实验标定。标准节流装置由节流件、取压装置及测量所需直管段（一般由厂家提供，要求内壁光滑）三部分组成。非标准节流装置多用于脏污介质、低雷诺数、高黏度、非圆管道、超大或超小管径等情况下的流量测量，是对标准节流装置的一种补充。需要注意的是无论是标准节流装置还是非标准节流装置，都是非通用型的，需要按照具体要求设计、安装、使用，只适用于设计工况。

B 节流件

用于标准节流装置的节流件称为标准节流件，主要包括标准孔板（见图 3-20(a)）、标准喷嘴（见图 3-20(b)）和文丘里管（见图 3-20(c)）三类。标准孔板是最典型、最简单、最实用的标准节流件，性能稳定可靠、使用期限长、价格低廉，但是压损比较大；标准喷嘴、文丘里管相对孔板压损较小，但是结构复杂、不易生产。对压损要求不高情况时首选孔板。相同差压下经典文丘里管压损最小，并且要求的上游最小直管段最短。

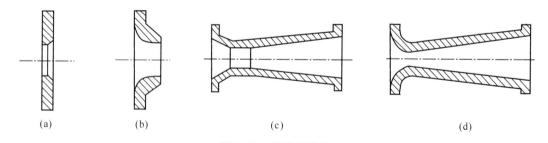

图 3-20 标准节流件
（a）标准孔板；（b）标准喷嘴；（c）经典文丘里管；（d）文丘里喷嘴

C 取压方式

常用的取压方式有角接取压、法兰取压、径距取压（也称 D 和 $D/2$ 取压）、理论取压及管接取压五种，角接取压用得最多，其次是法兰取压。GB/T 2624—93 规定角接取压装置和法兰取压装置是标准取压装置。为了保证测量精度及防止取压口堵塞，各种取压方式

都规定了取压口位置、取压口直径、取压口加工及配合等，必须严格遵守，否则，微小变化都会带来较大的测量误差。标准孔板可以采用角接取压、法兰取压或径距取压；标准喷嘴采用角接取压；长径喷嘴采用径距取压；文丘里喷嘴上游采用角接取压，下游采用理论取压；经典文丘里管上游采用入口圆筒段上取压，下游采用理论取压。

3.3.2　容积式流量计

容积式流量计又称定排量流量计，是一种很早即使用的流量测量仪表，用来测量各种液体和气体的体积流量。由于它是使被测流体充满具有一定容积的空间，然后再把这部分流体从出口排出，所以叫容积式流量计。它的优点是测量精度高，在流量仪表中是精度较高的一类仪表。它利用机械测量元件将流体连续不断地分割成单个已知的体积部分，根据计量室逐次、重复地充满和排放该体积部分流体的次数来测量流体体积总量。因此，受测流体黏度影响小，不要求前后直管段等，但要求被测流体干净，不含有固体颗粒，否则应在流量计前加过滤器。容积式流量计一般不具有时间基准，为得到瞬时流量值，需要另外附加测量时间的装置。

容积式流量计精度高，基本误差一般为$\pm 0.5\%R$（在流量测量中常用两种方法表示相对误差：一种为测量上限值的百分数，以$\%FS$表示；另一种为被测量的百分数，以$\%R$表示），特殊的可达$\pm 0.2\%R$或更高，通常在昂贵介质或需要精确计量的场合使用；没有前置直管段要求；可用于高黏度流体的测量；范围度宽，一般为$10:1\sim 5:1$，特殊的可达$30:1$或更大；它属于直读式仪表，无需外部能源，可直接获得累积总量。

3.3.2.1　椭圆齿轮流量计

椭圆齿轮流量计又称为奥巴尔流量计，它属于容积流量计的一种。它对被测流体的黏度变化不敏感，特别适合于测量高黏度的流体（例如重油、树脂等），甚至糊状物的流量。

它的测量部分是内壳体和两个相互啮合的椭圆形齿轮等3部分组成。流体流过仪表时，因克服阻力而在仪表的入、出口之间形成压力差，在此压差的作用下推动椭圆齿轮旋转，不断地将充满在齿轮与壳体之间所形成的半月形计量室中的流体排出，内齿轮的转数表示流体的体积总量，其动作过程如图3-21所示。

由于流体在仪表的入、出口的压力$P_1 > P_2$，当两个椭圆齿轮处于图3-21(a)所示位置时，在P_1和P_2作用下所产生的合力矩推动轮A向逆时针方向转动，把计量室内的流体排至出口，并同时带动轮B作顺时针方向转动。这时轮A为主动轮，同样可以看出：在图3-21(b)所示位置时，A、B轮均为主动轮；在图3-21(c)所示位置时，B为主动轮，A

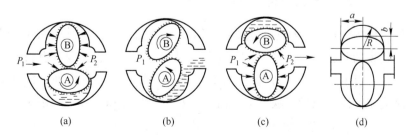

(a)　　　　(b)　　　　(c)　　　　(d)

图3-21　椭圆齿轮流量计动作过程

为从动轮。由于轮 A 和轮 B 交替为主动轮或者均为主动轮，保持两个椭圆齿轮不断地旋转，以致把流体连续地排至出口。

椭圆齿轮每循环一次（转动一周），就排出 4 个半月形体积的流量，如图 3-21(d) 所示，因而从齿轮的转数便可以求出排出流体的总量

$$q_v = 4nV_0 \tag{3-19}$$

式中　n——椭圆齿轮的旋转速度；

　　　V_0——半月形测量室容积。

由式（3-19）可知，在椭圆齿轮流量计的半月形容积 V_0 已定的条件下，只要测出椭圆齿轮的转速 n，便可知道被测介质的流量。

椭圆齿轮流量计的流量信号（即转速 n）的显示，有就地显示和远传显示两种，配以一定的传动机构及计算机构就可记录或指示被测介质的总量。

3.3.2.2　腰轮流量计

腰轮流量计如图 3-22 所示，其工作原理与椭圆齿轮流量计相同，只是转子形状不同。腰轮流量计的两个轮子是两个摆线齿轮，故它们的传动比恒为常数。为减小两转子的磨损，在壳体外装有一对渐开线齿轮作为传递转动之用。每个渐开线齿轮与每个转子同轴。为了使大口径的腰轮流量计转动平稳，每个腰轮均做成上下两层，而且两层错开 45°，称为组合式结构。

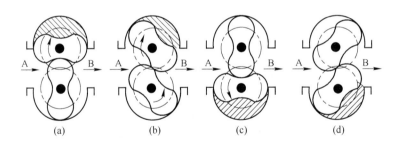

图 3-22　腰轮流量计原理图

腰轮流量计有测液体的，也有测气体的，测液体的口径为 10~600mm；测气体的口径为 15~250mm，可见腰轮流量计既可测小流量也可测大流量。

3.3.2.3　容积式流量计的特点及适应范围

容积式流量计的优点是：（1）计量准确度高，通常容积式流量计被用来计量昂贵介质或用于要求高精度的测量场合；（2）对上游的流动状态不敏感，不要求有较长的前后测量所需直管段；（3）量程比宽；（4）操作简单；（5）流体密度、黏度等参数对测量影响不大，适合高黏度流体流量测量。缺点是：（1）结构复杂，体积笨重，价格昂贵，一般仅用于中、小口径管道；（2）适应范围较窄；（3）检测元件易卡死，安全性差，只能测量清洁介质的流量。

3.3.2.4 容积式流量计的选择

（1）容积式流量计选型时要综合考虑被测介质特性、测量范围、工作压力、温度等工况及价格、性能等各种因素，选择合适的流量计。

（2）被测介质是液体。高黏度的油类可以采用刮板式容积流量计；低黏度的油类以及水的流量测量，可以采用椭圆齿轮式、腰轮式等容积式流量计；准确度要求不高的场合，也可采用旋转活塞式或刮板式容积流量计。

（3）被测介质是气体。对于气体流量的测量，一般可采用转筒式或旋转活塞式容积流量计。煤气计量中，最常用皮膜式容积式流量计。一些准确度要求较高的测量中，有时也采用齿轮型气体容积流量计。

（4）量程选择。流量测量下限 q_{min} 根据流量计误差特性来决定，即 q_{min} 的误差必须在允许误差范围之内；流量测量上限 q_{max} 要根据流量计运动部件的磨损情况而决定。流量过大，会导致流量计运动部件加速磨损而引起泄涌量增加，误差增加。一般选择为 $q_{max} = (5 \sim 10) q_{min}$。

3.3.2.5 容积式流量计使用时的注意事项

（1）由于容积式流量计内部有可动部分，因此要保证被测流体清洁，使用时要在容积式流量计前加过滤器，测试含气体的液体的流量时需设消气器。

（2）由于温度对零件性能有很大影响，因此，容积式流量计一般不适合高低温场合，大致使用范围是-30~160℃、小于100MPa。

（3）容积式流量计可以水平或垂直安装。垂直安装只适合小口径管道。水平安装流量计装在主管道，垂直安装流量计装在副管道。

（4）如果使用时被测介质的流量过小，仪表的泄漏误差影响就会突出，不能再保证足够的测量精度。因此，不同型号规格的容积式流量计对最小使用流量有一允许值，实际被测流量必须大于该下限流量允许值。

（5）避免强磁场干扰，避免环境有振动。

3.3.3 电磁流量计

电磁流量计是基于电磁感应原理工作的流量测量仪表。它能测量具有一定电导率的液体的体积流量。由于它的测量精度不受被测液体的黏度、密度及温度等因素变化的影响，且测量管道中没有任何阻碍液体流动的部件，所以几乎没有压力损失。适当选用测量管中绝缘内衬和测量电极的材料，就可以测量各种腐蚀性（酸、碱、盐）溶液流量，尤其在测量含有固体颗粒的液体，如泥浆、纸浆、矿浆等的流量时，更显示出其优越性。

3.3.3.1 电磁流量计的结构原理

结构原理为：电磁流量计是依据法拉第电磁感应定律来测量流量的。由电磁感应定律可知，导体在磁场中切割磁力线时，便会产生感应电势。同理，当导电的液体在磁场中作垂直于磁力线方向的流动而切割磁力线时，也会产生感应电势。图 3-23 为电磁流量计结构原理图, 将一根直径为 D 的管道放在一个均匀磁场中, 并使之垂直于磁力线方向。管道由非导磁材料制成, 如果是金属管道, 内壁上要装有绝缘衬里。当导电液体在管道中流动时, 便会切割磁力线。如果在管道两侧各插入一根电极, 则可以引出感应电势。其大小与磁场、管道和液体流速有关, 由此不难得出流体的体积流量与感应电势的关系为

$$q_v = \pi DE/4B \qquad (3-20)$$

式中　　E——感应电势;
　　　　B——磁感应强度;
　　　　D——管道内径。

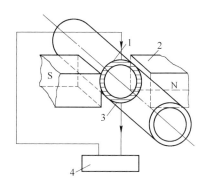

图 3-23　电磁流量计结构原理
1—导管; 2—磁极; 3—电极; 4—仪表

3.3.3.2　电磁流量计的特点

A　电磁流量计的优点

(1) 由于电磁流量计不受液体压力、温度、黏度、电导率等物理参数的影响, 所以测量精确度高、工作可靠。

(2) 测量管内无阻流件或凸出部分, 因此无附加压力损失。

(3) 只要合理选择电极材料, 即可达到耐腐蚀、耐磨损的要求, 因此, 使用寿命长, 维护要求低。

(4) 可以测定水平或垂直管道中正、反两个方向的流量。

(5) 输出信号可以是脉冲、电流或频率等方式, 比较灵活。

(6) 测量范围大, 可以任意改变量程。

(7) 无机械惯性, 因此反应灵敏, 可以测量瞬时脉动流量。

B　电磁流量计的缺点

(1) 电磁流量计造价较高。

(2) 信号易受外界电磁干扰。

(3) 只能测量导电流体, 不能用于测量气体、蒸气以及含有大量气体的液体。

(4) 目前还不能用来测量电导率很低的液体, 对石油制品或者有机溶剂等还无能为力。

(5) 由于测量管绝缘衬里材料受温度的限制, 目前还不能测量高温高压流体。

(6) 不能测含气泡的流体, 易引起电势波动。

这些不足严重影响了电磁流量计在工业管道流量测量中的广泛应用。近年来, 随着电子技术等相关行业的发展, 电磁流量计不断改进更新, 新产品不断涌现, 已向微机化发展。

3.3.3.3　电磁流量计的选用、安装及使用注意事项

A　电磁流量计的选用原则

(1) 电磁流量计的传感器口径通常选用与管道系统相同的口径。

(2) 仪表满量程要大于被测介质的最大预计流量值; 常用流量大于满量程的 1/2。

（3）根据被测介质的压力和温度情况选择合适的电磁流量计，保证流量计安全可靠。

B 电磁流量计的安装使用注意事项

（1）保证电磁流量计上、下游直管道要求：上游至少有 $5D$，下游至少有 $3D$。

（2）在电磁流量计的安装中，传感器接地环要接地可靠，接地电阻要小于 10Ω。

（3）做好抗电磁干扰和抗振动工作。

（4）必要时安装整流器，保证稳定流体流动状态，保证测量精度。

（5）环境要求：温度在 $-10\sim45℃$ 之间；空气的相对湿度不大于85%。

3.3.4 涡轮流量计

3.3.4.1 工作原理

涡轮流量计是以动量守恒原理为基础的。在管道中安装一个可以绕轴旋转的叶轮或涡轮，当流体冲击叶轮或涡轮时产生动力，相对于轴心形成动扭矩。旋转角速度随着动扭矩的变化而变化，即流量随着动扭矩的变化而变化。涡轮流量计是典型的速度式流量计。随着科学的不断发展，涡轮流量计将向着小型化、高度集成化、智能化方向发展。

涡轮流量计的结构如图 3-24 所示，当被测流体流过传感器时，叶轮受力旋转，其转速与管道平均流速成正比，叶轮的转动周期地改变磁电转换器的磁阻值。检测线圈中的磁通随之发生周期性的变化，产生周期性的感应电势，即电脉冲信号，经放大器放大后，送至显示仪表显示。涡轮式流量计在管内涡轮前后装有导流器。导流器的作用一方面促使流体进入涡轮前沿轴线方向平行流动，另一方面支撑了涡轮的前后轴承和涡轮上装有螺旋桨形的叶片在流体冲击下旋转。为了测出涡轮的转速，管壁外装有带线圈的永久磁铁，并将线圈两端引出。由于涡轮具有一定的铁磁性，当叶片在永久磁铁前扫过时，会引起磁通的变化，因而在线圈两端产生感应电动势，此感应交流电信号的频率

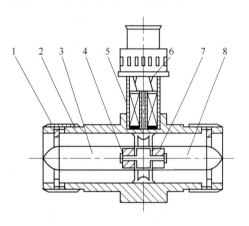

图 3-24 涡轮式流量计
1—紧固件；2—壳体；3—前导向件；4—止推件；
5—叶轮；6—磁感应式信号检测器；
7—轴承；8—后导向件

与被测流体的体积流量成正比。如将该频率信号送入脉冲计数器即可得到累积总流量。

假设涡轮流量计的仪表常数为 K（它完全取决于结构参数），则输出的体积流量 Q_v 与信号频率 f 的关系为

$$Q_v = \frac{f}{K} \tag{3-21}$$

理想情况下，仪表结构常数 K 恒定不变，则 Q_v 与 f 呈线性关系。但实际情况是涡轮有轴承摩擦力矩、电磁阻力矩、流体对涡轮的黏性摩擦阻力等因素，所以 K 并不严格保持常数。特别是在流量很小的情况下，由于阻力矩的影响相对较大，K 也不稳定，所以最好应用在量程上限为5%以上，这时有比较好的线性关系。

3.3.4.2 涡轮流量计结构

涡轮流量计结构如图 3-24 所示，涡轮流量计传感器由表体、导向体（导流器）、叶轮、轴及信号检测器组成。表体是传感器的主要部件，它起到承受被测流体的压力、固定安装检测部件、连接管道的作用，采用不导磁不锈钢或硬铝合金制作。在传感器进、出口装有导向体，它对流体起导向整流以及支撑叶轮的作用，通常选用不导磁不锈钢或硬铝合金制作。涡轮也称叶轮，是传感器的检测元件，它由高导磁性材料制成。轴和轴承支撑叶轮旋转，需有足够的刚度、强度和硬度、耐磨性及耐腐蚀性等，它决定着传感器的可靠性和使用期限。信号检测器由永久磁铁、导磁棒（铁芯）、线圈等组成，输出信号有效值在10mV 以上的可直接配用流量计算机。

3.3.4.3 特点、应用及安装

涡轮流量计具有准确度高、量程比大、适应性强、反应迅速等优点，并且能够输出数字信号。因此广泛用于工矿、石油、化工、冶金、造纸等行业，因传感器全部采用非金属材料，在水处理行业尤为适用，民用水表就是典型的涡轮流量计。

因为涡轮流量计中存在旋转的叶轮或涡轮，所以被测介质必须是清洁、无腐蚀性的；同时，涡轮流量计受介质密度、黏度影响较大，必要时要对密度、黏度进行补偿、修正。

涡轮流量计只能水平安装，并保证其前后有足够的直管段，保证流体的流动方向与仪表外壳的箭头方向一致，不得装反。

3.3.5 转子流量计

当流体自下而上地流经一个上宽下窄的锥形管时，垂直放置的转子（浮子）因受到自下而上的流体的作用力而移动。当此作用力与浮子的重力相平衡时，浮子即静止在某个高度。浮子静止的高度可反映流量的大小。由于流体的流通截面积随浮子高度不同而异，而浮子稳定不动时上下部分的压力差相等，因此该型流量计称为变面积式流量计或等压降式流量计。这类流量计有转子流量计、冲塞式流量计、活塞式流量计等。

转子流量计是一种通用的流量计（见图 3-25）。根据锥管材料不同一般分为玻璃转子

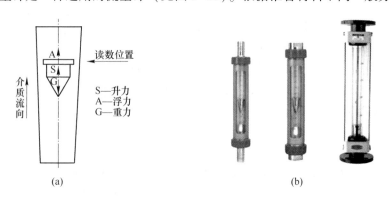

图 3-25　转子流量计

（a）流量计工作原理图；（b）玻璃转子流量计

流量计和金属转子流量计。金属转子流量计耐高温高压、结构牢固、不会破碎，是工业上最常用的。小管径、腐蚀性介质通常选用玻璃转子流量计。

转子流量计具有低压损、量程比大的优点，主要用于小口径，微、小流量，小雷诺数情况下的流量测量。缺点是精度较低；流量和转子位置是非线性的关系；受被测介质物性参数影响较大，当测量的被测介质与仪表刻度标度时的被测介质不同或工况变化时，都要对转子流量计重新标定。转子流量计必须垂直安装，被测流体自下而上地流过锥管。

3.3.6 超声波流量计

超声波流量计是近十几年来随着集成电路技术迅速发展才开始应用的一种非接触式仪表。超声波流量计由超声波换能器、电子线路及流量显示和累积系统三部分组成。超声波换能器用来发射和接收超声波；超声波流量计的电子线路包括发射、接收、信号处理和显示电路；测得的瞬时流量和累积流量值用数字表或模拟表显示。

超声波在流体中的传播速度受被测流体流速的影响，超声波流量计就是根据这一点进行流量测量的。根据检测的方式，可分为传播速度差法、多普勒法、波束偏移法、噪声法及相关法等不同类型的超声波流量计。

直接时差法、时差法、相位差法、频差法等都属于传播速度差法，其中时差法和频差法应用最广泛。传播速度差法通过测量超声波脉冲顺流和逆流传播时速度之差来反映流体的流速。传播速度差法主要用来测量洁净的流体流量，此外它也可以测量杂质含量不高的均匀流体，如污水等介质的流量。

多普勒法是利用声学多普勒原理，通过测量不均匀流体中散射体散射的超声波多普勒频移来确定流体流量。只能用于测量含有适量能反射超声波信号的颗粒或气泡的流体。

相关法是利用相关技术测量流量。测量与流体温度、浓度等无关，因而测量准确度高，适用范围广，但相关器件价格贵，线路比较复杂。

噪声法（听音法）是利用管道内流体流动时产生的噪声与流体的流速有关的原理，通过检测噪声表示流速或流量值。其方法简单，设备价格便宜，但准确度低。

一般说来，由于工业生产中工质的温度常不能保持恒定，故多采用频差法及时差法，只有在管径很大时才采用直接时差法。

超声波流量计适于测量不易接触和观察的流体以及大管径流量。管外安装不会改变流体的流动状态，不产生附加阻力，仪表的安装及检修均不影响生产管线运行，因而是一种理想的节能型流量计。超声测量仪表的流量测量准确度几乎不受被测流体温度、压力、黏度、密度等参数的影响，适合测量强腐蚀性、非导电性、放射性及易燃易爆介质的流量。

在具有高频振动噪声的场合，超声波流量计有时不能正常工作。超声波流量计目前所存在的缺点主要是可测流体的温度范围受限制。

3.3.7 流量计选型原则

流量计选型要根据生产要求，从被测流体的性质及流动情况的实际出发，综合考虑测量的安全性、准确性和经济性，合理选择取压装置的方式和测量仪表的形式及规格。

安全可靠性上首先要保证测量方式可靠，即在运行中不会因机械强度或电气回路故障引起事故；其次测量仪表无论在正常生产或故障情况下都不致影响生产系统的安全。因此，一般优先选用标准节流装置，而不选插入式流量计等非标准测速装置，以及结构强度低的靶式、涡轮流量计等。

环境条件对流量计选型也起到了至关重要的作用。易燃易爆场合应选用防爆型仪表；为保证流量计使用寿命及准确性，选型时还要注意仪表的防振要求；湿热地区要选择湿热式仪表等。

选型时还要充分考虑被测介质的物理、化学特性。仪表的耐压程度应稍大于被测介质的工作压力，一般取 1.25 倍，以保证不发生泄漏或意外。

量程范围（最大流量、最小流量、常用流量）的选择，主要是量程上限的选择。过小易过载，损坏仪表；过大有碍于测量的准确性。一般可选为实际运行中最大流量的 1.2 ~ 1.3 倍。

安装在管道上长期运行的接触式仪表，还应考虑流量测量元件带来的能量损失。一般情况下，在同一生产管道中不应选用多个压损较大的测量元件，如节流元件等。

总之，应在对各种测量方式和仪表特性作全面比较的基础上选择适于生产要求的、既安全可靠又经济耐用的最佳仪表类型。

3.4 物 位 检 测

关于物位测量，在生产生活中随处可见。所谓物位指存储容器或生产设备里液体、固体、气体高度或位置。液体液面的高度或位置称为液位；固体粉末或颗粒状固体的堆积高度或表面位置称为料位；气—气、液—液、液—固等分界面称为界位。液位、料位、界位统称为物位。物位测量就是正确测量容器或设备中储存物质的容积、质量等。物位不仅反映了物料消耗、产量计量，也是保证生产连续、安全进行的重要因素。

物位测量在选煤厂自动化中占显著位置，如跳汰机自动排料利用筛下水反压力来反映床层厚度，目前普遍采用液位测定，机械式浮标闸门跳汰机排料装置靠测量矸石和煤的分界面来确定排料量，水泵的自动化是靠水池液位作为起停控制信号；重介质选煤系统是靠测定指示管液位反映介质密度等。

物位测量仪表的种类很多，按照测量原理来分大致可以分成直读式、浮力式、差压式、电学式、声学式、核辐射式及射流、激光、微波、振动式等；按照被测介质的种类，物位测量仪表可分成液位计、界位计和料位计。本节仅介绍常用的几种。

国内物位测试市场庞大，竞争激烈。国内物位仪表生产厂家众多，但大多技术含量较低。高档的现代新型仪表大多进口，特别是大型企业用的物位仪表基本都是进口仪表。因此，开发、生产高档先进的物位仪表仍然是国内物位仪表市场的关键。

3.4.1 浮力式液位检测

浮力式液位计是应用最早的一类液位仪表，根据浮力原理测量液位。此类仪表通过测量漂浮于被测液面上的浮子（也称浮标）随液面变化而产生的位移来检测液位；或利用沉浸在被测液体中的浮筒（也称沉筒）所受的浮力与液面位置的关系来检测液位。

根据浮子所受浮力的不同，浮力式液位计可分为恒浮力和变浮力式两类。

3.4.1.1 恒浮力式

浮力式液位计检测原理如图 3-26 所示。将液面上的浮子用绳索连接并悬挂在滑轮上，绳索的另一端挂有平衡重锤，利用浮子所受重力和浮力之差与平衡重锤的重力相平衡，使浮子漂浮在液面上。其平衡关系为

$$W-F=G \qquad (3-22)$$

式中 W——浮子的重力；

F——浮力；

G——重锤的重力。

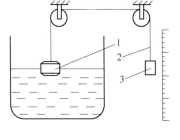

图 3-26 浮力式液位计检测原理图
1—浮筒；2—连接线；3—重物

当液位上升时，浮子所受浮力 F 增加，则 $W-F<G$，使原有平衡关系被破坏，浮子向上移动。但浮子向上移动的同时，浮力 F 下降，$W-F$ 增加，直到 $W-F$ 又重新等于 G 时，浮子将停留在新的液位上，反之亦然。因而实现了浮子对液位的跟踪。由于式（3-22）中 W 和 G 可认为是常数，因此浮子停留在任何高度的液面上时，F 值不变，故称此法为恒浮力法。该方法的实质是通过浮子把液位的变化转换成机械位移（线位移或角位移）的变化。上面所讲的只是一种转换方式，在实际应用中，还可采用各种各样的结构形式来实现液位—机械位移的转换，并可通过机械传动机构带动指针对液位进行指示，如果需要远传，还可通过电或气的转换器把机械位移转换为电信号或气信号。

浮球液位计、磁翻板式液位计、浮子钢带式液位计都是典型的恒浮力式液位计。

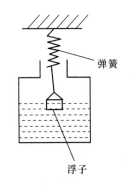

图 3-27 变浮力式液位测量

3.4.1.2 变浮力式

如图 3-27 所示，浮子在液体中浸没的高度不同，所受的浮力大小也会发生变化，这种液位测量方法称为变浮力液位测量。扭力管式浮筒液位计、轴封膜片式浮筒液位计是典型的变浮力式液位计。

浮力式液位计结构简单、读数直观、可靠性高、价格较低，适于各种储罐的测量，尤其是变浮力式液位计还能实现远传和自动调节。恒浮力式液位计的缺点是存在摩擦，引入测量误差。采用大直径的浮子能够有效地减小摩擦误差；变浮力式液位计的缺点是测量与液体密度有关，使用中要注意进行密度修正。

3.4.2 差压式液位计

3.4.2.1 压力式液位计测量原理

静压式液位检测方法是根据液柱静压与液柱高度成正比的原理来实现的，其原理如图 3-28 所示。根据流体静力学原理可得 A、B 两点之间的压力差为

$$\Delta p = p_1 - p_2 = H\rho g \qquad (3-23)$$

式中，p_1、p_2 分别为压差变送器正、负压室的压力；p_1 为容器中 B 点的静压；H 为液柱的

高度；ρ 为液体的密度；g 为重力加速度。

当被测对象为敞口容器时，则 p_2 为大气压，即 $p_2 = p_0$，上式变为

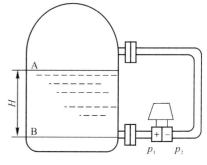

$$p = p_1 - p_0 = H\rho g \qquad (3-24)$$

在检测过程中，当 ρ 为一常数时，则密闭容器中的压差与液位高度 H 成正比；而在敞口容器中则 p 与 H 成正比，就是说只要测出 Δp 或 p 就可知道敞口容器或密闭容器中的液位高度。因此，凡是能够测量压力或差压的仪表，均可测量液位。

图 3-28　差压液位变送器原理

3.4.2.2　零点迁移

在使用差压变送器测量液位时，一般来说，其压差 Δp 与液位高度 H 之间有如下关系

$$\Delta p = H\rho g \qquad (3-25)$$

这就属于一般的"无迁移"情况。当 $H = 0$ 时，作用在正、负压室的压力是相等的。但是在实际应用中，往往 H 与 Δp 之间的对应关系不那么简单。如图 3-29 所示，为防止容器内液体和气体进入变送器而造成管线堵塞或腐蚀，并保持负压室的液柱高度恒定，在变送器正、负压室与取压点之间分别装有隔离罐，并充以隔离液。若被测介质密度为 ρ_1，隔离液密度为 ρ_2（通常 $\rho_2 > \rho_1$），这时正、负压室的压力分别为

$$p_1 = h_1\rho_2 g + H\rho_1 g + p_0 \qquad (3-26)$$

$$p_2 = h_2\rho_2 g + p_0 \qquad (3-27)$$

正负压室间的压差为

$$p_1 - p_2 = h_1\rho_2 g + H\rho_1 g - h_2\rho_2 g$$

即　　　　　　　　　$$\Delta p = H\rho_1 g - (h_2 - h_1)\rho_2 g \qquad (3-28)$$

式中，Δp 为变送器正、负压室的压差；H 为被测液位的高度；h_1 为正压室隔离罐液位到变送器的高度；h_2 为负压室隔离罐液位到变送器的高度。

将式（3-28）与式（3-25）相比较，就知道这时压差减少了 $(h_2 - h_1)\rho_2 g$ 一项，也就是说，当 $H = 0$ 时，$\Delta p = -(h_2 - h_1)\rho_2 g$，对比无迁移情况，相当于在负压室多了一项压力，其固定数值为 $(h_2 - h_1)\rho_2 g$。假定差压变送器的输出范围为 4~20mA 的电流信号，在无迁移时，$H = 0$，$\Delta p = 0$，这时变送器的输出 $I_0 = 4$mA，$H = H_{max}$，$\Delta p = \Delta p_{max}$，这时变送器的输出 $I_0 = 20$mA。但是有迁移时，根据式（3-28）可知，由于有固定差压的存在，当 $H = 0$ 时，变送器的输入小于 0，其输出必定小于 4mA；当 $H = H_{max}$ 时，变送器的输入小于 Δp_{max}，其输出必定小于 20mA。为了使仪表的输出能正确反映出液位的数值，也就是使液位的零值与满量程能与变送器输出的上、下限值相对应，必须设法抵消固定压差 $(h_2 - h_1)\rho_2 g$ 的作用，使得当 $H = 0$ 时，变送器的输出仍然回到 4mA，而当 $H = H_{max}$ 时，变送器的输出能为 20mA。采用零点迁移的办法就能够达到此目的，即调节仪表上的迁移弹簧，以抵消固定压差 $(h_2 - h_1)\rho_2 g$ 的作用。

这里迁移弹簧的作用，其实质是改变变送器的零点。迁移和调零都是使变送器输出的起始值与被测量起始点相对应，只不过零点调整量通常较小，而零点迁移量则比较大。

迁移同时改变了测量范围的上、下限，相当于测量范围的平移，它不改变量程的大小。

由于工作条件的不同，有时会出现正迁移的情况，如图 3-30 所示，如果 $p_0=0$，经过分析可以知道，当 $H=0$ 时，正压室多了一项附加压力 $h\rho g$，或者说 $H=0$ 时，$\Delta p=h\rho g$，这时变送器输出应为 4mA，画出此时变送器输出和输入压差之间的关系，如图 3-31 中曲线 c 所示。

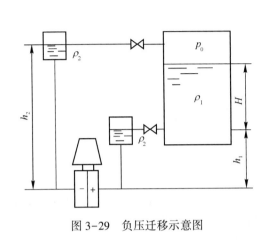

图 3-29　负压迁移示意图　　　　　图 3-30　正迁移示意图

3.4.2.3　用法兰式差压变送器测量液位

为了解决测量具有腐蚀性或含有结晶颗粒以及黏度大、易凝固等液体液位时引压管线被腐蚀、被堵塞的问题，应使用在导压管入口处加隔离膜盒的法兰式差压变送器，如图 3-32 所示。作为敏感元件的测量头 1（金属膜盒），经毛细管 2 与变送器 3 的测量室相通。在膜盒、毛细管和测量室所组成的封闭系统内充有硅油，作为传压介质，并使被测介质不进入毛细管与变送器，以免堵塞。

法兰式差压变送器按其结构形式又分为单法兰式及双法兰式两种。容器与变送器间只需一个法兰将管路接通的称为单法兰差压变送器，而对于上端和大气隔绝的闭口容器，因上部空间与大气压力多半不等，必须采用两个法兰分别将液相和气相压力传导至差压变送器，如图 3-32 所示，这就是双法兰差压变送器。

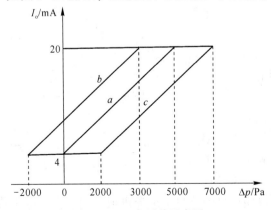

图 3-31　正负迁移示意图

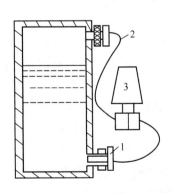

图 3-32　法兰式差压变送器测量液位示意图

1—法兰式测量头；2—毛细管；3—变送器

3.4.3　电容式物位计

电容式物位计是通过测量电容的变化来测量物位的变化。电容式物位计由测量电极、前置放大器及指示仪表组成。测量敏感元件是两个导体电极（通常把容器壁作为一个电极）。当被测物位在容器内上下移动时，会改变极间介电常数或极板长度，进而改变了圆筒电容器的电容，通过测量电容变化量可以反映物位变化。与电动单元组合仪表配套使用，可实现液位或料位的自动记录、控制和调节。由于它的传感器结构简单，没有可动部分，因此应用范围较广。

由于被测介质的不同，电容式物位传感器也有不同的形式，现以测量导电物体的电容式物位传感器和测量非导电物体的电容式物位传感器为例对电容式物位传感器进行简介。

3.4.3.1　液位的检测

A　导电介质的液位测量

电容式物位计是将物位的变化转换成电容量的变化，通过测量电容量的大小来间接测量液位高低的物位测量仪表，由电容物位传感器和检测电容的测量线路组成。由于被测介质的不同，电容式物位传感器有多种不同形式。取被测物体为导电液体举例说明。

在液体中插入一根带绝缘套管的电极。由于液体是导电的，容器和液体可视为电容器的一个电极，插入的金属电极作为另一电极，绝缘套管为中间介质，三者组成圆筒形电容器。

由物理学知，在圆筒形电容器中的电容量为

$$C = \frac{2\pi\varepsilon L}{\ln\dfrac{D}{d}} \qquad\qquad (3\text{-}29)$$

式中　　L——两电极相互遮盖部分的长度；

　　d，D——分别为圆筒形内电极的外径和外电极的内径；

　　ε——中间介质的介电常数，当 ε 为常数时，C 与 L 成正比。

在图 3-33 中，由于中间介质为绝缘套管，所以组成的电容器的介电常数 ε 就为常数。当液位变化时，电容器两极被浸没的长度也随之而变。液位越高，电极被浸没的就越多。

电容式物位计可实现液位的连续测量和指示，也可与其他仪表配套进行自动记录、控制和调节。

B　非导电介质的液位测量

当测量非导电液体，如轻油、某些有机液体以及液态气体的液位时，可采用一个内电极，外部套上一根金属管（如不锈钢），两者彼此绝缘，以被测介质为中间绝缘物质构成同轴套管筒形电容器，如图 3-34 所示，

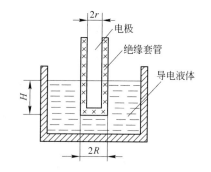

图 3-33　导电液体的电容式
液位传感器原理示意图

绝缘垫上有小孔，外套管上也有孔和槽，以便被测液体自由地流进或流出。由于电极浸没的长度 l 与电容量 ΔC 成正比关系，因此，测出电容增量的数值便可知道液位的高度。

3.4.3.2 固体物料物位的检测

用电容法测量固体块状、颗粒体及粉料的料位时，由于固体间磨损较大，容易"滞留"，所以一般不用双电极式电极。可用电极棒及容器壁组成电容器的两极来测量非导电固体料位。如图3-35所示，用金属电极棒插入容器来测量料位的示意图。它的电容器变化与料位升降的关系为：

$$C_x = \frac{2\pi(\varepsilon - \varepsilon_0)H}{\ln\dfrac{D}{d}} \tag{3-30}$$

式中，D、d分别为容器的内径和电极的外径；ε、ε_0分别为物料和空气的介电常数。

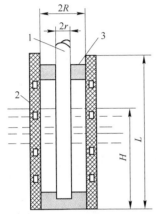
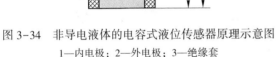

图 3-34　非导电液体的电容式液位传感器原理示意图
1—内电极；2—外电极；3—绝缘套

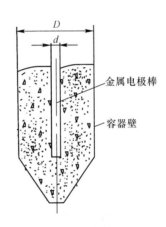

图 3-35　料位检测

电容式物位传感器结构简单、使用方便。但由于电容变化量不大，要精确测量，就需要借助较复杂的电子线路才能实现。此外，还要注意介质浓度、温度变化时，其介电系数也要发生变化这一情况，以便及时调整仪表，达到预想的测量目的。

3.4.4 超声波物位计

超声波物位计是一种非接触式的物位计，利用超声波在气体、液体或固体中的衰减、穿透能力和声阻抗不同的性质来测量两种介质的界面，应用领域十分广泛。

超声波用于物位检测主要利用它的以下几个性质：

（1）声波能以各种传播模式（纵波、横波、表面波等）在气体、液体及固体中传播，也可以在光不能通过的金属、生物中传播，是探测物质内部的有效手段。

（2）声波在介质中传播时会被吸收而衰减，气体吸收最强且衰减最大，液体其次，固体吸收最小且衰减最小，因此对于一给定强度的声波，在气体中传播的距离会明显比在液体和固体中传播的距离短。声波在介质中传播时，衰减的程度还与声波的频率有关，频率越高，声波的衰减也就越大，因此超声波比其他声波在传播时的衰减更明显。

（3）声波传播时方向性随声波频率的升高而变强，发射的声束也越尖锐。超声波可近似为直线传播，具有很好的方向性。

（4）当声波由一种介质向另一种介质传播时，因为两种介质的密度不同和声波在其中传播的速度不同，在分界面上声波会产生反射和折射，当声波垂直入射时，如果两种介质的声阻抗相差悬殊，声波几乎全部被反射，如声波从液体或固体传播到气体，或由气体传播到液体或固体。

3.4.4.1 检测原理

声波式物位检测方法就是利用声波的这种特性，通过测量声波从发射至接收到物位界面所反射的回波的时间间隔来确定物位的高低。图 3-36 是用超声波检测物位的原理图。图中超声发射器被置于容器顶部，当它向液面发射短促的脉冲时，在液面处产生反射，回波被超声接收器接收。若超声发生器和接收器（图中探头）到液面的距离为 H，声波在空气中的传播速度为 u，则有如下简单关系

$$H = \frac{1}{2}ut \tag{3-31}$$

式中，t 为超声脉冲从发射到接收所经过的时间，当超声波的传播速度 u 为已知时，利用上式便可求得物位的量值。

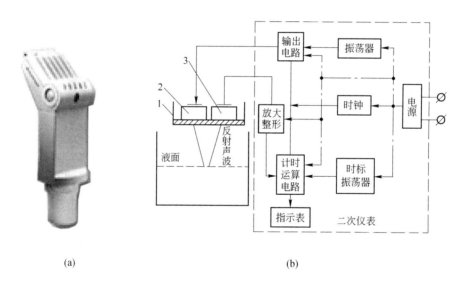

(a)   (b)

图 3-36 超声波检测物位原理图

（a）超声波液位计；（b）超声波液位计原理图

1—探头固定装置；2—发射换能器；3—接收换能器

3.4.4.2 超声波法测量物位的特点

超声波物位计有两种类型，分体式和一体式。分体式的超声波发射和接收为两个器件；一体式超声波的发射和接收为同一个器件。超声波法测量物位的特点是：

（1）检测元件（探头）可以不与被测介质接触，即可做到非接触测量；

（2）可测范围较广，只要界面的声阻抗不同，液体、粉末、块体的物位都可以测量；

（3）可测量低温介质的物位，测量时可将发射器和接收器安装在低温槽的底部；

（4）由于此法构成的仪表没有可动部件，而且探头的压电晶片振幅很小，所以仪表使用寿命长；

（5）缺点是探头本身不能承受高温，声速受介质的温度、压力影响，有些介质对声波的吸收能力很强，此法受到一定的限制。

3.4.5 雷达式液位计

3.4.5.1 工作原理及组成

雷达式液位计的工作原理类似于超声波气介式的测量方法。以光速 c 传播的超高频电磁波经天线向被探测容器的液面发射，当电磁波碰到液面后反射回来，雷达式液位计是通过测量发射波及反射波之间的延时 Δt 来确定天线与反射面之间的高度（空高 h）。

$$\Delta t = \frac{2h}{c} \tag{3-32}$$

光速 $c = 30000 \mathrm{km/s}$，它不受介质环境的影响，传播速度稳定。当测得延迟时间 t 则可获得高度 h。

雷达系统不断地发射线性调频（频率与时间呈线性关系）信号，可以得到发射信号频率与反射信号频率之间的差频 Δf，差频正比于延迟时间 Δt，即正比于空高 h，差频信号经过数据处理，可获得空高值 h。罐高值与空高值之差即为液位高度值。

3.4.5.2 特点及适用范围

雷达式液位计是通过计算电磁波到达液体表面并反射回接收天线的时间来进行液位测量的，与超声波液位计相比，由于超声波液位计声波传送的局限性，雷达式液位计的性能大大优于超声波液位。超声波液位计探头发出的声波是一种通过大气传播的机械能，大气成分的构成会引起声速的变化，例如，液体的蒸发汽化会改变声波的传播速度，从而引起超声波液位测量的误差。而电磁能量的传送则没有这些局限性，它可以在缺少空气（真空）或具有汽化介质的条件下传播，并且气体的波动变化不影响电磁波的传播速度。

雷达式液位计是采用了非接触测量的方式，没有活动部件，可靠性高，平均无故障时间长达 10 年，不污染环境，安装方便。适用于高黏度、易结晶、强腐蚀及易爆易燃介质，特别适用于大型立罐和球罐等液位的测量。

雷达式液位计按天线形状（天线的外形决定微波的聚焦和灵敏度）分为喇叭口形和导波型两类。由于天线发射的是一种辐射能微弱的信号（约 1mV），在传播过程中会有能量衰减，自液面反射的信号（振幅）与液体的介电常数有关，介电常数低的非导电类介质反射回来的信号非常小。这种被削弱的信号在返回安装于储罐顶部的接收天线途中，能量会被进一步削弱。当波面出现波动和泡沫时，信号散射脱离传播途径或吸收部分能量，从而使返回到接收天线的信号更加微弱。另外，当储罐中有混合搅拌器、管道、梯子等障碍物时，也会反射电磁波信号，从而会产生虚假液位，因此，喇叭口形主要用于波动小、介质泡沫少、介电常数高的液位测量；导波型是在喇叭口形的基础上增加了一根导波管，其安装如图 3-37 所示，可使电磁波沿导波管传播，减少障碍物及液位波动或泡沫对电磁波的散射影响，用于波动较大、介电常数低的非导电介质（如烃类液体）的液位测量。

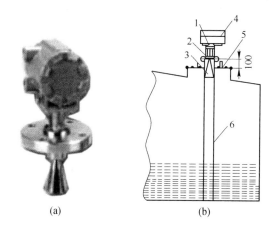

图 3-37   雷达式液位计

（a）喇叭口形天线雷达液位计；（b）导波型天线雷达液位计

1—探测器；2—法兰盘；3—喇叭天线；4—防雨罩；5—光孔法兰盘；6—导波管

3.4.6   物位检测仪表的选用

对用于计量和进行经济核算的，应选用精度等级较高的物位检测仪表，如雷达、超声波物位计的误差为±2mm。对于一般检测精度，可以选用其他物位计。

对于测量高温、高压、低温、高黏度、腐蚀性、泥浆等特殊介质，或在用其他方法检测的各种恶劣条件下的某些特殊场合，可以选用雷达物位计。对于一般情况，可选用其他物位计。

在选择刻度时，最高物位或上限报警点为最大刻度的90%；正常物位为最大刻度的50%；最低物位或下限报警点为最大刻度的10%。

3.5   重 量 检 测

在工业上的重量检测，主要是应用各种工业用秤。以前的工业用秤主要是刀口和杠杆构成的传统的机械秤。随着电子技术的发展，引入了电子检测手段和控制理论，实现了自动称量，下面介绍几种。

3.5.1   电子皮带秤

电子皮带秤是用在连续测量皮带运输机上传送固体物料的瞬时量和总量的测量装置。它被广泛地用于自动称料、装料、配料或提供自动控制信号。

电子皮带秤中胶带、驱动轮、托辊、秤架、测力传感器、测速传感器及信号处理系统组成，如图 3-38 所示。

设作用在测量托辊上的分布物料长度为 L，一般称 L 为有效测量段。如果 L 上的物料重量为 ΔW，则单位长度上的物料重量

$$q_t = \Delta W / L \tag{3-33}$$

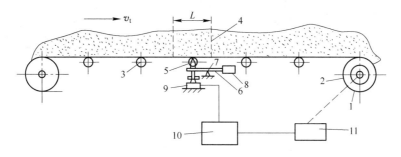

图 3-38　电子皮带秤原理示意图

1—胶带；2—驱动轮；3—托辊；4—物料；5—秤架托辊；6—秤架；7—支点；
8—平衡锤；9—测力传感器；10—信号处理系统；11—测速系统

以移动速度为 v_t 的皮带输送的瞬时送料量

$$W_t = q_t v_t \tag{3-34}$$

在测量系统中，W_t 的重量通过秤架托辊、秤架作用到称重传感器上，传感器此刻的输出值就代表某时刻物料的输送量 W_t，称重传感器一般采用电阻应变式传感器，其桥臂电阻的变化与 q_t 成正比。图 3-39 为称重传感器的示意图。而供桥电压由测速系统控制，它与速度 v_t 成正比。这时就实现了称重传感器的输出代表物料输送量 W_t。在 0~t 时间内，皮带秤输送物料的总重量

$$W = \int_0^t W_t \mathrm{d}t \tag{3-35}$$

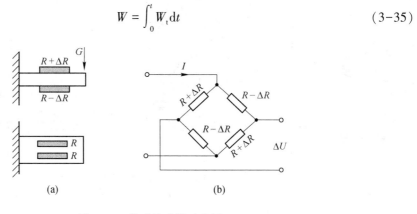

图 3-39　称重传感器示意图

（a）测重传感器；（b）电桥电路

称重传感器的输出值，根据需要由信号处理系统进行运算处理，实现瞬时输料量 W_t、总输料量 W 的显示或标准信号（4~20mA）的输出。

3.5.2　料斗秤和液罐秤

在生产过程中，测量料斗中粉状料或块状料的重量、液罐内液体的重量，分别需采用料斗秤和液罐秤。

（1）料斗秤。如图 3-40 所示，料斗通常由 3 个或 4 个荷重传感器支撑和进行重量的检测。传感器可采用电阻应变式或压磁式荷重传感器。传感器总的输出值就代表了料斗的

总重量。为了防止机械振动或加料的冲击对测量的影响，安装时要采取适当的防振措施。

（2）液罐秤。同料斗秤一样，秤重传感器支撑液罐并实现重量测量。

3.5.3 电子轨道衡

电子轨道衡安装在铁路轨道上，用以计量铁路运输车辆的自重和运载物料的重量。如图 3-41 所示。电子轨道衡根据称量方式的不同可分为静态和动态两种。二者均采用应变测量原理。整个测量系统由秤台和二次测量仪表组成。

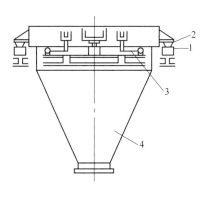

图3-40　料斗秤结构原理示意图
1—传感器；2—防振垫；3—限位杆；
4—料斗

秤台包括台面等机械部分和测重传感器。台面上有轨道，车辆重量通过台面及机械机构传递给测重传感器。测重传感器由弹性元件和电阻应变片组成，弹性元件是用合金钢制成，上面贴有四片应变电阻片，四片应变片组成测量电桥，其输出电压 U 反映称量的重量。当供桥电源电压稳定时，输出电压 U 与被测重量成正比。测重传感器的输出直流电压一般很小，只有几十微伏，必须经二次仪表放大。

(a)　　　　　　　　　　　　　　　　(b)

图 3-41　电子轨道衡
（a）静态电子轨道衡；（b）动态电子轨道衡

3.6　产品水分检测

煤中水分是选煤厂重要技术指标之一。商品煤水分是选煤厂和用煤单位之间的计价质量指标，超过规定指标时不但要从煤中扣除多余水分的重量，而且产品单价也要作相应的下降。我国北方地区冬天寒冷，煤炭运输中要严格控制煤中水分含量，不能超过 8% ~ 10%，以免发生冻车。因此，要准确地检测并努力降低煤的水分。

目前我国选煤厂检测煤中含水量的方法多采用烘干称量法。这种方法需要时间长，不能适应现代生产管理的需要。下面介绍几种水分在线测量的方法。

3.6.1　红外水分仪

由于水分子对波长范围处于 $1.2\sim1.5\mu m$、$1.8\sim2.0\mu m$、$2.5\sim3.0\mu m$、$5.0\sim8.0\mu m$ 的红外线的吸收是很多的，因此可以根据含水介质对红外线的反射或吸收原理来测定其含水量。

红外线水分仪可分为穿透式和反射式两种，图 3-42 是结构示意图。用钨丝灯泡作为光源，其光线穿过安装在转盘上的狭带光涉滤波器，由透镜变成平行光。如果是穿透式结构，平行光直接照射到被测介质上，再由另一个透镜进行聚焦后进入检波器；如果是反射式结构，平行光被棱镜引向被测介质，在反射到凹面镜上进行聚焦后进入检波器。检波器输出的光脉冲被转换成与被测介质的水分含量成比例的电信号。

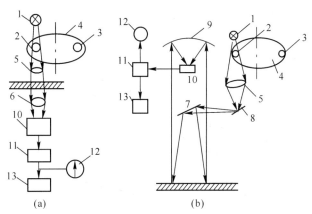

图 3-42　红外线水分仪结构图

(a) 穿透式；(b) 反射式

1—光源；2，3—狭带光涉滤波器；4—转盘；5，6—透镜；7，8—棱镜；9—凹面镜；10—检波器；
11—放大器；12—指示仪；13—记录仪

红外线水分仪可以做到在线非接触式连续测量，且物料的温度、形状和环境杂光对测量准确度无影响。采用双光路多光束的光学系统后，能够获得很高的可靠性、准确性及稳定性。主要用于测量烟草、造纸、煤炭、电力、玻璃、粮食、食品等行业物料的含水率。

3.6.2　微波水分仪

微波是一种波长在 $1mm\sim1m$ 范围的电磁波，其对应的频率为 $300MHz\sim300GHz$ 范围。如果将微波电磁场加在含水介质的两端，就会使原先排列杂乱无章并不停地作不规则运动的水分子发生极化，并在电场的作用下重新排列，而且其振动频率与微波频率相同。

水分子振动时，因其转动动能的增加以及为克服阻力而将吸收电磁波能量。水分子所吸收的电磁波功率可以通过转动动能公式和振动阻力计算公式的推导后，用下式表示：

$$\Delta W = kf^3 \tag{3-36}$$

式中　ΔW——水分子吸收的电磁波功率；

　　　　f——水分子的振动频率；

　　　　k——比例系数，与水分子的质量、直径等参数有关。

由于电磁波在水中被水分子吸收的功率与其频率的立方成正比，因此频率极高的微波通过含水的物质时，其功率被大量吸收。可见，微波功率的衰减量能够极其灵敏地反映物质含水量的多少，通过检测微波功率的衰减量就可以得知物质的含水量。

微波传输过程中功率的衰减量与衰减系数（正比于物质的介电常数）、传输距离有关，当传输距离不变时，功率的衰减量与衰减系数成正比，即

$$p \propto \varepsilon \tag{3-37}$$

式中　p——功率的衰减量；

　　　　ε——含水物质的复合介电常数，$\varepsilon = \varepsilon_g + s\varepsilon_s$；

　　　ε_g——干物质的介电常数；

　　　ε_s——水的介电常数；

　　　s——物质中的百分含水量。

上式表明，检测出的微波的功率衰减量与物质中含水量的百分数成比例。测量微波功率衰减量方法很多，图 3-43 是最经典的自由空间型传感器的基本结构，能够测定试样表面和内部所含的全部水分。

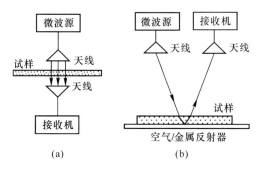

图 3-43　自由空间型微波水分传感器的基本结构

（a）喇叭天线同轴安装；（b）喇叭天线同侧安装

微波水分测定仪具有测量时间短、操作方便、准确度高、适用范围广等特点，适用于煤炭、粮食、造纸、木材、纺织品和化工产品等的颗粒状、粉末状及黏稠性固体试样中的水分测定，还可以应用于石油、煤油及其他液体试样中的水分测定。

3.7　密　度　检　测

密度是物质的一个重要物理量，指的是单位体积中所含物质的质量。在工业生产过程中，常通过对密度的测量和控制来测量和控制溶液的成分、浓度、含量及质量流量。密度计是生产中常用的成分分析和质量控制仪器，在一些场合，密度大小对操作控制来说是重要的参数，在另一些场合，若混合介质是二元的，则测定了介质密度，即能间接地测定组分的含量。本节简单介绍几种常用的自动密度计的测量原理及结构。

3.7.1　双管压差式密度计

双管压差式密度计是压差式密度计的一种，是利用压缩空气和压差管来形成不同深度的静压力。双管压差式密度计常用以测量重介质选煤的介质密度。双管压差式密度计的基本构造如图 3-44 所示。

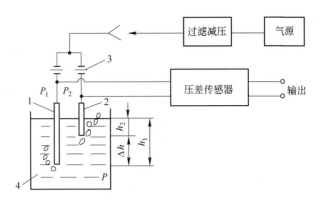

图 3-44 双管压差式密度计

1—长管；2—短管；3—节流孔；4—被测液体

两个测量管插入被测悬浮液中，其深度分别为 h_1 与 h_2。气源产生的 0.2MPa 压缩空气经过滤减压装置净化以除去油质及其他杂质。净化后的压缩空气分别通过节流孔向长、短两管充气。两测量管内的液体被排挤出管外，并由测量管下口向被测液中吹泡。根据流体力学的原理，节流孔前后的压降随流速的增大而增大。由于节流孔的直径比压差测量管小许多，对流体阻力很大，所以流体通过节流孔和压差测量管时的动压力主要降落在节流孔上，而测量管由于阻力很小，故其两端的压降可以忽略不计。因此当系统达到动平衡时，两管内的静压力 P_1 与 P_2 应该分别等于它们所排开的液柱。其关系为：

$$P_1 = P_0 + \rho g h_1 \tag{3-38}$$

$$P_2 = P_0 + \rho g h_2 \tag{3-39}$$

式中　P_1——长管内气体静压力；

　　　P_2——短管内气体静压力；

　　　P_0——大气压；

　　　ρ——被测液体密度；

　　　h_1——长管插入深度；

　　　h_2——短管插入深度。

而两管的静压力差 P 为：

$$P = P_1 - P_2 = \Delta \rho g h \tag{3-40}$$

式（3-40）中 Δh 为两管的高差，是定数。因此，只要测出压差 P，就可以得到被测密度值（实际上是在 Δh 范围内的平均密度）。

压差的测量可以采用各种压差传感器，如 U 形管压差测量装置、电阻应变式压差传感器、压差变送器等。

双管压差式密度计应用广泛，在使用时应注意：

（1）节流孔的安装位置应尽量接近压差测量管。

（2）为了保证压差测量管工作可靠、准确，又不堵塞节流孔，气源必须净化和稳压。

（3）整个系统必须连接严密，不得漏气。

（4）整个气流系统除节流孔外阻力要小。

3.7.2　放射性同位素密度计

利用放射性同位素测量介质的密度具有很多优点，由于它是非接触测量，因此可适用于高压、高温、腐蚀性、高黏度等情况。

仪器所根据的物理原理是介质对放射性同位素辐射的吸收作用。在辐射透过的介质厚度一定时，介质对辐射吸收的强弱与介质密度有关。此类密度计可用在气体、液体、固体介质密度测量，但在工业中主要是用以测量液体介质密度。

图 3-45 所示是 γ 射线密度计的基本组成。放射源发的 γ 射线经过工艺管道后，被其中的待测介质吸收一部分，强度得到减弱。可得

$$\rho = \frac{1}{\mu_m L} \cdot \ln \frac{I_0}{I} \tag{3-41}$$

于是有

$$\frac{\mathrm{d}\rho}{\mathrm{d}I} = \frac{-1}{\mu_m L I} \quad \text{或} \quad \Delta\rho = \frac{-1}{\mu_m L I} \tag{3-42}$$

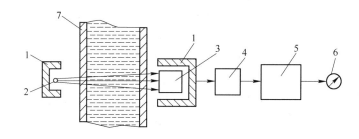

图 3-45　γ 射线密度计原理图
1—铅防护罩；2—放射源；3—射线探测器；4—前置放大器；5—主放大器；6—指示记录仪；7—工艺管道

探测器的作用是将射线强度信号转换成电信号。电信号的大小反映穿透物质后射线的强度。目前常用的探测器有电流电离室、闪烁计数器和盖革计数管。电离室内设有正、负电极和充满一定压力的气体，气体可以是空气或者某种惰性气体。射线进入电离室后，电离室中气体介质即被电离，产生大量的正、负离子，在电离室正、负极板的直流电场作用下移动，产生电离电流。当电离室内气体压力和极板电压一定时，电离电流和进入电离室的射线强度有关，射线强度大，电离电流大。当被测介质（如矿浆）密度改变时，穿过被测介质的 γ 射线强度 I 也随着改变，电离室中的电流也发生相应的改变。由于电离室输出信号很弱，所以必须用放大器加以放大，然后送往被测仪表显示出被测介质的密度。

利用放射性同位素测量矿浆密度时，一定要使被测液体充满整个测量管道，并且流动平稳无湍流和气泡，否则将造成很大的测量误差。

3.7.3　浊度计

当透明液体中含有不溶性物质时，液体将呈浑浊状态，可用浊度来表征不溶性物质的存在而引起液体透明度的降低程度。对液体浊度的测量在工业生产过程中日益受到重视。

定量测量浊度主要采用光学方法，图 3-46 所示为浊度计的基本结构。入射光通过悬浮液时由于吸收和散射使其强度发生变化，即光的吸收使光强衰减，而散射使透射光强和散射光强发生变化。因此，通过对光衰减量和散射光强的检测就可以测出悬浮液的浊度。浊度计的测量原理主要有以下几种。

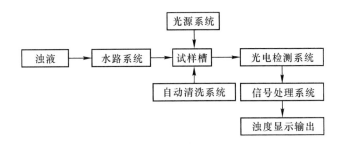

图 3-46 浊度计的基本结构

3.7.3.1 透射式

如图 3-47 所示，发自光源的光经准直透镜成为平行光，射入试样槽中的被测悬浮浊液。由于散射和吸收导致光强度的衰减，经过悬浊液后到达光探测器变成光电流。被测液的浊度越高，散射和吸收导致的光衰减就越大，产生的光电流就越小。

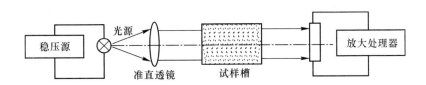

图 3-47 透射式浊度计原理图

透射式的优点是结构简单，可测定高浊度溶液，并可进行连续测定；缺点是易受干扰。

3.7.3.2 散射式

如图 3-48 所示，按照被测散射光与入射光的角度不同，散射式包括直角散射式、向前散射式和向后散射式。当平行光束投射到被测液体中时，由于悬浮物的存在而发生散射，其散射光的强度与浊度成正比，即散射光强度越高，浊度越高。

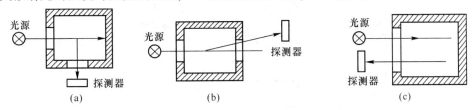

图 3-48 散射式浊度测定法示意图

(a) 直角散射式；(b) 向前散射式；(c) 向后散射式

与透射式相比，散射式浊度测定法的线性度较好，灵敏度也可相对提高。悬浊液色度的影响也较小，在低浊度的测量中使用较多。

3.7.3.3　表面散射式

如图 3-49 所示，被测液面是经溢流而获得的无泡且平稳的流层，被很窄的光束以很低的入射角（一般为 15°）射到试液表面。如果试液中有浑浊颗粒，就会发生散射，被位于试液表面上方的探测器检测出部分散射光。

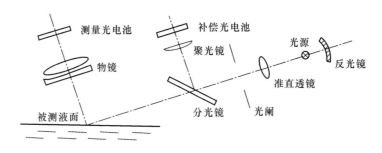

图 3-49　表面散射浊度计原理图

由于探测的是试液近表面层的散射光，受试液色度的影响较小；而且因光线直接作用在开口容器的液面上，不存在测量窗口的积污和冷凝水汽对测量结果的干扰。该仪器的测量范围很宽，适用的行业也很广，如城市污水、造纸业的白色悬浮液、电厂锅炉水、食品饮料业产生的污水等。

3.7.3.4　比率式

透射光的强度和散射光的强度之间是向相反方向差动的，从而可以利用散射光强度与透射光强度的比值来测量浊度（称为比率式浊度计），不仅大大提高了浊度测量的检验灵敏度，还可以采用多种结构形式来提高浊度计的性能。

图 3-50 是一种单光源单探测器的散射透射比式浊度计的原理图。光源发出的光被分成两路（一路为散射光，另一路为透射光），相互垂直进入测量槽。被测浊度正比于散射光强 I_1 和透射光强 I_2 之比。

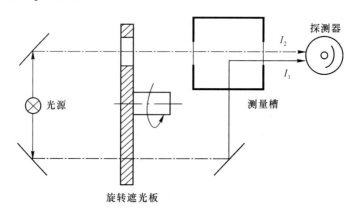

图 3-50　散射透射比式浊度计原理图

3.8 煤炭灰分检测

选煤产品的灰分是选煤厂最重要的技术指标。常规测量灰分的方法是经人工采样、制样、烧灰、称重，不但工序繁杂，而且所需时间很长，不能及时指导生产。目前灰分自动检测的有效方法是双能 γ 射线测灰仪。

3.8.1 双能 γ 射线在线测灰仪

双能 γ 射线测灰系统的组成如图 3-51 所示，它由放射源、核探测器、电源和脉冲幅度分析显示系统四部分组成，双能 γ 射线测灰使用的放射源为 ^{241}Am（60keV）和 ^{137}Cs（662keV）。

双能 γ 射线透射式测灰的机理是利用煤中可燃部分与不可燃部分对两种 γ 射线的吸收不同。当 γ 射线穿透被测煤样时，煤样对中能 ^{137}Cs 射线的吸收仅与煤样的质量厚度有关，而对低能 ^{241}Am 射线的吸收不仅与煤样的质量厚度有关，还与煤中所含物质的原子序数 Z 有关，综合两种射线的衰减，便可得到一个与煤样质量厚度无关的灰分数值。

可燃物部分主要含有 C、H、O、N 等元素，不可燃的矿物质部分，主要是 Fe、Ca、Si、Mg、Al、S 等，煤炭灰分即为不可燃的矿物质的氧化物。

对于一定能量的一束 γ 射线，穿过某种物质时，其中有的与物质发生作用，有的没有发生。发生作用的光子便消失；未发生作用的，其能量不变穿过物质。那么 γ 射线穿过物质后的衰减可以用如下公式来描述：

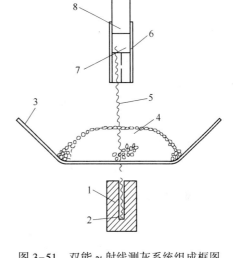

图 3-51 双能 γ 射线测灰系统组成框图
1—铅罐；2—γ 射源；3—胶带输送机；4—被测煤样；
5—γ 射线；6—探测器外套；7—NaI 晶体；
8—闪烁计数器；9—至脉冲分析处理电路；
10—高压电源

$$I = I_0 e^{-\mu x} \qquad (3-43)$$

式中　I——穿过吸收体的 γ 光子数；

　　　I_0——无吸收体时的 γ 光子数；

　　　μ——线性衰减系数。

γ 射线穿透煤炭时的衰减取决于煤的质量厚度 $x\rho$ 和质量衰减系数 μ_m 两个因素。质量衰减系数 μ_m 的大小与 γ 射线的能量 E 和吸收物质的原子序数 Z 有关。

煤可以看成是可燃的煤质和不可燃的矿物质组成的二元混合物，可燃的煤质（C、H、O）其等效原子序数近似等于6，不可燃的矿物质（Al、Si、Fe 等）其原子序数近似等于12，我们可以认为可燃物质为煤中的低 Z 物质，矿物质为煤中的高 Z 物质。两种 γ 射线穿透煤样后的衰减如下：

$$I_{Am} = I_{Am0}e^{-\mu_L x \rho}, \quad I_{Cs} = I_{Cs0}e^{-\mu_H x \rho} \tag{3-44}$$

式中　I_{Am}——穿过煤样 ^{241}Am 的 γ 光子数；

　　　　I_{Am0}——^{241}Am 的初始 γ 光子数；

　　　　I_{Cs}——穿过煤样 ^{137}Cs 的 γ 光子数；

　　　　I_{Cs0}——^{137}Cs 的初始 γ 光子数；

　　　　μ_H——煤对中能 γ 射线的质量衰减系数；

　　　　μ_L——煤对低能 γ 射线的质量衰减系数。

经换算得到

$$Ash = 2a\frac{\ln(I_{Am0}/I_{Am})}{\ln(I_{Cs0}/I_{Cs})}\mu_H + 2b \tag{3-45}$$

令：$A = 2a\mu_H, B = 2b, K = \dfrac{\ln(I_{Am0}/I_{Am})}{\ln(I_{Cs0}/I_{Cs})}$

则有：

$$Ash\% = AK + B \tag{3-46}$$

式（3-45）是双能 γ 射线透射状测灰的测量模型，A、B 是与煤种有关的常数。实际测量时两种 γ 射源和经准直器发出窄束 γ 射线、穿透被测煤样，由 NaI 闪烁探测器接收，将不同能级的 γ 射线转换成幅度不同的脉冲信号。脉冲幅度分析电路将探测器输出的脉冲信号进行放大、分析，最后计算出两种射线的计数，并与空载时两种射线的计数比较，由计算出被测煤样的灰值，送至显示单元。在测量之前需要对被测煤种进行标定，用已知灰分的煤样对式（3-46）中的 A、B 值进行标定。

3.8.2　自然射线在线测灰仪

天然 γ 射线在线灰分仪是利用天然射线探测技术研制开发的新一代在线灰分仪。该灰分仪适用于煤矿井上、井下原煤、洗煤厂进厂煤、电厂入炉煤等场合在各种皮带输送机上的灰分在线监测。

灰分仪由以下几个部分组成：输送机煤流负荷检测装置（电子皮带秤）、环境辐射屏蔽体（上、下）、γ 射线探测器、射线能谱分析处理仪（现场仪表）、上位计算机、核数据专用分析软件。天然 γ 射线灰分仪组成如图 3-52 所示。

3.8.2.1　原理

矿物质内部普遍存在极微量的天然放射性元素，而煤炭中的放射性元素主要存在于灰分中，固定碳及挥发分中一般不含有放射性元素。煤炭发射的特征 γ 粒子通量与煤炭中灰分含量有着特定的数学关系。通过高效率、高灵敏的 γ 粒子探测器检测特征 γ 粒子的特征通量，得出总灰分量，结合负荷大小计算出煤灰分。

3.8.2.2　特点

（1）无放射源：没有辐射安全隐患，更安全；简化了管理，不存在与放射源有关的任

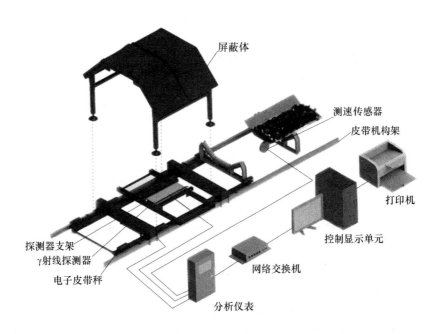

图 3-52 天然 γ 射线在线灰分仪构成

何管理，运行成本低。

（2）实时性强：可测得最短 10s 的有效灰分，远优于有源灰分仪的实时性。

（3）适应性强：对灰分上限无限制，对煤流量（面密度）无限制，适用于普通皮带机、钢丝带上煤灰分测量。此方面有源灰分仪无法做到。

（4）安装简单：模块化设计，安装简便易行。

（5）标定工作量少：现场标定工作量只是双能 γ 射线投射法灰分仪标定工作量的 40%。

（6）全范围检测：有源灰分仪是在皮带输送机中间部分几厘米宽的小范围采样检测，为输送机全断面灰分信号，灰分数据更准确、更有代表性。

（7）灰分产量一体化：由于是全范围检测，提供准确的灰分的同时还能提供准确皮带输送机上煤的产量数据。

3.8.3　X 射线在线测灰仪

X 射线型在线灰分仪是弥补传统灰分分析的缺点而开发出的一套煤炭灰分在线测量仪表，可用于对整条输运皮带上的煤炭或采样机弃料中的灰分含量进行快速准确的测量。具有稳定性好，测量精度高，安装维护方便等优点。它不需采样、制样、化验等繁琐过程，也不用添加厂房等额外投资，直接安装于皮带架上而无须对皮带架进行任何改动。能够广泛应用于煤矿、洗煤厂、配煤厂、焦化厂、燃煤电厂、钢铁厂和煤码头等；也可用于选煤、配煤工艺中对生产过程进行自动调节和控制。

3.8.3.1　工作原理

X 射线型在线灰分仪采用 X 射线荧光技术与 X 射线吸收技术相结合的原理。利用 X

射线管作为激发源，X 射线探测器接收散射 X 射线及 X 射线荧光信息，正比计数管接收透射 X 射线信息，再通过超声波物位计判断煤质的高度信息，将这些信息传送到上位机，经过数据处理，就可以计算出煤质的灰分值（图 3-53）。

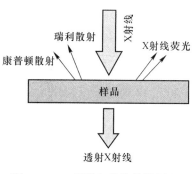

图 3-53　X 射线灰分仪检测原理

3.8.3.2　特点

（1）无核化：采用 X 射线管代替放射源，断电后不会产生射线，设备周围无任何辐射。

（2）受物料影响小：采用 X 荧光技术与 X 射线吸收相结合的原理，反射与透射的测量方式，解决了煤炭中元素含量变化、煤炭厚度和密度变化对测量的影响。

（3）实时在线无损非接触检测，测量数据稳定、精度高、设备故障率低、操作简单、界面友好、易于维护。

（4）灰分测量范围大：灰分 5%～60%。

（5）分析速度快：实时给出一组检测结果，解决了传统采、制、化的滞后性。

（6）不影响现场工艺：采用合理的结构设计，仪表出现故障时，不会影响现场正常的生产工艺。

3.9　矿浆固体物料的测量

在选矿过程中需要对矿浆中固体物质的含量进行测量，即固体物料百分数的测量，通常采用电磁流量计和 γ 射线密度计分别测量矿浆的流量和密度然后换算出矿浆中的固体物料的百分数。其方框图如图 3-54 所示。

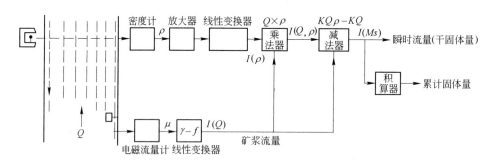

图 3-54　矿浆固体物料测量方框图

设管道中矿浆体积为：

$$V=V_S+V_L \tag{3-47}$$

式中　V_S——固体物料体积；

　　　V_L——液体物料体积。

则矿浆质量为

$$M = V \cdot \rho = V_S\rho_S + V_l\rho_L \tag{3-48}$$

式中　ρ——矿浆密度；

　　　ρ_S——矿浆中固体物料密度；

　　　ρ_L——矿浆流体密度。

矿浆密度为

$$\rho = \frac{V_S\rho_S + V_l\rho_L}{V}$$

$$V_S\rho_S = V\rho - (V - V_S)\rho_L$$

$$V_S = \frac{V(\rho - \rho_L)}{\rho_S - \rho_L}$$

矿浆中物料质量为

$$M_S = V_S\rho_S = V(\rho - \rho_L) \times \frac{\rho_S}{\rho_S - \rho_L}$$

若液体为水则 $\rho_L = 1$，固体物料密度 ρ_S 已知时，则有

$$M_S = K_1V(\rho - 1) = KQ\rho - KQ$$

式中　Q——矿浆的体积流量，由电磁流量计测得；

　　K，K_1——系数。

矿浆中固体物料量百分比为

$$\frac{M_S}{M} \times 100\% = \frac{KQ\rho - KQ}{KQ\rho} = \left(1 - \frac{1}{\rho}\right) \times 100\%$$

这就给出了矿浆中固体物料量百分比与矿浆密度的关系。若测得矿浆流量 Q 与矿浆密度 ρ，经图 3-54 中各环节变换及乘法器和减法器运算，可得到矿浆固体物料量的瞬时值和累计值。

思 考 题

(1) 试述温度测量仪表的种类有哪些，各使用在什么场合？

(2) 热电偶的热电特性与哪些因素有关？

(3) 常用的热电偶有哪几种，所配用的补偿导线是什么，为什么要使用补偿导线？说明使用补偿导线时要注意哪几点。

(4) 试述热电偶温度计、热电阻温度计各包括哪些元件和仪表。输入、输出信号各是什么？

(5) 试述热电阻测温原理，常用热电阻的种类。

(6) 热电偶的结构与热电阻的结构有什么异同之处？

(7) 测压仪表有哪几类，各基于什么原理？

(8) 弹簧管压力计的测压原理是什么，试述弹簧管压力计的主要组成及测压过程。

(9) 霍尔片式压力传感器是如何利用霍尔效应实现压力测量的？

(10) 应变片式与压阻式压力计各采用什么测压元件？

(11) 电容式压力传感器的工作原理是什么，有什么特点？

(12) 什么是节流现象，流体经节流装置时为什么会产生静压差？

（13）试述压差式流量计测量流量的原理。说明哪些因素对压差式流量计的流量测量有影响。

（14）为什么说转子流量计是定压降式流量计，而差压式流量计是变压降式流量计？

（15）涡轮流量计的工作原理及特点是什么？

（16）试述物位测量的意义。

（17）试述电容式物位计的工作原理。

（18）试述超声波物位计的工作原理。

（19）试述电子皮带秤的工作原理及组成。

（20）试述放射性同位素密度计的测量原理及使用注意事项。

4 计算机控制技术基础

【本章学习要求】

(1) 了解计算机控制发展的概况及控制系统的特点、分类；

(2) 熟悉计算机控制系统的信号流程及控制系统组成；

(3) 熟悉计算机控制过程设计的原则、方法及过程；

(4) 熟悉过程控制系统的组成、分类、性能指标及被控对象的特性；

(5) 掌握常用的控制算法。

计算机具有运算速度快、精度高、存储量大、编程灵活、通信能力强等特点，已经成为各种工业过程控制中不可或缺的控制工具，矿物加工过程的控制也不例外。

一般地，由被控过程和常规仪表所组成的控制系统称为常规控制系统；而由被控过程和计算机所组成的控制系统则称为计算机控制系统。计算机控制技术是计算机、自动控制理论、自动化仪表等项技术紧密结合的产物。计算机为现代控制理论的应用提供了有力的工具；自动化仪表也发展到了以各种形式的计算机为核心的智能仪表阶段。利用计算机快速强大的数值计算、逻辑判断等信息加工能力，计算机控制系统可以实现比常规控制更复杂、更全面的控制方案。同时，计算机在工业控制领域的应用过程中，提出了一系列理论与工程上的问题，又进一步推动了计算机技术的发展，出现了各种专门用于工业现场的计算机。总之，计算机技术与控制技术的结合，有力地推动了过程控制技术的发展，大大扩展了控制技术在工业生产中的应用范围，特别是使复杂的、大规模的自动化系统发展到了一个崭新的阶段。

典型的计算机控制有直接数字控制（Direct Digital Control，DDC）、集散控制系统或分散控制系统（Distributed Control System，DCS）、现场总线控制系统（Field Control System，FCS）、可编程控制器系统（Programmable Controller System，PCS）。其中，直接数字控制是计算机控制技术的基础。

本章在概述计算机控制的基础上，围绕直接数字控制介绍微型计算机控制的硬件、软件、应用等基础技术。

4.1 计算机控制概述

4.1.1 计算机控制的发展概况

世界上第一台电子计算机于 1946 年问世。到 20 世纪 50 年代初，就出现了把计算机作为控制部件的思想，并首先应用在导弹、飞机等军事控制上。但由于当时的计算机体积大、可靠性差、成本高、耗电多，所以不可能广泛应用。

又经历了几年研究后，20 世纪 50 年代末，有了计算机控制系统，并在工业生产中投入运行。1956 年初 Tomson Ramo Woolrige 航空公司采用 RW-300 计算机，为 Texas 州 Port Arthur 炼油厂研制了一套聚合装置的计算机控制系统，该系统被视为世界上第一套应用于工业生产的过程计算机控制系统。该系统在 1959 年正式投入运行，控制了 26 个流量、72 个温度、3 个压力和 2 个成分。

计算机控制的发展，大致经历了 6 个发展阶段。

第一阶段为开创期（20 世纪 40 年代末期至 50 年代末期）。控制理论处在经典控制理论形成和发展时期；计算机处于电子管计算机时期。这个时期的计算机运算速度慢、价格昂贵、体积大、可靠性差。1958 年前后，计算机的平均无故障时间（Mean Time Between Failures，MTBF）为 50~100h。计算机在控制系统中的作用为数据处理、为操作者提供指导（如通过打印告诉操作人员系统的设定值），简称为操作指导控制系统。

第二阶段为直接数字控制时期（20 世纪 50 年代末期至 60 年代初期）。控制理论发展到现代控制理论阶段；计算机处于以晶体管诞生为标志的第二代时期，计算机运算速度加快，可靠性提高。

1962 年，英国的帝国化学工业公司利用计算机完全取代了原来的模拟控制设备，计算机的数据采集量为 244 个，控制 129 个阀门。模拟技术直接被数字技术代替，而系统的功能不变，称为直接数字控制，简称 DDC。该系统采用 Ferranti Argus 计算机，MTBF 约为 1000h。

这一时期，DDC 系统取得了显著的进步，促进了对采样周期、控制算法及可靠性等计算机控制理论问题的广泛研究。

第三个阶段为小型计算机控制时期（20 世纪 60 年代末期至 70 年代初期）。这正是以采用中小规模集成电路（Medium Scale Integration，MSI）为标志的第三代计算机时期，计算机技术取得了重大发展，运行速度加快、体积变小、工作更可靠，而且价格更便宜，MTBF 提高到约 2000h。到了 20 世纪 60 年代后期，出现了专用于工业控制的小型计算机。由于小型计算机的出现，过程控制计算机的台数从 1970 年的约 5000 台上升到 1975 年的约 5 万台，五年中约增长了 10 倍。

第四个阶段为微型计算机控制时期（20 世纪 70 年代末期至 80 年代初期）。1972 年，生产出采用大规模集成电路（Very Large Scale Integration，VLSI）的微型计算机，使得计算机控制技术进入一个崭新的阶段。微型计算机的最大优点是运算速度快、可靠性高、价格便宜且体积很小，显示技术和通信技术也进一步提高，为集散控制提供了硬件基础。计算机控制从传统的集中控制系统革新为分散控制系统。1975 年，世界上几个主要的计算机和仪表制造厂几乎同时生产出 DCS。例如美国 Honeywell 公司的 TDCS-2000，日本横河公司的 CENTUM 等。

第五个阶段为数字控制广泛应用时期（20 世纪 80 年代）。20 世纪 80 年代，是计算机从第四代进入第五代的过渡时期，其标志为采用超大规模集成电路（Super Large Scale Integration，SLSI）技术，计算机向着超小型化、软件固化和控制智能化方向发展。相比前一时期 DCS 的基本控制器一般在 8 个回路以上，20 世纪 80 年代中期出现了只控制 1~2 个回路的数字控制器。用数字技术实现控制，成为一般技术。建立在计算机控制上的控制系统，几乎应用到所有控制领域，过程控制、制造业、交通运输业、娱乐业、汽车电子器件、光盘播放器、录像机、家用电器等各个领域都在广泛使用。

第六个阶段为集散控制时期，或分散式控制时期（20 世纪 90 年代至今）。这时，计算机发展正处在第五代计算机时期，网络化和智能模块正以惊人的速度发展着。微处理器（Microprocessor）的发展，深刻影响着计算机控制的发展与应用。

汽车电子器件的发展，带动了被称为单片机的微控制器（Microcontroller）计算机的开发，这是一个带有模数转换器、数模转换器、寄存器及与其他设备连接接口的标准计算机芯片。

20 世纪 90 年代，以微处理器和微型计算机为核心的集散控制系统在世界范围内得到研究、开发和普及。计算控制系统在系统配置上，采用组态方式，软件功能丰富、通用性强，使用十分灵活，可以满足不同类型不同规模工厂的要求。

综上所述，经历了半个多世纪的发展，计算机控制理论已经逐步形成，计算机控制系统的分析和设计方法日益完善。随着时间的推移，计算机控制技术业已并还将为科学技术的发展和现代化建设发挥出不可估量的作用。

4.1.2 计算机控制系统的特点

当系统中传递的信号为时间连续信号时，称为连续时间系统（简称连续系统）。而当系统中传递的信号为时间离散信号时，称为离散时间系统（简称离散系统）。如果离散信号的幅值经量化，成为时间和取值都离散的数字信号，则相应的系统称为数字系统。计算机控制系统利用计算机来完成控制任务，是典型的数字控制系统。与连续系统相比较，计算机控制系统具有以下几个特点：

（1）程序控制。计算机控制的控制规律由程序实现。而连续控制系统的控制规律通过电的（也可能涉及气的和液压的）器件实现，如电阻、电容、运算放大器、集成电路等。由程序实现控制规律必然带来丰富的灵活性。要改变控制规律，只要改变控制程序就可以了。而且，可以利用计算机强大的计算、逻辑判断、记忆、信息传递能力，实现那些连续控制很难实现甚至无法实现的更为复杂的控制规律，如非线性控制、逻辑控制、自适应控制、自学习控制及智能控制等。

（2）数字控制。出入计算机的信息都是离散信号，但是，涉及生产过程的过程变量与状态变量以及输出变量往往是连续的。所以，计算机控制系统中有采样、量化、保持等信号变换技术。落实到硬件上，就是需要将模拟量转换成数字量的 A/D 转换器，以及将数字量转换成模拟量的 D/A 转换器，当然还需要一些其他的辅助电路。

计算机控制的控制过程一般可以简单归纳为三个步骤：1）实时数据采集，对被控参数的连续信号进行实时采集，得到数字信号并输入计算机。2）实时决策控制，对采集到的表征被控参数的信号进行分析，并按已确定的控制规律，决定进一步的控制行为。3）实时控制输出，将数字形式的控制决策变换为可以直接输出到执行器的控制信号（对于非模拟形式的执行器，虽然不需要数字信号到模拟信号的转换，但仍需要一定的处理，如信号隔离），在线、实时地实施控制。这三个步骤不断重复，就能使整个系统按照一定的性能指标连续工作。这种循环过程的一次进行称为控制周期。

（3）实时计算控制。计算机对控制规律的计算过程必须与外界世界的时间相协调，即计算机必须在一个控制周期内完成一个控制步的计算量，下一个控制步的计算又必须在下一个控制周期内完成，只有这样，计算机对信号的输入以及计算机输出的信号才能与生产过程"合拍"，不能慢，也不能快。所以，实时是指系统中信号的输入、运算和输出都要在极短的时间内完成，并能根据生产工况的变换及时地进行处理。工业计算机一般都配有实时时钟。

（4）综合控制。计算机作为控制系统的指挥中心，可以充分发挥其逻辑判断功能、软件功能和分时本领，实现多变量、多回路、多对象、多工况、变参数、自适应与人工智能等方面的综合控制。

（5）易于实现管控一体化。采用计算机控制可实现控制信息的全数字化，易于建立集成企业经营管理、生产管理和过程控制于一体的管控一体化系统。即建立集成了生产过程控制系统、生产执行系统和企业资源管理系统的综合自动化系统。

当然，由于增加保持器，产生滞后特性，同时重现信号过程中会有信息丢失，再加上软件误差和处理不当，可能会影响系统的性能，因此，计算机控制必须考虑接口、采样周期、量化误差等实际问题。

4.1.3　计算机控制系统的分类

计算机控制系统的分类方法很多，可以按照控制方式简单地分为开环控制系统与闭环控制系统。也可以按照控制规律的不同，分为程序与顺序控制（给定值是时间的预知函数或针对开关量的控制）、比例积分微分控制（计算机的输出信号为包含输入信号的比例、积分、微分的函数）、最少拍控制（通常用在数字随动系统中，要求系统在尽可能短的时间内完成调节过程）、复杂规律的控制（包括串级控制、前馈控制、纯滞后补偿控制、多变量解耦控制、最优控制、自适应控制、自学习控制等）、智能控制等。

按照控制系统中计算机应用的特点和计算机参与控制的方法，即按功能及结构分类，可以分为数据采集与处理系统、操作指导控制系统、直接数字控制系统、监督计算机控制系统、分级控制系统、集散控制系统等从简单到复杂的6类系统。这种分类方法主要针对调节生产过程参数的以模拟量为主的控制。

为适应大规模的、连续的现代化生产而产生的顺序控制是计算机控制的另一大类型。所以，从技术角度和结构特点上，现阶段，计算机控制也常常分为直接数字控制、集散控制系统或分散控制系统、现场总线控制系统、可编程控制器系统等几种主要的典型类型。

下面介绍根据功能及结构划分的6类计算机控制系统。

4.1.3.1　数据采集与处理系统

数据采集与处理系统，也就是数据采集系统（Data Acquisition System，DAS），是计算机应用于生产过程最早、最基本的一种类型，也是其他计算机控制系统的基础，如图4-1所示。系统的主要功能是对过程参数进行采集、处理、显示、记录和报警。可以利用这些采集到的过程输入输出数据，建立或完善被控对象的数学模型。数据采集系统中，计算机不直接参加对过程的控制，对生产过程不产生直接影响。

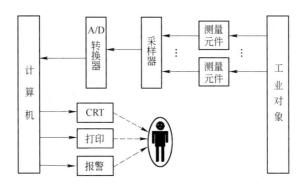

图 4-1 数据采集与处理系统

4.1.3.2 操作指导控制系统

操作指导控制（Operation Guide Control，OGC）系统，是基于数据采集系统的一种开环结构，如图 4-2 所示。计算机根据采集到的数据以及工艺要求，综合大量累积数据与实时参数值，分析计算出最优的操作参数，但并不直接用于控制，而是显示或打印出来，操作人员据此改变控制仪表的给定值或操作执行仪表。操作指导控制系统具有结构简单、控制灵活、安全的优点。缺点是由人工操作，速度受到限制，相当于模拟仪表控制系统的手动和半自动工作状态，可以用于计算机控制系统设置的初级阶段，或试验、调试场合。

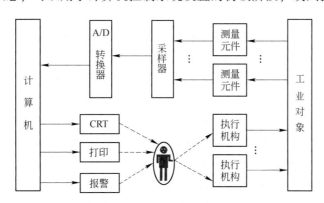

图 4-2 操作指导控制系统

严格地讲，操作指导控制系统还不是自动控制系统，它由"人"手动发出控制命令。但是由于采集了系统的足够信息，操作人员能及时而客观地了解对象的状况，而且比较容易实现；通过手动发出控制命令的方式，安全性强，因此，在实际生产和生活中，操作指导控制系统是很常见的。

4.1.3.3 直接数字控制系统

直接数字控制（Direct Digital Control，DDC）系统，如图 4-3 所示。计算机首先通过模拟量输入通道（A/D）和开关量输入通道（DI）实时采集生产过程数据，然后按照一定的控制规律进行运算，最后发出控制信息，并通过模拟量输出通道（D/A）和开关量输出通道（DO）直接控制生产，使各个被控量达到预定要求。直接数字控制系统属于计算机闭环控制系统，是计算机在工业控制中最典型、最普遍的一种应用方式。

直接数字控制中的计算机直接承担控制任务，所以要求 DDC 计算机实时性好、可靠性高和适应性强。好的实时性能够保证计算机不失时机地完成所有功能。工业现场的环境恶劣，干扰频繁，直接威胁计算机的可靠运行，必须采取抗干扰措施来提高系统的可靠性，使之适应各种工业环境。

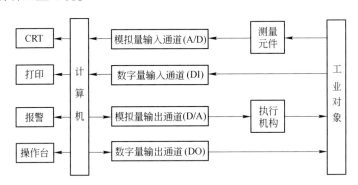

图 4-3　直接数字控制系统

4.1.3.4　监督计算机控制系统

监督计算机控制（Supervisory Computer Control，SCC）系统，是操作指导控制系统和直接数字控制系统的综合与发展，通常采用两级结构，第一级为监督计算机（简写为 SCC计算机），它按照生产过程的数学模型及现实工况，进行必要的计算，给出最佳给定值或最优控制量，送给第二级；第二级由模拟调节器或 DDC 计算机组成，具体实施由 SCC 计算机下达的控制任务。

监督计算机控制系统的结构如图 4-4 所示。图 4-4（a）为监督计算机加模拟调节器形式，由 SCC 计算机计算出最佳给定值并送给模拟调节器，模拟调节器根据偏差按照控制规律计算出控制命令，然后输出到执行机构。当 SCC 计算机出现故障时，可由模拟调节器独立完成控制任务。图 4-4（b）为监督计算机加 DDC 计算机形式，SCC 计算机，完成车间或工段一级的最优化分析和计算，得出最佳给定值，送给 DDC 计算机，由 DDC 计算机直接控制生产过程。当 DDC 计算机出现故障时，可由 SCC 级计算机代行控制功能；当然，SCC 计算机出现故障时，DDC 计算机可以独立完成控制功能，因此系统的可靠性大大提高。

DDC 计算机直接承担控制任务，要求可靠性高、抗干扰性强、并能独立工作，配置不用太高；SCC 计算机承担高级控制与管理任务，信息存储量大，计算任务繁重，一般选用高性能微机或小型机。

4.1.3.5　分级控制系统

监督控制系统发展到更高一级，就出现了分级控制系统，由直接数字控制、计算机监督控制、集中控制计算机和经营管理计算机四个层次组成，如图 4-5 所示。第一级为现场级（DDC），是过程或装置的控制级，直接承担控制任务，直接与现场连接。第二级为监

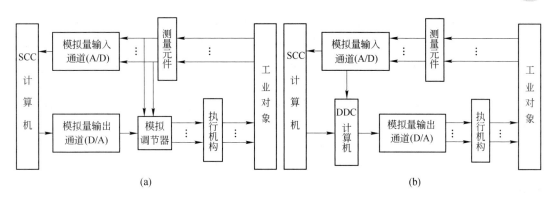

图 4-4　监督计算机控制系统

（a）SCC+模拟调节器控制系统；（b）SCC+DDC 控制系统

督控制级（SCC），一般属于车间一级，通过 DDC 采集的过程数据，以及它本身直接采集到的过程或其他信息，再根据工厂下达的指令，进行优化控制。第三级是集中监控计算机，一般属于工厂级，承担制定生产计划，进行人员调配、库房管理，以及工资管理等，并且还完成上一级下达的任务，以及上报 SCC 级和 DDC 级的情况。第四级是经营管理级，一般属于企业级，除了复杂管理生产过程控制，还承担收集经济信息、制定长期规划、销售计划，完成企业的总调度等任务，也负责向主管部门报送数据。

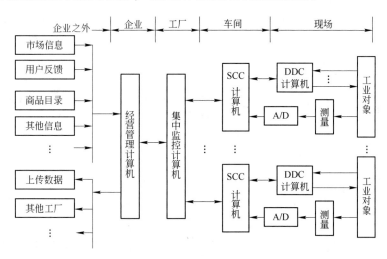

图 4-5　分级计算机控制系统

　　分级控制系统要解决的是一个工厂、一个公司企业或更大范围的总任务的合理配置问题，是一个不仅涉及工程技术，而且还可能包括社会经济、环境生态、行政管理等领域的工程大系统，其基础理论是大系统理论。

4.1.3.6　集散控制系统

　　集散控制系统也称为分散控制系统（Distributed Control System，DCS）或分布式控制系统，但"集散"二字更能体现其本质含义及体系结构。集散控制系统从 20 世纪 70 年代中期诞生至今，已经更换了三代。新一代 DCS 即现场总线控制系统（Fieldbus Control Sys-tem，FCS）。集散控制系统实现了地理位置和功能上分散的控制，又通过高速数据通道，把分散的信息集中起来进行监视和管理，是综合数据采集、过程控制、生产管理的新型控制模式，可以实现复杂的控制规律。

集散控制系统以微处理器、微型机技术为核心，集成了控制（Control）技术、计算机（Computer）技术、通信（Communication）技术和屏幕显示（Cathode Ray Tube，CRT）技术，简称"4C"技术。集散控制系统有几个明显特点，分别是采用分级递阶结构（现场控制层+最优控制层+自适应控制层）、采用微机智能技术（自适应、自诊断、自检测等）、采用典型的局部网络和采用高可靠性技术等。

集散控制系统是过程计算机控制领域的主流系统，现已广泛应用于石油、化工、发电、矿业、轻工、制药、建材等工业的自动化中。

4.1.4　计算机控制系统的信号流程

工业过程计算机控制中的被控对象大部分是连续的生产过程，其参数（如流量、温度、物位、压力、成分等）以模拟量为主，这些参数的检测装置及控制它们的执行器也以模拟量为主，而计算机是数字设备，只能够接收和输出数字信号。因此，计算机和被控生产过程之间存在信号的相互转换，从被控对象开始，这些信号依次为模拟信号、离散模拟信号、数字信号、量化模拟信号，最后的量化模拟信号送往执行器，又回到了生产对象。这些信号的转换关系如图 4-6 所示。计算机控制系统的工作过程，也就是信号的采集、处理和输出的过程。这些转换都有对应的硬件，并配合一定的软件，以便完成整个控制任务。

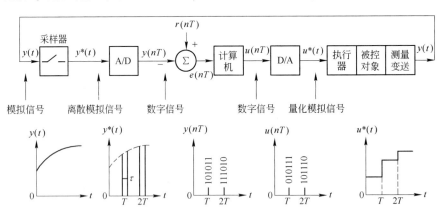

图 4-6　计算机控制系统的信号流程

模拟信号 $y(t)$ 是时间和幅值上都连续的信号，是来自生产对象的流量、物位等物理参数的检测仪器仪表的信号。离散模拟信号 $y^*(t)$ 是时间上离散而幅值上连续的信号，是模拟信号 $y(t)$ 按一定采样周期（一般用 T 表示）在 0，$1T$，$2T$，$\cdots$，nT 时刻采样后得到的序列信号。实现采样的器件称为采样器或采样开关。数字信号 $y(nT)$ 是时间上离散，且幅值上离散量化的信号，是由 $y^*(t)$ 的幅值量化后得到的。这时，被控对象的信息已经可以直接进入计算机进行处理了。计算机按某种控制规律（用程序实现）进行运算后得到送往执行器的控制信号 $u(nT)$，因此 $u(nT)$ 自然是数字信号。

量化模拟信号 $u^*(t)$ 是时间上连续，而幅值上连续量化的信号，是数字信号 $u(nT)$ 按序列顺序 0，$1T$，$2T$，$\cdots$，nT 零阶保持、幅值连续量化（即，与量化的过程相反）后得到的，可以直接送往接收模拟信号的执行器。零阶保持的原理是将当前采样时刻 nT 的值 $u(nT)$ 简单地保持到下一采样时刻 $(n+1)$ T，这样就能由时间上离散的信号得到时间上连续的信号，如图 4-7 所示。

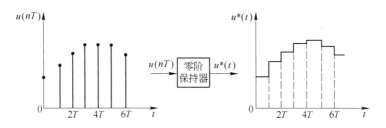

图 4-7　信号的零阶保持

上述信号中，由模拟信号 $y(t)$ 到数字信号 $y(nT)$ 的转换通过模拟量到数字量的转换电路实现，模拟量用符号 A 表示，数字量用符号 D 表示，模拟量向数字量的转换可以简记为 A/D 转换；用于 A/D 转换的电路称为 A/D 转换器。由数字信号 $u(nT)$ 到量化模拟信号 $u^*(t)$ 的转换通过数字量到模拟量的转换电路实现，数字量向模拟量的转换可以简记为 D/A 转换；用于 D/A 转换的电路称为 D/A 转换器。A/D 转换器与 D/A 转换器是连接被控对象与计算机的桥梁，是计算机控制系统的重要组成部分。

4.1.5　计算机控制系统的组成

如前所述，目前生产过程中应用的计算机控制系统种类很多。但是，直接数字控制系统是其他复杂计算机控制系统（如 SCC、DCS、FCS，甚至 PCS）的基础和有机组成部分。图 4-8 所示为只控制一个被控参量的直接数字控制系统，该图示意了计算机控制系统的典型结构及各部分之间的联系。一个生产过程计算机控制系统，包括生产过程与计算机系统两部分，计算机系统部分包括普通意义上的微型计算机及 A/D 转换器与 D/A 转换器。虽然，设置给定值与计算偏差实际上包括在计算机内部，但为延续常规控制系统的结构表达形式，一般都把这个环节单独画出来。生产过程部分包括被控对象、测量变送装置和执行器，在过程控制中这三部分被称为广义对象。

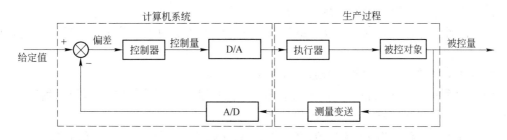

图 4-8　计算机控制系统的典型结构

在分析计算机控制系统组成时，往往把计算机系统部分，以及广义对象之外的控制装置和设施（如操作台）作为重点。所以，此处以计算机系统部分为核心，把计算机控制系统分为硬件和软件两部分。

4.1.5.1　硬件组成

计算机控制系统的硬件主要由计算机（含主机、外部设备）、过程输入输出设备、人机联系设备和通信设备等组成，如图4-9所示。

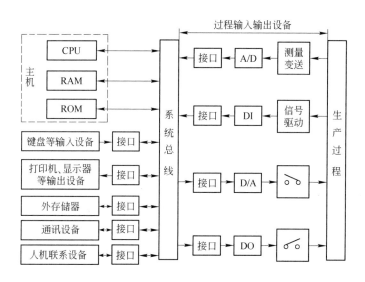

图4-9　计算机控制系统的硬件组成框图

（1）主机。主机由中央处理器（CPU）和内部存储器（RAM、ROM）组成，是整个控制系统的核心。主机根据过程输入设备送来的实时反映生产过程工况的各种信息，以及预定的控制算法，自动地进行信息处理和运算，选定相应的控制策略，并及时通过过程输出设备向生产过程发送控制命令。

（2）外部设备。常用的外部设备按功能可以分为三类：输入设备，输出设备，外存储器。

常用的输入设备是键盘、鼠标，用来输入程序、数据和操作命令。

常用的输出设备是显示器、打印机、绘图仪等，它们以字符、曲线、表格和图形等形式来反映生产过程工况和控制信息。

常用的外存储器是磁盘、光盘、磁带等，外存储器兼有输入和输出两种功能，用来存放程序和数据。

主机和上述通用外部设备构成通用计算机。

（3）过程输入输出设备。过程输入输出设备包括过程输入设备和过程输出设备，是计算机和生产过程之间信息传递的纽带和桥梁。

过程输入设备包括模拟量输入通道（简称A/D通道）和开关量输入通道（简称DI通道），分别用来输入模拟量信号（如流量、压力、温度、物位等）和开关量信号（如继电器触点信号、开关位置等）。

过程输出设备包括模拟量输出通道（简称 D/A 通道）和开关量输出通道（简称 DO 通道），分别用来输出送往模拟执行器的模拟量信号和开关量信号或数字量信号（如送给步进电机的信号）。

（4）人机联系设备。人机联系设备是实现操作员和计算机之间信息交换的设备，也称为人机接口。包括通用计算机系统中的显示器、键盘鼠标，更包括控制系统专用的显示面板或操作台、记录仪等。人机联系设备的作用主要有显示生产过程的状况，供生产操作人员操纵控制系统，显示操作结果等。

（5）通信设备。通信设备是实现不同地理位置和不同功能的计算机之间或设备之间信息交换的设备。较大规模的控制系统，对生产过程的控制和管理任务复杂，往往需要几台或几十台计算机才能完成，这时，就需要把多台计算机或设备连接起来，构成通信网络。DCS、FCS、中型以上的 PCS，甚至 SCC，都包含有通信设备。

4.1.5.2　软件组成

硬件系统提供了控制的物质基础，但是，把人的思维和知识用于控制过程，就必须在硬件的基础上加软件。软件是各种程序的总称。软件的优劣不仅关系到硬件功能的发挥，而且也关系到计算机对生产的控制品质和管理水平。计算机控制系统的软件通常分为两大类：系统软件和应用软件，如图 4-10 所示。

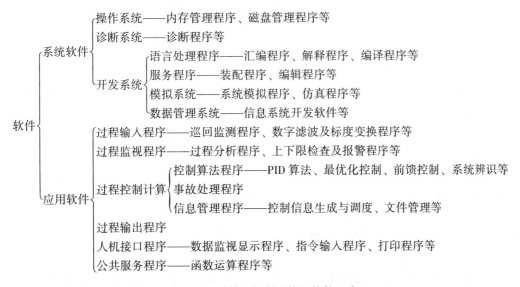

图 4-10　计算机控制系统的软件组成

应用软件是系统设计人员针对某个生产系统而编制的专用的控制和管理程序。随着控制系统的变化，应用软件的结构和体系也大不相同。其中过程控制计算程序是核心，是控制算法的具体实现，而控制算法是以经典或现代控制理论为基础的。过程输入程序、过程输出程序分别用于输入通道和输出通道，提供运算数据并执行控制命令。

必须指出，应用软件的质量直接影响系统的控制品质和管理质量，是整个控制系统的指挥中心。

还要注意，计算机控制系统是用于实际生产的系统，其中的计算机必须实时地对生产过程进行控制和管理。实时性作为评价计算机控制系统的重要指标之一，不仅取决于硬件的性能指标，而且更主要地依赖于系统软件和应用软件，尤其是数据处理算法和控制算法。

4.2　过程控制的基本原理

过程控制是针对以连续性物流为主要特征的生产过程中，流量、压力、温度、物位、成分等参数的自动检测和控制。通过在生产设备、装置或管道上配置自动化装置，部分或全部地替代现场工作人员的手动操作，使生产过程在不同程度上自动地进行。这种通过自动化装置来控制生产过程，使其在没有人直接参与的情况下，自动地按照预定规律变化的综合性技术称为生产过程自动化，简称过程控制（Process Control）。

过程控制在石油化工、电力、矿业、轻工、机械制造等各个工业部门都广泛应用。其基本原理是相同的和一致的，只是应用到具体生产过程时的控制方法和策略有所不同。

4.2.1　生产过程对控制的要求

工业生产对过程控制的要求是多方面的，随着工业技术的不断进步，生产过程对控制的要求也愈来愈高。全自动的、无人参与的生产过程是过程控制的终极目标。目前，生产过程对控制的要求可以归结为以下三个方面：

（1）安全性：指在整个生产运行过程中，能够及时预测、监视、控制和防止事故，以确保生产设备和操作人员的安全。安全性是对控制的最重要和最基本要求，需要采取自动检测、故障诊断、报警、联锁保护、容错等技术和措施。

（2）稳定性：指在工业生产环境发生变化或受到随机因素的干扰时，生产过程仍能不间断地、平稳地运行，并保证产品的质量符合要求。稳定性是对控制的主要要求，需要针对过程特征和干扰特点，设计不同的控制算法（也称控制规律）。

（3）经济性：指在保证生产安全和产品质量的前提下，以最小的投资，最低的能耗和成本，使生产装置在高效率运行中获得最大的经济收益。随着市场竞争的日益加剧，经济性成为对控制的必然要求。

过程控制的任务就是在了解、掌握工艺流程和生产过程的各种特性的基础上，根据工艺提出的要求，应用控制理论对过程控制系统进行分析、设计，并采用相应的自动化装置和适宜的控制策略实现对生产过程的控制，最终达到优质、高产、低耗的控制目标。

过程控制意义在于，保证生产的安全和稳定、降低生产成本和能耗、提高产品的质量和产量、改善劳动条件、提高设备的使用效率、提高经济效益等多个方面，同时，对促进文明生产与科技进步，对提高企业的市场竞争力也具有十分重要的意义。现在，自动化装置已经成为大型生产设备和装置不可分割的组成部分，没有自动控制系统，大型生产过程就无法正常运行。生产过程自动化的程度已经成为衡量矿物加工企业现代化水平的一个重要标志。

4.2.2　过程控制系统的组成

如前所述，过程控制就是借助自动化装置，使生产对象或过程在没有人直接参与的情况下，自动地按照某种预定的规律变化。此时，由生产对象或过程以及对其工作状态进行自动调节的自动化装置一起组成过程控制系统。下面，通过一个简单例子来分析控制系统的组成。

图4-11所示为浮选机液位人工控制示意图。浮选工艺要求浮选槽中煤浆的液位保持稳定。当浮选入料流量波动，引起煤浆液位不符合规定的高度时，操作司机会观察当前液位，并与规定的液位高度相比较，然后进行判断。当发现当前液位高度高于规定高度时，操作司机会开大泄放调节阀以增加泄放量，使液位下降；反之，当发现当前液位高度低于规定高度时，会减小泄放阀门开度，以使液位升高，从而达到稳定液位的目的。

分析浮选司机控制液位的过程，司机通过眼睛观察液位，并送入大脑进行比较、判断，然后由大脑发出"指令"，控制手去调节泄放调节阀的开度，这是人工控制的过程。如果用自动化装置代替人工进行控制，同样也需要观察、比较与判断，根据判断结果改变调节阀开度等几个环节，所采用的自动化装置分别称为检测装置、控制器（也称为调节器）、执行器，这些装置与浮选机一起就构成了浮选液位自动控制系统，如图4-12所示。

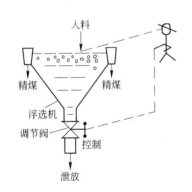
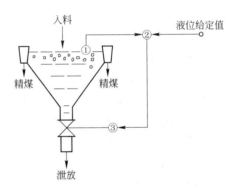

图4-11 浮选机液位人工控制示意图　　　图4-12 浮选机液位自动控制系统
①—液位计；②—调节器；③—电动执行机构

其中，液位计作为检测装置，用于测量浮选槽液位高度，代替人工控制中司机用眼观察液位。调节器作为控制器，代替人脑对液位高低进行比较判断，将液位计测出的液位与预先设定的液位给定值进行比较，根据当前液位与液位给定值之间的偏差，输出相应的控制命令。电动阀（由电动执行机构和阀组成）作为执行器，代替人手的操作动作，根据控制器输出的控制信号，改变阀门的开度，以改变泄放量。

由以上例子，可以总结出过程控制系统的组成。一般地，一个过程控制系统有以下几个组成部分：

（1）被控对象：指需要控制和调节的设备/装置或生产过程，可简称对象，如图4-12中的浮选机。当需要控制的工艺参数只有一个时，生产设备与被控对象是对应的；当一个设备或过程中需要控制的参数不止一个时，被控对象就不再与整个生产设备相对应，而是设备的某一组成部分，甚至是一段输送物料的管道。

（2）检测装置：指测量被控对象中的参数（如上例中液位）的大小，并将其转换成相应的输出信号的装置。如图 4-12 中的液位计。因为许多工业参数测量时，待测参数经感受器得到的量不是电量，为了便于与控制器连接和信号远传，往往要把这个非电量转换成电信号（或其他统一的标准信号），所以检测装置中往往会包含变送环节，此时，检测装置又被称为测量、变送装置。

（3）控制器：指把检测装置得到的检测量与给定量之间的偏差信号变换成相应的控制信号的装置。控制器的任务是输出与偏差信号（大小、方向、变化情况）呈某种关系（这种关系称为控制规律，或调节规律）的调节信号，以控制执行器完成相应的动作。实际的控制器有多种形式，可以是单元仪表，也可以是专用的或通用的计算机。

（4）执行器：指具体完成控制任务的装置，如图 4-12 中的电动阀，通过改变泄放量来改变浮选槽的液位。

（5）给定装置与比较环节：给定装置的作用是用来提供一个与被控量要求值（称为给定值）相对应的电信号（或其他标准信号）。控制系统的给定可以分为内部给定和外部给定两种。内部给定是由控制器内部产生相应的电信号，外部给定则是手动给定信号或由上级控制装置传送来的信号。

比较环节的作用是将给定值与检测装置检测的被控量进行比较，并将两者的偏差送入控制器，以便利用偏差值来调节被控量。

需要指出，当使用计算机或单元仪表作为控制器时，可以不需要给定装置和比较环节，在控制器中直接设定给定值，并且由控制器完成比较运算。所以许多控制系统中看不到单独的给定装置，也看不到单独的比较环节。

所以，可以认为，过程控制系统是由被控对象、检测装置、控制器和执行器四个相互作用的环节组成的系统。图 4-12 所示自动控制系统中，浮选机为被控对象，液位计为检测装置，调节器为控制器，电动阀为执行器。没有单独的给定环节和比较环节，这两个环节的功能由调节器完成。

在研究自动控制系统时，为了能清楚地表达一个控制系统中各个组成环节及各环节之间的相互影响和信号联系，以便对控制系统进行分析和研究，一般都采用方块图来表示控制系统的组成。在不同的文献中，方块图也称为方框图或框图。典型的单闭环控制系统方块图如图 4-13 所示。

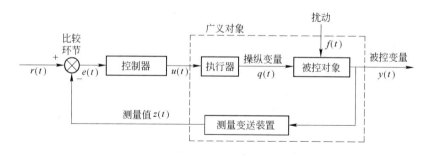

图 4-13 单闭环过程控制系统方框图

$r(t)$—给定值，也称为设定值；$z(t)$—测量值；$e(t)$—偏差，$e(t)=r(t)-z(t)$；$u(t)$—控制器输出；
$y(t)$—被控变量；$q(t)$—操纵变量；$f(t)$—干扰变量

方块图中，组成控制系统的组成环节用方块来表示，两个方块之间用一条有方向（用箭头表示）的线连接起来，表示方块之间的信号联系，一个方块的带离开箭头连线表示该环节的输出信号，而一个方块的带指向箭头连线表示该环节的输入信号，连线上的符号表示信号的名称。

下面解释方块图中的几个术语：

（1）被控变量。被控对象中需要控制（保持在一定值或按预定规律变化）的物理量称为被控变量。图 4-12 所示控制系统中，浮选机为被控对象，浮选槽内煤浆的液位为被控变量。被控变量也可简称为被控量。被控变量的选择要根据控制目标来进行，一般是过程的某个工艺参数如产物的数量或质量，也可以是密切影响工艺参数的某个物理量。

（2）操纵变量与操纵介质。受到执行器的操纵，借以使被控变量保持设定值（或按某种预定规律变化）的物料量或能量称为操纵变量。能量往往也由流量来体现。用来实现控制作用的物料（承载操纵变量的物料）称为操纵介质（或操纵剂）。图 4-12 所示控制系统中，通过改变泄放量来改变浮选槽内煤浆的液位，所以煤浆的泄放量为操纵变量，煤浆为操纵介质。这个例子中，操纵变量与被控变量是同一种物料。许多情况下，操纵变量与被控变量是不同的物料，如锅炉加热控制系统中，被控变量是锅炉内被加热水的液位或温度，而操纵介质是使锅炉加热的煤气，操纵变量是煤气供给量。

（3）给定值与测量值。按照生产工艺的要求，希望被控变量所要达到或保持的数值称为给定值。给定值也称为设定值。图 4-12 所示控制系统中，需要稳定的浮选槽液位高度为给定值。控制系统中，由测量装置测得的某时刻被控变量的实际值（或当前值）称为测量值。测量值是测量装置的输出信号。图 4-12 所示控制系统中，液位计测得的当前液位高度为测量值。

（4）偏差。给定值与测量值（被控变量实际值）之差称为偏差。严格意义上，被控变量的实际值与测量值是不可能相等的，但在实际生产中只能得到测量值，用它来代替实际值。通过减少测量装置的测量误差可以使测量值更接近被控变量的实际值。

（5）干扰与干扰变量。除操纵变量之外，能够影响被控变量的因素还有很多，选定操纵变量之后，作用在被控对象上并使被控变量发生变化的因素都称为干扰（或扰动）。控制系统的任务就是不断地克服干扰对被控变量的影响，使被控变量保持在某个值。一个被控对象的干扰往往不止一个，用于表示主要干扰作用或综合干扰作用大小的物理量称为干扰变量（或扰动变量）。图 4-12 所示控制系统中，影响液位的干扰因素包括浮选槽的入料量、精煤的排放量等，其中浮选槽的入料量是主要干扰，可以把它作为干扰变量。

（6）广义对象。在一个过程控制系统中，被控对象是控制服务的对象，一般是确定的。要通过控制系统的设计，选择适合的测量装置、执行器、控制器，而测量装置与执行器一经选定，它们的特性就确定了，只能通过选择合适的控制规律，弥补被控对象、测量装置、执行器的特性中对控制目标的不利，所以，在分析方块图时，往往把被控对象、测量装置、执行器合称为广义对象。把控制系统中广义对象之外的环节称为控制器。注意，对于计算机控制系统，虽然给定装置和比较环节往往都包括在计算机中，但在方块图中仍然画出来。

（7）反馈。方块图中，每个环节的信息流向都是单向的，由输入端流向输出端。控制系统中，被控变量经过检测装置的测量和变送后，又返回到系统的输入端，与给定值进行比较，这种把系统（或环节）的输出信号直接或经过一些环节重新返回到输入端的方法称为反馈。与反馈相对应的是正馈（或顺馈）。

反馈又分为正反馈和负反馈。负反馈能够使原来的信号向相反的方向变化，例如，图4-12 所示控制系统中，当液位的测量值大于给定值，要通过控制作用加大泄放量，使液位降低。所以反馈信号使原来的信号减弱的反馈，称为负反馈。如果反馈信号使原来的信号加强，则称为正反馈。负反馈系统中，系统输出端回馈的信号与设定值相减（或称测量值与给定值方向相反），在方块图中用"–"表示。正反馈用"+"表示。自动控制系统中，采用的是负反馈。正反馈不能单独使用。因为当被控变量受到干扰后，发生变化，只有负反馈才能使控制器的偏差反方向变化，控制器输出的信号输入到执行器，通过改变操纵变量，才能使被控变量向相反的方向变化，只有这样测量值才能越来越接近给定值，从而达到控制目的。对于图4-12 所示控制系统，当液位升高（以致高于给定值时）测量值增大，偏差为负且偏差的绝对值增加，控制器会输出信号使调节阀开度增大，从而增大泄放量，浮选槽的液位就会降下来。只有通过反馈控制使偏差逐渐减小，才能保持测量值越来越接近设定值，从而达到控制目的，这与人工控制过程是一致的。如果采用正反馈，偏差 $e(t) = r(t) + z(t)$ 增大，控制器输出的控制信号使调节器开度减小，调节阀的泄放量减小，浮选槽液位会越来越远离给定值，以致煤浆溢出浮选槽，引发事故，这在实际生产中是不允许的，这样的控制系统也达不到控制目的。所以控制系统绝对不能单独采用正反馈。

（8）闭环与开环。方块图中，任何一个信息沿着箭头方向，最后又回到原来的起点，构成一个闭合回路，这种系统称为闭环系统，可以简称闭环。闭环必定有反馈，只有闭环才能构成反馈。与闭环相对应的是开环，即信号沿箭头方向无法回到信号的起点处，称为开环。

总之，对于图4-12 所示控制系统，控制系统的输出量 $y(t)$，经检测装置变换成 $z(t)$ 后，返回到系统的输入端，通过比较环节与给定值 $r(t)$ 相比较，得到偏差 $e(t) = r(t) - z(t)$，偏差信号 $e(t)$ 送入控制器进行运算，然后输出与偏差信号 $e(t)$ 相对应的控制信号 $u(t)$，输入到执行器中，使执行器动作，改变操纵变量 $q(t)$，进而改变被控变量 $y(t)$，直至偏差为零，执行器不再动作，操作变量稳定在某一值，被控变量稳定在给定值。当干扰变量 $f(t)$ 变化时，被控变量又偏离给定值，控制系统中各个环节的输入输出信号又开始变化，直到偏差重新为零，操纵变量稳定在一个新的值，被控变量又稳定在给定值上。

最后，需要指出，对于不同的过程控制系统，方块图中各变量的物理量会不相同，但从控制理论角度看，这些物理量在控制系统中的意义都是一样的。所以虽然不同控制系统的控制目的不同，被控变量和操纵变量的物理意义可能差别很大，但它们的方块图是相同的，只要是由一个被控变量组成的单闭环控制系统，其方块图都可以用图4-13 表示。同一种形式的方块图可以代表不同的控制系统。

对于控制系统的方块图，需要注意方块图中的每一个方块都代表一个具体的装置，方块与方块之间的连线只代表方块之间的信号联系，不代表方块之间的物料联系。线上的箭头也只代表信号的方向，不代表物料的流线，不要把信号线等同于工艺流程的物料连接管线。箭头的方向与物料的流入流出也不一定一致。例如，对于图4-12 所示控制系统，操纵介质为煤浆，操纵变量为煤浆的泄放量，对于浮选槽这个被控对象，泄放煤浆是流出浮选槽的，但在方块图中，操纵变量泄放量是指向被控对象的，是被控对象的输入信号。

4.2.3 过程控制系统的分类

在实际生产过程中，自动控制系统的种类是多种多样的。可以从不同的角度进行分类，每一种分类方法只反映过程控制系统在某一方面的特点。最直观的方法是按被控变量的类型来分类，有温度控制系统、压力控制系统、流量控制系统、物位控制系统、成分控制系统等。按被控变量的个数分类，分为单变量控制系统和多变量控制系统。按控制的难易程度分类，分为简单控制系统和复杂控制系统。按控制器的控制规律分类，分为比例控制系统、积分控制系统、比例积分控制系统、比例积分微分控制系统等。按控制系统所完成的功能分类，有反馈控制系统、前馈控制系统、串级控制系统、比值控制系统等。按信号形式分类，有模拟控制系统和数字控制系统。按控制系统的结构分类，分为开环控制系统和闭环控制系统。最常见的是按照被控变量的给定值是否变化和如何变化来分类，分为定值控制系统、随动控制系统、程序控制系统（或顺序控制系统）。

4.2.3.1 按给定值分类

过程控制系统按给定值分类主要有以下几种：

（1）定值控制系统。定值控制系统是指被控变量的给定值固定即 $r(t)$ 不随时间而变化的控制系统。定值控制系统的控制作用主要是克服来自控制系统内部或外部的干扰，使被控变量长期保持在给定值上。

当然，对于实际生产过程，理论上要经过非常长的时间才能使被控变量完全等于给定值，即经过较长时间才能使偏差完全为零。但控制起作用总是有时间限制的，而且干扰是不断变化的，往往上次干扰还没有被完全克服掉，系统偏差还没有为零，新的干扰又发生了，所以，大多数情况下，只要把偏差控制在接近于零的一定的范围内即可。定值控制系统是工业生产过程中应用最多的一种控制系统。本书及其他教材中，也主要介绍定值控制系统。

在矿物加工过程控制中也经常采用定值控制，例如浓度自动调节，就是定值控制。再如球磨机的控制，也常采用恒定给矿量的控制策略。

（2）随动控制系统。随动控制系统是指被控变量的给定值随时间不断变化（而且这种变化是不可预知的，$r(t)$ 是时间的未知函数）的控制系统。随动控制系统的控制目的是使被控变量快速而准确地跟随给定值的变化而变化。例如，球磨机工作的一个重要指标是磨矿效率，在其他条件不变的前提下，主要是通过调节处理量来保持最佳的磨矿效率。而对可磨性不同的矿石，与最高磨矿效率相对应的矿石处理量（即最佳处理量）是不同的。当某矿所处理的矿石性质差别较大、配矿也不理想时，作为磨矿效率控制给定值的矿石处理量，就需要根据矿石可磨性的变化而不断变化，视为随动控制。

再如锅炉的燃烧控制中，为了保证燃料充分燃烧，要求空气量与燃料量保持一定的比例。此时，可以采用燃料量与空气量的比值控制，使空气量跟随燃料量变化，由于燃料量是随机变化的，相当于空气量的给定值也是随机变化的，所以是随动控制。又如，带矿浆准备器的浮选加药量的控制，加药量的给定值要根据浮选入料中的干煤量变化而变化，也属于随动控制。

（3）程序控制系统。程序控制系统是指被控变量的给定值按预定的规律随时间而变化（$r(t)$ 是时间的已知函数）的控制系统。这种控制系统在机械加工及干燥过程等周期性工作的设备中常见。例如，要加工一个正方形零件，需要车刀先按某一方向运行边长长度，然后零件转 90°，车刀再前进一个边长长度，零件再转 90°，车刀再前进一个边长长度……直至该零件加工完毕，重复动作加工下一个零件。此时，车刀运行的给定值是不断变化的，但其变化是时间的已知函数。再如，某些化学选矿作业，要求温度按照某种预定规律进行变化，也需要采用程序控制系统。

4.2.3.2   按结构分类

过程控制系统按结构分类主要有以下几种：

（1）开环控制系统。开环控制系统是指控制器只根据给定值和干扰作用输出控制信号，使执行器对操纵变量进行调节，以补偿干扰作用对被控量的影响，如图 4-14(a) 所示。开环控制系统对调节结果是否符合所达到给定值，不进行检查，也无法予以纠正，所以控制精度一般不高，只适用于对被调变量要求较低的场合。

（2）闭环控制系统。闭环控制系统是指控制器根据给定值与被控变量的测量值之间的偏差进行调节，如图 4-14(b) 所示。被控变量的大小以反馈方式送到控制器的输入端，并与给定值进行比较得到偏差，根据偏差信号进行控制。只要被控变量的测量值不等于给定值，控制作用就一直进行，直到偏差值小到允许范围。所以闭环控制可以实现高精度的控制。闭环控制的缺点是当被控对象受到干扰后，不能立即动作，只有在测量值与给定值出现偏差后才开始调节，这样，对于有较大滞后的被控对象来说，控制信号的输出会有所滞后，只能通过选择控制规律进行补偿。

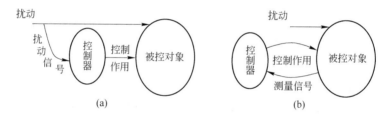

图 4-14   开环控制与闭环控制

4.2.3.3   按闭环回路个数分类

过程控制系统按闭环回路个数分为以下几种：

（1）简单控制系统。简单控制系统指只有一个被控变量反馈到控制器的输入端，只有一个检测装置、一个控制器和一个执行器，形成一个闭合回路的控制系统。简单控制系统又称为单输入单输出控制系统。简单控制系统在工业生产控制中非常普遍（约占 80%），同时，简单控制系统也是复杂控制系统的基础。

（2）复杂控制系统。复杂控制系统指除有一个被控变量反馈到控制器输入端外，还有另外的辅助被控量，间接或直接地反馈到控制器的输入端，形成的非单个闭环回路控制系统。复杂控制系统中最常见的是串级控制系统，如图 4-15 所示。此外，还包括均匀控制、比值控制、前馈控制、选择性控制、分程控制等控制系统。复杂控制系统中，信号多，回路多，而且相互之间往往有耦合，系统比较复杂，所以也称多输入多输出控制系统。选矿工艺过程的自动控制大多是多输入多输出控制系统。

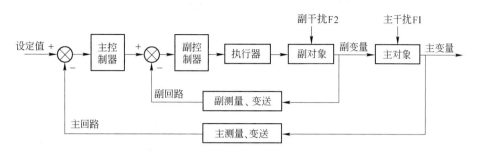

图 4-15 串级控制系统方块图

4.2.3.4 按动态特性分类

过程控制系统按动态特性分为以下几种：

（1）线性控制系统。线性控制系统指系统中各环节的动态特性可用线性微分方程描述的控制系统。线性控制系统的一个重要性质是在几个扰动同时作用于系统时，其总效果等于每个扰动单独作用时的效果之和，称为线性控制系统的叠加原理。

（2）非线性控制系统。非线性控制系统指系统中各环节的动态特性至少有一个不能用线性微分方程描述的控制系统。非线性控制系统是不适用叠加原理的，故较难分析。

实际生产过程中，绝大多数被控对象和设备，或多或少都含有一些非线性因素，如不同负荷下对象特性的偏移、控制器的不灵敏区、执行器的滞后等。在研究分析控制系统时，如果这些非线性因素影响较小，则可忽略不计，近似视为线性系统。

4.2.3.5 按信号性质分类

当系统中各元件的输入、输出信号都是时间的连续函数时，称为连续控制系统，也称为模拟控制系统。当系统中含有脉冲或数码信号时，称为离散控制系统。含有计算机的控制系统一定是离散控制系统。

上述各类控制系统中，最基本的、目前生产中应用最广的是线性、单闭环、定值控制系统。本教材主要针对这类控制系统进行讨论。

4.2.4 过程控制系统的过渡过程和性能指标

过程控制系统的品质是由组成系统的各环节的特性决定的，特别是被控对象的特性决定着整个控制系统设计的难度，对控制系统运行的好坏有着重大影响。只有依据被控对象的特性进行控制方案的设计和控制器参数的选择，才可能获得预期的控制效果。所以研究包括被控对象在内的系统各个环节的特性非常重要，研究各环节特性的方法就是建立各环节的数学模型，分析各环节输出量与输入量之间的关系。

在研究各环节特性之前，首先应该明确过程控制系统的性能指标，以便评价和设计整个系统。

过程控制系统在运行中有两种状态。一种是稳态（或静态），此时，系统没有受到任何外来干扰或干扰恒定不变，给定值保持不变，被控变量不随时间而变化，整个系统处于稳定平衡的工作状况。另一种是动态，系统受到外界干扰或干扰发生变化或者给定值改变，原有的稳态被破坏，各组成部分的输入量和输出量都相继变化，被控变量变化。如果系统是稳定的，那么经过一段时间调整后，系统将达到新的稳态。注意稳态是指信号的变化率为零，而不是物料量或能量为零。对于连续生产过程，稳态反应的是物料平衡、能量平衡或化学反应平衡，其本质是一种动态的平衡。

所以，过程控制系统的特性分为稳态特性与动态特性。实际生产中，被控对象总是不时受到各种干扰的影响，设置控制系统的目的也是为了克服干扰的影响，因此，系统经常处于动态过程，要评价一个控制系统的性能和质量，既要考虑稳定，更要考虑它在动态过程中被控量随时间变化的情况。系统从一个稳态到达另一个稳态的历程称为过渡过程。动态特性通过过渡过程体现出来。

当然，过渡过程中被控变量随时间变化的规律与系统输入信号的作用方式有很大关系，为了研究的方便，通常采用阶跃信号、矩形脉冲信号、正弦波信号等容易生成和变换的输入信号形式。在一定输入信号作用下，与之对应的被控量的变化历程称为系统对该输入信号的响应。

最常采用的实验信号为阶跃输入信号，其作用方式如图4-16所示。以某一时刻为起算点（起算点之前的信号大小作为参考点，以零计），信号突然增大到一定幅值并一直持续下去。由于阶跃信号是突然施加于系统之上，而且作用时间长，对被控变量的影响比较大。如果一个控制系统对这类信号具有良好的动态响应，则表明该系统对其他比较平缓干扰信号的抑制能力会更强。

图4-16　阶跃输入信号

不同控制系统的阶跃响应曲线很可能不同，概括起来，定值控制系统的阶跃响应可以分为非周期衰减、衰减振荡、等幅振荡、发散振荡四种过程，如图4-17所示。其中，过渡过程（d）称为不稳定过程，被控变量会越来越偏离给定值，甚至超过工艺允许范围和安全范围，在生产上是不允许的，应该避免。过渡过程（a）与过渡过程（b）都是衰减的，称为稳定过程。但非周期衰减过程中，被控变量长时间偏离给定值，不能很快恢复到平衡状态，一般不予采用，只有在生产中不允许被控变量正负波动的情况下采用。而衰减振荡过程能比较快地达到新稳态，所以，在多数场合下，都希望控制系统具备这样的响应过程。过渡过程（c）介于稳定与不稳定之间，一般视为不稳定过程。生产中一般不予采用，只有在控制要求不高且允许被控变量振荡的情况下采用。

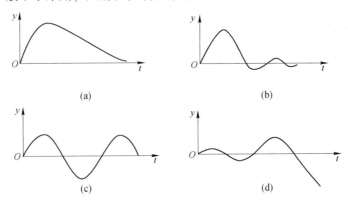

图4-17　过渡过程的几种形式

评价控制系统的性能指标要根据生产过程对控制的要求来制定。这些要求可以概括为稳定性、准确性和快速性，这三方面的要求在时域上又体现为若干性能指标。下面通过简单控制系统在给定值阶跃扰动下被控变量的阶跃响应过程（见图4-18），来说明过程控制系统的（时域）性能指标。注意，以起算点处被控变量的值为参考点，计为零。新的给定值 r 也按零计。r' 为新稳态值。

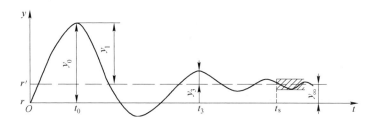

图4-18　简单控制系统的衰减振荡响应过程

4.2.4.1　衰减比和衰减率

衰减比是衡量过渡过程衰减程度的动态指标。衰减比定义为两个相邻的同向波峰之比，一般用符号 n 表示，即

$$n = \frac{y_1}{y_3}$$

对振荡衰减，$n>1$。n 越小，说明控制系统的振荡程度越剧烈，稳定性也越低；n 接近于 1 时，过渡过程接近于等幅振荡；反之，n 越大，控制系统的稳定性也越高，当 n 趋于无穷大时，控制系统的过渡接近于非振荡过程。为了保证控制系统有一定的稳定裕度，一般要求衰减比在 4∶1~10∶1，这样，大约经过两个周期后，系统趋于稳定，振荡几乎看不出来了。所以，衰减比是衡量系统稳定性的指标。

衰减率是衡量衰减程度的另一种指标，指经过一个振荡周期后，波动幅度衰减的百分数，即

$$\psi = \frac{y_1 - y_3}{y_1}$$

可见，衰减率与衰减比有对应关系，4∶1~10∶1的衰减比相当于衰减率在75%~90%。

4.2.4.2　最大动态偏差和超调量

最大动态偏差指给定值阶跃响应中，过渡过程开始后被控变量偏离给定值的最大数值，如图4-18中的 y_0。被控变量偏离新稳态值的最大值称为超调量，如图4-18中的 y_1。只有对于二阶振荡过程（一般地，图4-18所示阶跃响应并不是真正的二阶振荡过程）而言，超调量与衰减率有严格的对应关系，因此超调量只能近似反映过渡过程的衰减程度。最大动态偏差能直接从生产实际运行记录曲线上读出，是控制系统动态准确性的一种衡量指标。从准确性角度考虑，通常系统最大动态偏差越小越好，至少不应该超过工艺生产所允许的极限值。

4.2.4.3 余差（或称残差）

余差，是残余偏差的简称，指过渡过程结束后，被控变量新的稳态值与给定值之间的差值。余差一般用 $e(\infty)$ 表示，即 ∞ 时刻被控变量的值。图 4-18 响应曲线的余差为 y_∞。余差是衡量控制系统稳态准确性的指标。从控制角度，余差应该越小越好。但在实际生产中，很多情况下允许有一定的余差；而且允许大一些的余差往往可以简化控制方式，降低系统成本。所以，实际过程控制中，对余差的要求要具体而论。

有余差的控制过程称为有差调节，相应的系统称为有差系统。没有余差的控制过程称为无差调节，相应的系统称为无差系统。

4.2.4.4 调节时间和振荡频率

调节时间指过渡过程从开始到结束所需要的时间。调节时间又称为过渡时间。理论上它需要无限长的时间，但一般认为，当被控变量已经进入其稳态值的 $\pm5\%$（或 $\pm2\%$）范围内，并不再越出时就可以视为过渡过程已经结束，此前需要的时间即为调节时间。图 4-18 响应曲线的调节时间为 t_s。调节时间越短，说明过渡过程结束得越快，这样即使干扰频繁或干扰叠加出现，系统也有较强的适应能力。所以调节时间是衡量系统快速性的一个指标。实际中，希望调节时间越短越好。

过渡过程的快速性也可以用振荡周期或振荡频率表示。振荡周期指响应曲线同向的两波峰（或波谷）之间的时间间隔，如图 4-18 中的 t_3-t_0。振荡周期的倒数称为振荡频率。

另外，还有一些次要指标如振荡次数（响应曲线达到稳态的振荡次数）、上升时间（响应曲线从起算点开始达到第一个波峰时所需要的时间）等，可以由上述指标代表。

以上介绍的是控制系统的单项指标。这些指标在不同的系统中各有其重要性，且相互之间既有联系，有些指标有时又互相矛盾。比如，当要求系统的稳态准确性较高时，可能会降低系统的动态稳定性；解决了稳定问题之后，又可能因调节时间长而失去快速性。对于不同的控制系统，应根据工艺生产的具体要求，分清主次、统筹兼顾，在满足那些对生产起主导作用的性能指标的基础上，放宽对其他指标的要求，以降低成本和控制难度。

4.2.4.5 误差积分指标

从响应曲线中还可以得出一个称为误差积分（也有资料称为偏差积分）的综合指标，它常被用来衡量控制系统性能的优良程度。误差积分指过渡过程中被控变量偏离其新稳态值的误差沿时间轴的积分。无论是误差幅度大，或是时间拖长，都会使偏差积分增大，因此它能综合反映过渡过程的工作质量，希望它愈小愈好。误差积分可以有各种不同的形式，常用的有下面几种：

（1）误差积分（IE）

$$IE = \int_0^\infty e(t)\,\mathrm{d}t$$

（2）绝对误差积分（IAE）

$$IAE = \int_0^\infty |e(t)|\,\mathrm{d}t$$

（3）平方误差积分（*ISE*）

$$ISE = \int_0^\infty e^2(t)\,\mathrm{d}t$$

（4）时间与绝对误差乘积积分（*ITAE*）

$$ITAE = \int_0^\infty t\,|e(t)|\,\mathrm{d}t$$

以上各式中 $e(t) = y(t) - y(\infty)$。

采用不同的积分公式，估计整个过渡过程优良程度的侧重点不同。例如 *IAE* 和 *ISE* 着重于抑制过渡过程中的大误差，而 *ITAE* 则对误差所持续的时间长短比较敏感。具体应用中，可以根据生产过程的要求，特别是结合经济指标加以选用。

误差积分指标有一个缺点，就是它们不能保证控制系统具有合适的衰减率，而衰减率往往是设计控制系统时首先关注的指标。为此，通常的做法是，首先规定衰减率要求，使衰减率保持在75%左右；然后再使误差积分最小。

4.2.5　被控对象的特性及其数学模型

鉴于被控对象特性在过程控制系统设计中的决定性作用，在研究控制系统各环节特性时，一般都首先并重点研究被控对象的特性，通过建立被控对象的数学模型来分析被控对象，之后再据以配置合适的控制系统。当然，被控对象作为整个控制系统的一个环节，其特性的研究方法同样也适用于其他环节，如检测装置、执行器。

过程控制中，被控对象是指工业生产过程中的各种装置和设备，具体到矿物加工过程，被控对象包括各类贮槽/仓、泵、压缩机等各种辅助设备以及浮选机、重选机、电选机、破碎机、磨机等各类工艺设备。它们的特性各异，控制要求有时会差别很大，控制难度也有易有难，被控对象内部所进行的物理过程、化学过程也是各种各样的，但是，从控制的观点看，它们在本质上有许多相似之处。

（1）过程控制中所涉及的被控对象，其中所进行的过程几乎都离不开物质或能量的流动。当把被控对象视为相对独立的一个隔离体时，从外部流入对象内部的物质或能量流量称为流入量，从对象内部流出的物质或能量流量称为流出量。只有当流入量与流出量保持平衡时，对象才会处于稳态。稳态一旦遭到破坏，物质或能量的变化就体现在某个物理量/工艺参数的变化上，例如，液位变化反应物质平衡遭到破坏，温度变化反应能量平衡遭到破坏。在工业生产中，这种平衡关系的破坏是经常发生、难以避免的。控制的目的就是在过程遭到破坏后通过调节某物理量，使生产过程达到新的平衡。物理量的调节实质也是改变过程的流入量和流出量，实施改变的装置就是执行器。执行器往往是调节阀，也可以是电机。

（2）工业过程中，被控对象的另一个特点是，它们大多属于慢过程。这是因为被控对象往往有一定的存储容积，且内部的物理、化学过程都需要时间，而单位时间内的流入量和流出量又只能是有限值。

（3）工业过程中，对于处于连续生产中的被控对象，还有一个特点是存在传输延迟。物质或能量要到达下一设备，需要的运送时间，称为传输延迟（又称纯延迟）。

建立被控对象数据模型的依据就是流入量与流出量之间的各种平衡方程。即将被控对象作为相对隔离体，列出由工艺参数和物理量表示的物质或能量平衡方程，求解方程得出具体过程对象所关心的输出量与输入量之间的规律。这里的输入量与输出量对应于方块图中各个环节的输入信号与输出信号（或称输入变量与输出变量）。

被控对象的数学模型有两种表达形式。当数学模型采用数学方程表示时，称为参量模型。如果被控对象很复杂，目前技术还找不到适用的数学模型，可以采用黑箱法。即，把被控对象隔离，施加输入量并记录相应的输出量，然后绘制数据表格或曲线，用以描述被控对象输入与输出之间的规律。当数学模型用曲线或表格数据表示时，称为非参量模型。前述阶跃响应就属于曲线形式的非参量模型。

数学模型的建立简称建模。建模方法一般分为三种：机理建模、实验建模、混合建模。

（1）机理建模。指根据对象或过程的内部机理，列出有关的物质和能量平衡方程，以及一些物性方程、设备特征方程、物理/化学定律等，进而推导出对象或过程的数学模型的方法。这样建立的模型称为机理模型。机理模型的优点在于模型参数具有非常明确的物理意义，一旦建立，即可适用于具有相同机理的其他对象或过程。但是，矿物加工中，许多对象或过程由于机理复杂，局限于现阶段的认识，不能用这种方法建模，或者为简化问题，经过许多假设和忽略建立了机理模型，但模型却无法在实际生产中应用。

（2）实验建模。指用黑箱法建立的数据表格或曲线模型，或者根据收集的生产记录数据建立的数据表格或曲线模型。当然，可以对数据或曲线采用数理分析方法，进一步建立表达式形式的数学模型。在控制中，把这种通过在对象上施加输入、测取输出，在据以确定对象模型的结构和参数的过程，称为系统辨识。由实验建模得到的模型称为经验模型。经验模型的优点是对数据来源的对象来讲，模型具有良好的适配性，但对于其他的同类对象，很可能不具有适配性。

（3）混合建模。指由机理分析确定模型的结构形式、再通过实验确定模型中参数的建模方法。混合建模结合了机理建模方法与实验建模方法，有些情况下，能降低建模难度。其中，把在已知模型结构基础上，通过实验数据确定模型中某些参数的过程，称为参数估计。

被控对象的数学模型是被控对象输入输出特性的表达。在对象建模时，一般将被控变量看作对象的输出量（或称为输出变量），而将干扰作用和控制作用看作对象的输入量（或称为输入变量）。由对象的输入变量到输出变量的信号联系称为通道。控制作用到被控变量的信号联系称为控制通道；干扰作用到被控变量的信号联系称为干扰通道。对于同一对象，这两种通道的特性很可能不同，所以在分析被控对象特性时，这两种通道的特性都需要进行研究。

与过程控制系统的特性分为稳态特性与动态特性类似，被控对象也要么处于静态、要么处于动态。对象在静态时的输入量与输出量之间的数学模型称为对象的静态数学模型，用来表示对象的静态特性（或称为稳态特性）。对象在动态时的输入量与输出量之间的数学模型称为对象的动态数学模型，用来表示对象的动态特性。

通过建立过程控制所涉及被控对象的数学模型（可参考有关资料），可以得出大多数工业过程对象具有稳定或中性稳定的特点，而且是不振荡的。有些被控对象受到干扰后，在没有控制装置情况下，借助自身内部变化也能自动到达新的稳定状态，这种特性称为自平衡，具有自平衡特性的被控对象称为自衡过程。而有些被控对象，当受到干扰后，如果没有外来的调节作用，对象自身不会自动地稳定在新的平衡状态。这种不具备自平衡特性的被控对象称为非自衡过程。典型工业过程在调节阀开度扰动下的阶跃响应曲线如图 4-19 所示。

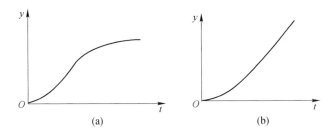

图 4-19　典型工业过程在调节阀开度扰动下的阶跃响应

下面，通过图 4-19(a) 所示的非振荡自衡对象的阶跃响应来介绍被控对象的主要特性参数：放大系数 K、时间常数 T、滞后时间 τ。

在图 4-19(a) 基础上，考虑纯滞后得到图 4-20，实际为含纯滞后二阶过程的阶跃响应曲线。这里，对象或过程的阶是指描述其动态特性的微分方程的阶数。

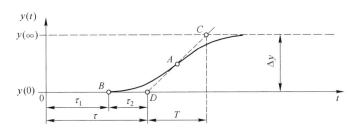

图 4-20　含纯滞后的二阶对象的阶跃响应
(在被控对象上加入的阶跃输入信号幅值为 Δq)

4.2.5.1　放大系数 K

被控对象干扰通道与控制通道各自的放大系数一般是不同的，但其控制角度的定义是一样的，只是控制通道的输入量为 $q(t)$，干扰通道的输入量为 $f(t)$。所以，这里仅详细介绍控制通道的放大系数，用 K 表示。

实际生产中用于辨识对象特性参数的方法多采用阶跃输入信号形式，具体做法为，把对象相对独立出来，稳定对象除 $q(t)$ 与 $y(t)$ 之外的其他输入输出因素（包括干扰因素 $f(t)$），让对象达到一种平衡状态（并以该状态时对象中的各物理量值作为其后数据的参考点和起算点），然后在某时刻（这一时刻对应为 $t=0$）突然改变 $q(t)$，使它的幅值有 Δq 的跃变，同时测量并记录对象从 $t=0$ 开始输出量 $y(t)$ 的变化过程，绘出与图 4-20 类似的对象的阶跃响应曲线。因为这种测试是在对象稳态为起算点、输入量阶跃变化条件下进行的，输入量的变化也可视为干扰，而实际中常采用突然改变调节阀的开度来实现输入量的阶跃变化，所以也称为"在调节阀开度扰动下的"阶跃响应曲线。

放大系数 K 属于对象的静态特性参数。K 在数值上等于对象从一个稳态到达新稳态后，输出变化量与输入变化量之比。放大系数的意义可以理解为，如果有一定的输入变化量 Δq，通过对象后该量就被放大了 K 倍变为输出变化量 Δy。所以放大系数也称为增益。

对象的 K 越大，表示对象的输入量有一定变化时，对输出量的影响越大。在生产中表现为阀门对生产的影响很大，其开度稍微变化就会引起对象输出量大幅度的变化。放大系数越大，被控对象对该输入量就越灵敏。设计控制系统时，如果有多个操纵变量可供选择，为了便于控制，一般应该选择其放大系数较大的操纵介质作为控制方案。

对图 4-20，放大系数 K 的计算方法为：

$$K = \frac{\Delta y}{\Delta q}$$

其中，$\Delta y = y(\infty) - y(0)$。

当然，在控制系统中，总是希望干扰通道的放大系数越小越好。

4.2.5.2　时间常数 T

从大量生产实践中发现，有的生产过程受到干扰后，被控变量变化很快，能够比较迅速地达到新稳态；而另外一些生产过程，在受到同样大小的干扰后，被控变量需要经过很长的时间才能稳定下来。图 4-21 是两种不同截面积的容器在进料量突然由零增大到一定幅值时的反应曲线，截面积大的容器液位上升慢，达到给定液位的时间会较长（假设两容器的出料阀开度相同且固定，两者的液位给定值也相同）。这种特性称为惯性，用时间常数来表示，符号用 T。时间常数

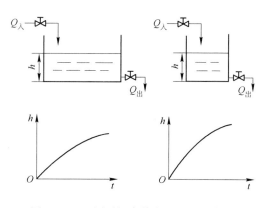

图 4-21　不同时间常数容器的反应曲线

越大，表示对象达到新稳态所需的时间越长。显然，时间常数属于对象的动态特性参数。

时间常数定义为：在阶跃输入作用下，一阶对象的响应曲线中，若被控变量保持初始变化速度，达到新的稳态值所需要的时间。很明显，被控变量的变化速度是越来越小的。图 4-22 所示为不含滞后的一阶对象的响应曲线。图 4-21 中的单个容器，以进水量为输入量，以液位为输出量，在出水阀开度固定条件下，阶跃响应曲线即如图 4-22 中所示。图中，输入为 $Q_入 = A$（$t \geq 0$ 时），容器的数学模型为：

$$dh/dt + h = KQ_入$$

该一阶微分方程的解为：

$$h(t) = KA(1 - e^{-t/T}) \quad (K = h(\infty)/A)$$

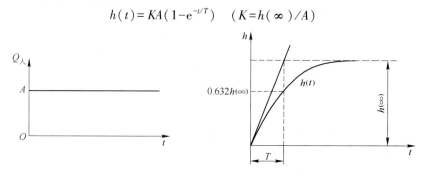

图 4-22　时间常数 T 的定义

也可以认为，时间常数是指一阶对象中，当对象受到阶跃输入后，被控变量达到新稳态值的 63.2% 所需要的时间。

另外，将 $t = 3T$ 代入 $h(t) = KA(1 - \mathrm{e}^{-t/T})$ 可得

$$h(3T) = KA(1 - \mathrm{e}^{-3}) \approx 0.95KA \approx 0.95h(\infty)$$

即阶跃输入作用了 $3T$ 时间后，被控变量已经变化到新稳态值的 95%。这正好说明，时间常数越大，被控变量达到新稳态值所经历的时间越长，时间常数能够反映被控对象变化过程的快慢。

对图 4-20，时间常数的计算方法为：找到 S 型响应曲线上的拐点 A（曲线二阶导数由正变负的点），过 A 作切线，交 $y(0)$ 于 D 点，交 $y(\infty)$ 于 C 点，两点之间的横向距离为时间常数。

在相同的控制作用下，控制通道的时间常数较大时，被控变量的变化比较缓和。这样的过程比较稳定，容易控制，但调节过程会比较缓慢，影响控制系统的快速性；反之，控制通道的时间常数较小时，控制中过渡过程的振荡频率可能会较高。所以，过程的时间常数太大或太小，在控制上都将存在一定的困难，需要根据实际情况，设计好控制系统。

而干扰通道的时间常数大些，对控制是有一定好处的，这相当于将扰动信号进行滤波，阶跃扰动对系统的作用显得比较缓和，这样的过程易于控制。

4.2.5.3 滞后时间 τ

工业生产中的过程大都存在滞后现象。当被控对象受到输入作用后，被控变量却不能立即变化和（或）不能迅速变化，这种现象称为滞后现象。滞后现象用滞后时间来描述。显然，滞后时间也属于对象的动态特性参数。

根据滞后性质的不同，滞后现象可分为传递滞后与容量滞后。

传递滞后，又称为纯滞后，是指由于物料或信息的传输需要时间而引起的滞后，如图 4-23 所示。图 4-23(a) 为加料过程示意图，料斗中的物料通过皮带输送到容器中，以加料斗的加料量为操纵变量、容器中的固体浓度作为被控变量，当加料量突然改变时，这种改变需要皮带将物料输送到容器中才能显现出来。这就是由于物料传输需要时间而引起的纯滞后。图 4-23(b) 为一加热溶液的容器，蒸汽的热量传递给溶液后使溶液的温度升高，温度的度数由安装在出料管上的温度计来测量。以蒸汽量为操纵变量，以溶液温度为被控变量，则当蒸汽流量突然增大，溶液温度会升高，但这种温度的变化只有当溶液流动到出料管温度计的安装位置时，才能显现出来。这样，由于测量点或测量元件安装位置不合适而引起了被控变量测量值（即温度）对阶跃输入的滞后。这两种纯滞后的响应曲线如图 4-23(c) 所示。图中的 τ_0 即为纯滞后的滞后时间。

容量滞后指被控对象在阶跃输入作用后，被控变量开始变化得很慢，之后变化逐渐加快，最后变化又很缓慢直至接近新稳态值的现象。容量滞后一般是由于物料或能量的传递需要克服一定的阻力而引起的。例如，对于图 4-23(a)，若容器较大，则固体物料从落入液体的位置传递到整个容器中，是需要时间的，所以才加了搅拌器，以克服物料在溶液中的扩散阻力。而对于图 4-23(b) 所示加热容器，当容器容积较大时，蒸汽流量增大后，需要首先交换加热管附近的液体，然后才将热量逐渐交换给容器上面的溶液部分，最后

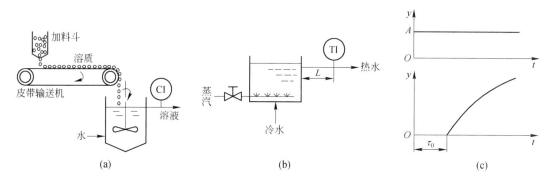

图 4-23　传递滞后及其响应曲线

（CI 为浓度检测；TI 为温度检测）

整个容器溶液的温度才会稳定在某个值，当然，对于容积很小的容器，这两种容量滞后都较小，所以图 4-23(c) 中没有表现出来。

对图 4-20 所示二阶对象，阶跃响应中既有纯滞后，也有容量滞后。很明显，图中的 τ_1 为纯滞后，τ_2 为容量滞后。它们的计算方法为：找到被控对象由零变为非零的转折点 B，起算点到 B 点之间的横向距离即为纯滞后 τ_1；而 B 点与 D 点之间的横向距离为容量滞后 τ_2。

纯滞后与容量滞后虽然在本质上是由不同原因造成的，但对于实际过程，很难严格区分（即图 4-20 的 B 点不容易准确确定），所以当两种滞后同时存在时往往不加区分，通常称为滞后时间，一般用符号 τ 表示。对图 4-20，$\tau = \tau_1 + \tau_2$。

控制通道中，滞后的存在对过程的控制是不利的。由于存在滞后，被控变量不能立即而迅速地响应操纵变量的变化，使整个控制系统的控制质量变差（快速性降低，同时根据滞后的被控变量得到测量值而运算出来的偏差，会误导控制器，以为现在的控制作用不够强而加大控制作用，从而加大超调量）。矿物加工过程中，有很多设备具有容量性质，而且容器内的物理反应居多，所以滞后明显。容器数目越多，容量滞后越显著。所以，在过程控制系统的设计和安装中，要通过装置改造（甚至工艺改进）和选取合适的测量点，来尽量避免或减少纯滞后。而传递滞后，是很难避免的，需要通过设计合理的控制算法（如加入微分作用）来改善控制质量。

好在扰动通道的滞后对控制是有利的。如果扰动通道存在纯滞后，相当于扰动作用推延一段时间后才进入系统，而扰动在什么时间出现，本来就是不能预知的，因此并不影响控制系统的品质，对过渡过程曲线的形状没有影响。如果扰动通道存在容量滞后，将会使阶跃扰动的影响趋于缓和，被控变量的变化相应也缓和些，因而有利于控制。

4.3　常用控制算法

控制算法实质是控制系统方块图中，控制器这一环节的数学模型，即控制器的输出信号与控制器的输入信号之间的数学关系（见图 4-13）。亦即把控制器和系统断开，开环时控制器本身的特性方程。控制算法也称为控制规律。

控制器的输入信号是经比较机构得到的偏差信号 $e(t)$，它是给定值信号 $r(t)$ 与测量装置送来的被控变量的测量值信号 $z(t)$ 之差，但在对控制器进行单独分析时，习惯上采用测量值减去给定值作为偏差。控制器的输出信号为送往执行器的 $u(t)$。所以控制器的控制算法具体指：

$$u(t) = f(z(t) - r(t))$$

同时，控制器本身有正反作用之别。实际控制器的作用方向由控制器输出与输入之间的关系来定义，即若输出信号变化值 Δu 与输入信号变化值 Δe 同符号，则相应的控制器称为正作用。反之，若输出信号变化值 Δu 与输入信号变化值 Δe 符号相反，则相应的控制器称为反作用（也有资料称为负作用的）。需要指出，具体控制器产品一般都有设置作用方向的功能。

与被控对象特性的研究方法类似，在研究控制器的控制算法时，也经常假定控制器的输入信号 $e(t)$ 为阶跃信号。

目前，控制器的控制规律可以分为基本控制规律（或称为简单控制规律）与复杂控制规律两大类。基本控制规律包括位式控制（其中双位控制比较常用）和 PID 控制，是最基本、最简单、应用最广泛的控制算法，是人类长期生产实践经验的总结。复杂控制规律种类繁多，一般根据结构和所担负的任务，分为串级、均匀、比值、分程、前馈、取代、三冲量等形式，以及自适应控制、预测控制、专家控制、模糊控制、神经元控制等新型控制系统。随着计算机与智能控制器的发展，复杂控制规律逐渐在生产实际中得到应用并取得良好效果。

本节只介绍基本控制规律。研究控制规律的目的在于掌握各种控制规律的特点及其使用场合，以结合具体被控对象特性和生产要求，去选择合适的控制算法，最终达到满意的控制效果。

4.3.1 双位控制

双位控制是一种常见的位式控制。双位控制的规律为，当测量值大于给定值时，控制器的输出为最大（或最小）；当测量值小于给定值时，则输出为最小（或最大）；控制器只有两个输出值，相应的控制机构只有开和关两个极限位置，所以也称为开关控制。双位控制特性的数学表达式为

$$u = \begin{cases} u_{\max}, & e \geq 0 \quad (\text{或 } e < 0) \\ u_{\min}, & e < 0 \quad (\text{或 } e \geq 0) \end{cases}$$

这样的双位控制称为理想双位控制，其控制特性如图 4-24(a) 所示。图的横坐标为偏差，纵坐标为控制器的输出。

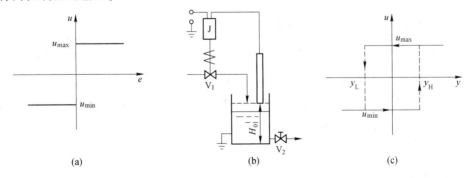

图 4-24 双位控制特性

(a) 理想的双位特性；(b) 双位控制实例；(c) 带中间区的双位控制特性

　　图 4-24(a) 所示为一个典型的双位控制例子。这是一个简单的液位控制系统，设液位给定值为 H，容器内装有导电液体，容器壁接地；用于测量液位的电极装置，一端与液体接触，另一端与继电器 J 的线圈相连，固定在与 H_0 相对应的高度位置。当液位上升，达到 H_0 时，液体与测量电极接触，继电器线圈接通，经过一定的电路连接使电磁阀 V_1 关闭（全关，开度为 0%），液体不再进入容器。这时，只要出料阀 V_2 不关闭，液位会逐渐降低，当液体与测量电极不接触时，继电器线圈断开，电磁阀被打开（100% 开度），液体开始流入容器，液位逐渐上升，一旦液位上升到 H_0，液体与测量电极又接触，继电器线圈又被接通，电磁阀又全关，液体不再进入容器，这样，液位又会逐渐降低……如此循环，被控变量液位会维持在 H_0 上下波动。

　　可见，这样的双位控制中，继电器、电磁阀等运动部件的动作会非常频繁，易于损坏，系统的可靠性不高。

　　对于贮槽等容器的液位控制，控制要求不高，为了提高系统的可靠性，可以采用牺牲（一定的）控制精度的方法，实现带有中间区的双位控制。即当测量电极由不接触到接触到液体，或当测量电机由接触到不接触液体时，继电器线圈会闭合或打开，但继电器信号不会立即引起电磁阀动作，而是经过延迟一定的时间后，电磁阀才会动作，关闭或打开进料阀。这样，控制器的特性就表示为

$$u = \begin{cases} u_{\max}, & y \geqslant y_H\ (\text{或 } y \leqslant y_L) \\ u_{\max}\ \text{或}\ u_{\min}, & y_L < y < y_H \\ u_{\min}, & y \leqslant y_L\ (\text{或 } y \geqslant y_H) \end{cases}$$

式中　y_L——被控变量 y 中间区的下限值；

　　　y_H——被控变量 y 中间区的上限值。

　　y_L 与电磁阀由关闭到打开的延迟时间相对应，可以根据实际中对容器的最低液位要求来确定；y_H 与电磁阀由打开到关闭的延迟时间相对应，可以根据实际中容器的高度及容器液位的安全高度（如需要防止溢出）来确定。一般可以采用绝对值相等的上、下限值。

　　带有中间区的双位控制器的特性如图 4-24(c) 所示。由这样的控制算法组成的控制系统，被控变量的变化过程如图 4-25 所示，是一个等幅振荡过程，振荡的周期由 y_L、y_H 的大小决定。如果需要更大程度地减少磨损和维护工作量，可以设置较长的振荡周期。

　　双位控制结构简单、成本低、容易实现，因此应用很普遍。许多要求精度不高的液位控制、温度控制等都可以采用。

　　如果执行器的位置不是全开、全关两种位置，而是设置成三种位置或更多，就可以构成三位控制或多位控制。这样的控制规律统称为位式控制，其工作原理都是一样的。

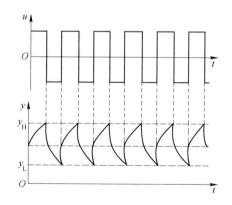

图 4-25　带中间区双位控制的控制过程

4.3.2　PID 控制

　　PID 控制是比例积分微分控制的简称。在生产过程自动化的发展历程中，PID 控制是

历史最久、生命力最强的基本控制方式，是连续控制系统中最成熟、最常见，也是最实用的一种控制方法。PID 控制具有下面几个优点：

（1）原理简单，使用方便。

（2）适应性强，可以广泛应用于化工、热工、冶金、煤炭、炼油以及造纸、建材、机械制造等各种生产部门。按 PID 控制进行工作的自动调节器已经商品化。过程计算机控制的基本控制算法也仍然是 PID。

（3）鲁棒性（Robustness）强，即其控制品质对被控对象特性的变化不太敏感。

由于具有这些优点，在包括矿物加工过程在内的工业过程控制中，人们首先想到的总是 PID 控制。例外的情况有两种，一种是被控对象易于控制而且控制要求又不高的情况，可以采用更简单的位式控制方式；另一种是被控对象特别难以控制而且控制要求又特别高的情况，这时，如果采用 PID 控制难以达到生产要求就需要考虑更复杂的控制方法。

需要说明的是，此处的 PID 控制是一种统称，包括比例（用 P 表示，源于 Proportional）控制、积分（用 I 表示，源于 Integral）控制，以及它们或它们与微分（用 D 表示，源于 Differential）的组合，即比例积分（PI）控制、比例微分（PD）控制、比例积分微分（PID）控制。所以，PID 控制可以看作有两种含义。广义的 PID 控制是指前述这些包含有 P、I、D 三项中的一种或几种调节算法的控制规律的总称；狭义的 PID 控制是包含 P、I、D 全部三种调节算法在内的一种控制。广义 PID 具体包括 5 种算法（因为 D 调节不能单独使用），狭义 PID 是广义 PID 的一种具体算法。

4.3.2.1 比例控制

A 比例控制的作用规律

比例控制规律是指控制器的输出变化量与输入偏差成比例关系。

比例控制规律的表达式为

$$u = K_p e$$

式中 K_p——比例控制的放大倍数，又称为比例增益；

u——控制器的输出变化量，也就是相对于阶跃时刻输出值的增量；

e——偏差，即被控变量的测量值减去给定值。

具有比例控制规律的控制器称为比例控制器，又称为 P 控制器。P 控制器的开环阶跃响应如图 4-26 所示。比例增益 K_p 是比例控制的可调参数，其大小决定了比例控制作用的强弱。显然，在偏差相同的情况下，K_p 越大，控制器的输出变化量越大，控制作用越强。

在过程控制中，一般采用比例度 δ（也称为比例带）来衡量比例控制作用的强弱。比例度的定义为控制器的输入变化相对值与相应的输出变化相对值之比的百分数。计算公式为

$$\delta = \left(\frac{e}{x_{max} - x_{min}} \Big/ \frac{u}{u_{max} - u_{min}} \right) \times 100\%$$

式中 u_{min}，u_{max}——控制器输出信号的变化范围；

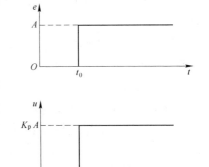

图 4-26　比例控制器的开环阶跃响应

x_{min}，x_{max}——控制器输入信号的变化范围。

必须指出，控制器的输入信号指偏差，偏差又等于测量值减去给定值，偏差信号的最大值与最小值相减，给定值可以抵消，所以控制器输入信号的变化范围也就是被控变量测量装置的量程。

控制器的输出信号要送往执行器，u_{min}，u_{max}可以看作与执行器的全关与全开对应，所以，比例度 δ 具有重要的物理意义，更有利于说明比例控制器在控制系统中的作用。比例度代表使控制器输出变化满刻度时（也就是控制阀从全开到全关，或从全关到全开时），相应的仪表测量值变化占仪表测量范围的百分数。只有被控变量在这一范围内变化时，控制器的输出才与偏差成比例。如果超出了这个"比例带"，控制器将暂时失去比例控制作用。

比较上面两式，可以得到比例度与比例增益的关系：

$$\delta = \frac{1}{K_p} \times \frac{u_{max} - u_{min}}{x_{max} - x_{min}} \times 100\%$$

如果控制器与测量变送装置的输出都采用标准信号（如都由单元组合仪表来充当），那么，公式中第二因子的值就为1，可得

$$\delta = \frac{1}{K_p} \times 100\%$$

两者互为倒数关系，即 δ 越小，K_p 越大，比例控制作用越强。

图 4-27 为比例带与输入、输出的关系。比例带 δ 的大小直接影响控制器的调节作用。例如：当比例带 δ 为50%时，输入 0~5mA 的电流信号，可输出 0~10mA 的电流信号；而当比例带 δ 为 100%时，输入 0~10mA 电流信号，也能得到 0~10mA 的输出电流信号。比例带的大小视被控对象而定，一般情况下，对流量调节时比例带可选择在 40%~100%，对液位调节时比例带可选择在 20%~80%。

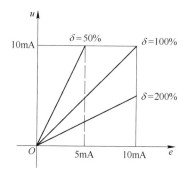

图 4-27 比例带与输入、输出信号的关系

B 比例控制的特点

比例控制优点是结构简单、控制及时，缺点是有残差，即在过渡过程结束时，被控变量的实际值与给定值之间存在偏差。因而比例调节器一般用于对调节质量要求不太高的场合。

为了说明比例控制的有差特点，举一个水加热器的例子。图 4-28 为一个水加热器出口温度控制系统，该系统中，由温度检测装置 TT 获取温度信号，送往比例控制器TC，以蒸汽为操纵介质，通过改变蒸汽流量来保持出口水温的恒定。假设，现在系统处于一种稳态，出口水温 t 与蒸汽流量 q 都稳定在一定数值上，控制器的输出 u 与蒸汽调节阀的开度 k

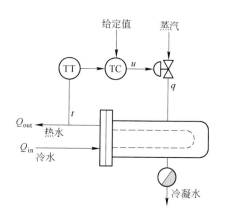

图 4-28 加热器出口水温控制系统

直接对应，进水量 Q_{in} 与出水量 Q_{out} 也稳定在某一数值上。如果热水量 Q_{out} 从某一时刻开始发生阶跃增加而给定值不变，则在阶跃开始的一段时间内，出水温度必然下降，控制器会输出使蒸汽调节阀开度加大的控制信号，因为只有这样才会有更多的热量进入加热器以使水的温度升高。经过一定时间后，系统达到新的稳态。此时蒸汽调节阀的开度会增加 Δk。显然，Δk 不为零，与它相对应的控制器输出变化量 Δu 也不为零，那么，按照比例控制规律，此时控制器的输入即偏差 Δe 也不为零，而给定值不变，则此时的被控变量测量值必然高于给定值。

从热量平衡观点看，蒸汽带入的热量是加热器的流入量，热水带走的热量是流出量，两者应该保持平衡。当给定值不变而出水量增大时，热量流出量增加，热量流入量必须也增加才能到达新稳态，蒸汽调节阀开度的相对变化量必然大于零，所以新稳态时，比例控制下的出口水温必然会高于设定值，是有差调节。这一结论也可以根据控制理论加以验证，但不在本书的讨论范围内。

C　比例度对过程控制的影响

比例度对控制的影响可以从静态和动态两个方面考虑。

比例度对系统静态特性的影响为，比例度 δ 越大（即比例增益 K_p 越小），控制系统达到稳态时的余差就越大。这是由比例控制的算法 $u = K_p e$ 决定的。结合图 4-28 加热器出口水温控制系统，新旧稳态之间，一定的出水量变化量对应着一定的蒸汽阀开度变化，也就对应着一定的控制器输出变化量，那么，K_p 越小，e 便会越大，即 δ 越大，余差越大。

减小比例度虽然有利于减小余差，但却影响到系统的动态特性，使系统的动态稳定性下降。比例度对过渡过程的影响可参见图 4-29，阶跃干扰作用下闭环系统的响应曲线。当比例度较大时，控制作用弱，执行器动作幅度小，被控变量的变化平稳而缓慢，但余差大（见图 4-29（a））。随着比例度的减小，控制作用得到加强，执行器动作幅度加大，被控变量的变化明显且开始产生振荡，但系统仍然能保持稳定，且余差较小（见图 4-29（b）和（c））。当比例度减小到某一数值时，被控变量出现等幅振荡（见图 4-29（d））。如果进一步减小比例度，被控变量会出现发散振荡（见图 4-29（e）），系统就不稳定了。由此可见，比例度的大小对控制质量有较大的影响，应根据工艺生产对被控变量的稳定性和控制精度的要求，统筹兼顾。一般希望，通过选择合适的比例度获得 $4:1 \sim 10:1$ 的衰减振荡过程。

总之，比例控制是一种最基本的控制规律，尽管存在余差，但它能及时克服扰动的影响，使被控过程较快地稳定下来。所以，比例控制通常适用于干扰幅度较小，负荷（指物料流或能量流的大小。例如图 4-28 控制系统中出水量的大小）变化不大，对象的纯滞后（相对于时间常数）较小或

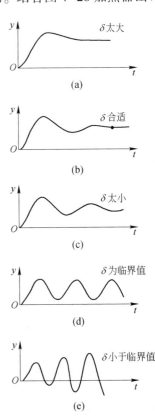

图 4-29　不同比例度下的过渡过程曲线

控制精度要求不太高的场合。

4.3.2.2 积分控制

积分控制规律是指控制器输出信号的变化速度与偏差信号成正比。

积分控制规律的表达式为

$$\frac{\mathrm{d}u}{\mathrm{d}t} = s_0 e \quad 或 \quad u = \frac{1}{T_\mathrm{I}} \int_0^t e \mathrm{d}t$$

式中 s_0——积分速度（可正可负）;

   T_I——积分时间。

其他符号与比例控制规律中的含义相同，不再赘述。

具有积分控制规律的控制器称为积分控制器，又称为 I 控制器。I 控制器的开环阶跃响应如图 4-30 所示。当控制器输入信号的阶跃幅值为 A 时，其输出为

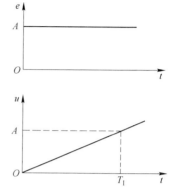

$$u = \frac{1}{T_\mathrm{I}} \int_0^t A \mathrm{d}t = \frac{A}{T_\mathrm{I}} t$$

其特性是斜率为常数 A/T_I 的直线。显然，T_I 越大，直线斜率越小，积分作用越弱。

积分作用的强弱还与偏差存在的时间有关，只要偏差存在，即使其值很小，控制器的输出也会随着时间的积累不断增大（或减小），直到偏差完全消除，控制器的输出才停止变化。所以，积分作用的最显著特点是能够消除残差。这也是积分作用的最大优点。

图 4-30 积分作用的开环
阶跃响应

积分控制虽然能够消除残差，但是它的动作过程比较缓慢，在偏差刚开始出现时，控制器的输出信号很弱，不能及时克服扰动的影响，过渡过程动态偏差增大。而随着偏差的增大和积分时间的加长，积分作用逐渐增强，甚至过大，对干扰的校正作用过量，会导致被控变量向相反的方向变化，如此反复，系统的稳定性变差。因此，积分作用的缺点是使系统的稳定性下降。所以，在实际过程控制中，积分控制算法一般不单独使用。

4.3.2.3 比例积分控制

A 比例积分控制规律

比例积分控制规律由比例控制算法与积分控制算法结合而成，具备这两种控制算法的优点，在实际中应用广泛。

比例积分控制规律的表达式为

$$u = K_\mathrm{p} \left(e + \frac{1}{T_\mathrm{I}} \int e \mathrm{d}t \right)$$

具有比例积分控制规律的控制器称为比例积分控制器，又称 PI 控制器。PI 控制器的开环阶跃响应见图 4-31。

对于幅值为 A 的阶跃输入，PI 控制器的输出是比例作用与积分作用的叠加，阶跃变化瞬间，控制器先输出一个幅值为 $K_\mathrm{p}A$ 的阶跃变化。之后输出以固定速度 A/T_I 逐渐上升。当 $t = T_\mathrm{I}$ 时，控制器的输出达到 $2K_\mathrm{p}A$。可以据此确定 K_p 与 T_I。

对于采用 PI 控制器的控制系统，当干扰出现时，比例作用根据偏差的大小立即产生一个较大的校正量，以快速克服干扰对被控对象的影响，相当于"粗调"。在此基础上，积分作用再进一步"细调"，直到偏差为零。所以 PI 控制既能快速克服干扰，又能消除残差，很多情况下都能采用。

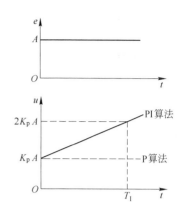

图 4-31　比例积分控制器的开环阶跃响应

B　积分时间对过程控制的影响

比例积分控制器的可调参数包括比例度 δ（或比例增益 K_p）和积分时间 T_I。前面已经分析了比例度对控制的影响，下面重点分析积分时间对过渡过程的影响。

在同样的比例度下，积分时间对过渡过程的影响如图 4-32 所示。从图中可以看出，T_I 过大或过小，得到的控制效果都不理想。T_I 过大，积分作用太弱，消除残差的过程很慢（见图 4-32(b)）；$T_I \to \infty$ 时，积分作用消失，控制器变为纯比例调节，无法消除残差（见图 4-32(a)）；T_I 太小时，控制器的输出变化太快，过渡过程振荡加剧，系统的稳定性下降（见图 4-32(d)）；只有当 T_I 合适时，过渡过程才能以较快速度衰减，并消除残差（见图 4-32(c)）。

PI 相比于 P，引入积分作用后，会使系统的振荡加剧，尤其对于滞后大的对象，这种现象更为明显。因此，要根据对象的特性来选择，对于滞后小的对象，T_I 可选小些；反之，T_I 可选大些。另外，为了保持系统的稳定性，引入积分作用后，控制器的比例度应比纯比例调节时略大些。

4.3.2.4　微分控制规律

微分控制规律是指控制器的输出变化量与输入偏差的变化速度成比例关系。

微分控制规律的表达式为

$$u = T_D \frac{\mathrm{d}e}{\mathrm{d}t}$$

式中，T_D 为微分时间，是微分控制的参数；$\mathrm{d}e/\mathrm{d}t$ 为偏差对时间的导数，即偏差的变化速度。T_D 越大，微分作用越强。理想微分作用的开环阶跃响应如图 4-33 所示。对于阶跃输入，只有在阶跃瞬间有趋向于无穷大的控制输出，当输入信号完成阶跃稳定在一定幅值后，微分作用就一直为零了。所以，偏差的变化速度越大，微分作用越强，而对于固定不变的偏差，无论其值有多大，微分作用总为零，这就是微分作用的特点。

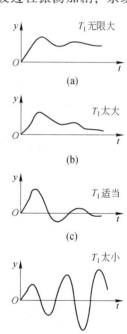

图 4-32　积分时间对过渡过程的影响

过渡过程中，微分作用不会等到偏差达到较大的值之后才开始作用，而是在被控变量刚要改变时就根据偏差变化的趋势产生控制作用，以阻止被控变量的进一步变化。所以，微分作用实际上对干扰起到了超前抑制的作用。对于时间常数或惯性较大的被控对象，引入微分控制作用，可以减小系统的动态偏差和过渡时间，使过渡过程的动态品质得到明显改善。

必须说明，图4-33所示的特性只有在数学描述中出现，在物理中是无法实现的，所以往往被称为理想微分作用。即使技术上能够实现，这样的微分作用对于"偏差的值很大但偏差的变化率为零"的情况，也起不到调节作用，没有实用价值。所以理想微分不能单独用于控制器中。物理上能够实现的微分特性如图4-34所示，当阶跃加入的瞬间，微分作用会突然增加到某个较大的有限数值，然后按指数规律衰减至零。其数学表达式为

$$u = A(K_D - 1) e^{-\frac{K_D}{T_D}t}$$

式中，K_D 称为微分放大倍数，决定了微分作用的起始最大变化量。微分时间 T_D 表征微分作用的强弱，与 K_D 一起决定微分作用的衰减强度。设计控制器时需要先固定 K_D 的值，再根据衰减速度的需要调节 T_D 的值。当 $t = T_D/K_D$ 时，u 下降到起始最大变化量的 36.8%，利用这个关系，可以通过实测计算微分时间 T_D。

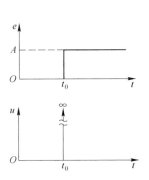
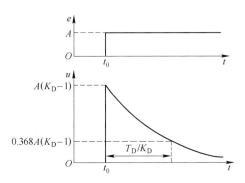

图4-33　理想微分作用的开环阶跃响应　　图4-34　实际微分作用的开环阶跃响应

总之，微分控制规律只按偏差变化的速度动作，对偏差的大小不敏感，所以微分只能起辅助控制的作用，与比例控制组合可以构成比例微分控制规律，或与比例、积分一起构成比例积分微分控制规律。

4.3.2.5　比例微分控制

A　比例微分控制的作用规律

比例微分控制规律由比例控制算法与微分控制算法结合而成，具备这两种控制规律的优点。

比例微分控制规律的表达式为

$$u = K_p \left(e + T_D \frac{de}{dt} \right)$$

具有比例微分控制规律的控制器称为比例微分控制器，简称 PD 控制器。采用实际微分算法的 PD 控制器的开环阶跃响应如图4-35所示。微分作用总是力图抑制被控变量的变化，有提高系统稳定性的作用。在比例作用基础上适当加入微分作用，可以在保持过渡过程衰减比不变的前提下，采用更小的比例度。图4-36为相同衰减比下，同一被控对象分别采用 P 控制和 PD 控制的过渡过程对比。由图可知，适度引入微分作用后，由于采用了较小的比例

度，不但减小了过渡过程的残差和动态偏差，而且提高了振荡频率，缩短了过渡时间。

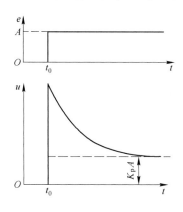
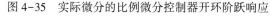

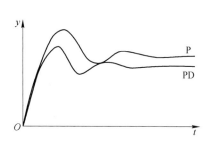

图 4-35 实际微分的比例微分控制器开环阶跃响应　　图 4-36 P 与 PD 控制的过渡过程对比

B　微分时间对过程控制的影响

微分作用可以在一定程度上减小残差和动态偏差，提高振荡频率，缩短过渡时间。但是微分作用对过渡过程也有不利之处。微分作用太强，容易导致调节阀开度向两端变化，因此 PD 中总是以 P 为主，以 D 为辅，微分作用不能太强。微分作用抗高频干扰的能力较差，而且不能消除残差。所以，PD 控制主要用于一些被控变量变化比较平稳，对象的时间常数较大，控制精度要求又不是很高的场合。另外，微分作用虽然能改善大惯性对象的动态品质，但对于纯滞后现象没有改善作用。

需要注意，微分作用的引入一定要适度。如果 T_D 太大，控制器输出会剧烈变化，不仅不能提高过渡过程的稳定性，反而会引起快速振荡。图 4-37 说明微分时间对过渡过程的影响。

4.3.2.6　比例积分微分控制

比例积分微分控制规律由比例、积分、微分三种控制结合而成，具有诸多优点，是一种较理想的控制规律。

比例积分微分控制规律的表达式为

$$u = K_p \left(e + \frac{1}{T_I} \int e\, dt + T_D \frac{de}{dt} \right)$$

具有比例积分微分控制规律的控制器称为比例积分微分控制器，简称 PID 控制器。采用实际微分算法的 PID 控制器的开环阶跃响应如图 4-38 所示。该输出特性由比例、积分、微分三种特性叠加而成。当偏差刚一出现时，微分作用的输出变化最大，使控制器总的输出大幅度增加，产生一个较强的超前控制作用，以抑制偏差进一步增大。随后，微分作用

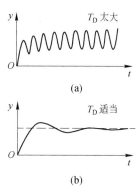
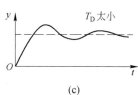
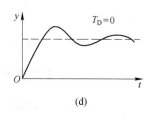

图 4-37　微分时间对过渡
过程的影响

逐渐减弱，积分作用在输出中逐渐占主导地位，直至消除残差。而比例作用在整个控制过程中始终与偏差相对应，对系统的稳定性起着至关重要的作用。对于一般的过程对象，只要选择合适的比例度 δ、积分时间 T_I 和微分时间 T_D 三个参数，采用 PID 控制器都可以获得良好的控制质量。

图 4-39 表示了同一对象在相同阶跃扰动下具有相同衰减率时，采用不同控制算法时的响应过程。显然，采用 PID 调节时的控制效果最佳。必须指出，并不是在任何情况下采用三作用控制都是合理的。只有根据被控过程的具体特点和要求，同时选择合适的控制参数，才能达到所期望的控制效果。如果参数选择不合适，则不仅不能发挥各控制算法的作用，反而适得其反。例如，被控对象为流量时，如果引入微分作用，只会起负面作用。

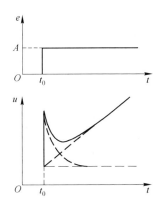

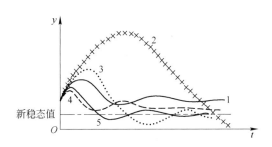

图 4-38　实际微分的 PID 控制器开环阶跃响应

图 4-39　五种调节规律阶跃响应的对比
1—P 调节；2—I 调节；3—PI 调节；
4—PD 调节；5—PID 调节

一般来说，当被控对象的容量滞后较大，工艺生产不允许有余差时，可以采用 PID 控制器。如果采用比较简单的控制算法已经满足生产要求，就没有必要采用三作用的控制器。

一台具有 PID（此处 PID 具有广义含义）功能的实际控制器产品，一般都是通用的，能够实现上述 5 种调节规律。即如果把调节器（如 DDZ-Ⅲ调节器）的微分时间调到零，将得到比例积分控制器；如果把积分时间调到最大，将得到比例微分控制器；如果把微分时间调到零、积分时间调到最大，将得到比例控制器。

4.3.3　控制器正反作用的选择

控制器产品一般都具有正作用与反作用两种工作方式，目的是便于与被控对象、执行器、检测装置等环节一起构成负反馈控制系统。同时，PID 控制也是一种负反馈控制。所以在控制系统设计、投运过程中，选择控制器的正反作用是很重要的一个内容。

实际上，控制系统方块图中的每一个环节都有各自的作用方向。只有各环节组合适当，整个闭环构成负反馈，才能起到控制作用；反之，控制系统不仅不能起到控制作用，反而会破坏生产过程的自平衡。方块图中各环节的作用方向是指一个环节的输出与输入变化方向之间的关系。如果一个环节的输入增加时，其输出也增加，则称该环节为"正作用"方向；反之，如果一个环节的输入增加时，其输出减少，则称该环节为"反作用"方向。

在一个过程控制系统中，被控对象、检测装置、执行器的作用方向是不能随意选择的，要想使控制系统具有闭环负反馈特征，只有通过正确选择控制器的正反作用来实现。下面结合图4-12所示浮选机液位控制系统，介绍控制器正反作用选择的分析与判别方法。

（1）被控对象的正反作用由工艺机理确定。操纵变量增加、被控变量也增加的被控对象称为正作用的被控对象。反之，操纵变量增加导致被控变量减小的被控对象，称为反作用的被控对象。对于图4-12所示系统，操纵变量为泄放量，被控变量为浮选槽液位。显然，泄放量增加，液位会降低，所以，该系统中被控对象为反作用。

（2）测量装置的正反作用一般是固定的，即测量装置一般都是正作用。这是因为，无论是制造还是使用一种测量装置，都是希望它能正确、准确地反映被测物理量的大小，当被测量增加时，测量装置的输出应该也是增加的。图4-12所示系统也一样，当浮选槽的液位升高时，液位计显示和输出的液位高度值是增加的，所以该液位计是正作用。

（3）执行器的正反作用必须由生产的安全需要来决定。即，必须从保障生产过程和工艺安全的角度，来选择执行器的正反作用。图4-12所示系统中，为保证合理的精煤质量与生产安全，浮选槽内的矿浆是不能溢出的，所以生产过程中，当执行器（即图中的电动执行器）出现故障时，应该保证调整泄放量的调节阀是打开的（或者说此时的调节阀应该有比较大的开度）。也就是说，当控制器（送往执行器）的输出信号为零时，调节阀的开度应该最大，所以该系统中的执行器应该设置成反作用的。

需要说明的是，对于气动执行器，以上分析原则同样是适用的，但具体方法稍有不同。如果图4-12所示系统中采用气动调节阀，那么从同样的安全要求出发，当气动调节阀出现故障（如，气源突然中断）时，应保证调节阀是打开的。所以要选择气关阀，而气关阀是反作用的。关于气动执行器的内容，请参阅相关资料，此处不再介绍。

（4）被控对象的正反作用需要按照闭环负反馈原则根据前述3个环节的作用方向来选择。

前面（见图4-13）已经介绍过，被控对象、执行器、检测装置这三个环节合称为广义对象。所以，为方便可以首先确定广义对象的作用方向，然后再根据"构成闭环负反馈"的要求来选择控制器的作用方向。具体方法为，先确定被控对象、执行器、检测装置三个环节的作用方向，不妨用"+""−"分别代表正作用与反作用，把三个环节的作用方向符号相乘，得到广义对象的作用方向。之后，如果广义对象为"+"作用，则控制器应采用"−"作用的；如果广义对象为"−"作用，则控制器应采用"+"作用的。对图4-13所示系统，由（1）～（3）步已经确定其被控对象是反作用的（"−"号）、液位计是正作用的（"+"号）、执行器是反作用的（"−"号），三个符号相乘为"+"，即广义对象为正作用，所以该控制系统中，控制器应该选择反作用控制器。

以上4步即为控制器正反作用的选择方法。至于控制器正反作用的实现，比较简单，通过设置（模拟式）或设定（数字式）控制器产品上的正反作用开关即可实现。

思 考 题

（1）试述计算机控制系统的特点及分类。

（2）试述计算机控制系统的信号流程。

（3）试述计算机控制系统的组成。

（4）计算机控制系统的发展历程是怎样的，各种控制系统之间有什么区别？

（5）什么是过程控制，生产过程对控制有哪些要求？

（6）试述过程控制系统的组成及各部分的功能。

（7）试述过程控制系统的分类。

（8）试述过程控制系统的过渡过程及性能指标。

（9）试述双位控制。

（10）什么是比例控制规律、积分控制规律和微分控制规律，它们有哪些表示方式和特点？

（11）为什么说积分控制规律一般不单独使用，而微分控制规律一定不能单独使用？

（12）什么是正作用调节器和负作用调节器，如何实现调节器的正反作用？

5 可编程控制器及其应用

+--+

【本章学习要求】

(1) 熟悉可编程控制器特点、功能、结构及工作原理;
(2) 熟悉常用 PLC 类型及其特点;
(3) 熟悉 PLC 的基本指令;
(4) 掌握选煤厂集中控制系统的要求、系统设计步骤及注意事项。

+--+

5.1 可编程控制器的概述

5.1.1 可编程控制器的产生及定义

可编程控制器是一种专为工业环境而设计的数字运算操作的电子系统,它采用了可编程的存储器,在其内部可以存储执行逻辑运算、顺序控制、定时、计数和算术运算等操作指令,通过数字量或模拟量的输入和输出来控制各种类型的机械设备或生产过程。

可编程控制器是从早期的可编程逻辑控制器(Programmable Logic Controller,PLC)的基础上发展起来的。20 世纪 60 年代末,美国汽车工业为了适应生产工艺不断更新的需要,首先采用了顺序控制器代替硬接线的逻辑控制电路,实现生产过程的自动控制。由于 PLC 的灵活性和可扩展性,这项新技术得到了迅速发展,特别是 20 世纪 70 年代中期微电子技术被应用于 PLC 中,使得 PLC 更多地具有了计算机的功能,而且逐步做到了小型化、模块化。这种采用了计算机技术的 PLC 称为 PC,但是为了和个人电脑(Personal Computer,PC)区别,现在仍然用 PLC 来表示可编程控制器。

用 PLC 组成的控制系统与传统的控制系统相比具有体积小、功能强、速度快、可靠性高、灵活性和可扩展性强等明显的优点。常规的硬接线逻辑控制电路要使用大量逻辑控制元件(即硬件),在生产流程改变时更改控制系统需要相当大的工作量,有时甚至相当于重新设计一个新的控制系统。而具有计算机功能的 PLC 所组成的控制系统借助软件来实现控制,软件本身修改方便,使得控制系统修改极为简单。由于 PLC 本身可靠性较高,一般平均无故障使用时间为数万小时,同时简化了控制系统的硬件电路,使整个系统可靠性大大提高。此外,PLC 模块化的结构也使得 PLC 控制系统宜于维修。因此,PLC 被广泛用于各种工业领域,已取代其他控制系统。

PLC 采用简单直观的梯形图编程,较其他计算机系统易学、易用。具有中等文化水平的电气工人,仅需几天的培训,便可掌握其基本原理及使用、维护方法。

PLC 是由继电器逻辑控制系统发展而来,所以它在数字处理、顺序控制方面具有一定优势，继电器在控制系统中主要起两种作用：（1）逻辑运算；（2）弱电控制强电。PLC是集自动控制技术、计算机技术和通信技术于一体的一种新型工业控制装置，已跃居工业自动化三大支柱（PLC、ROBOT、CAD/CAM）的首位。

目前，我国使用的 PLC 种类很多，主要有美国的 GE、AB，德国的西门子，日本的欧姆龙、三菱等。

5.1.2　可编程控制器的分类及特点

5.1.2.1　可编程控制器分类

从组成结构形式分为一体化整体式 PLC 和模块式结构化 PLC。按 I/O 点数及内存容量分可分为超小型 PLC、小型 PLC、中型 PLC、大型 PLC 和超大型 PLC。按输出形式分为（图 5-1）：继电器输出型 PLC，该类型为有触点输出方式，适用于低频大功率直流或交流负载；晶体管输出型 PLC，该类型为无触点输出方式，适用于高频小功率直流负载；晶闸管输出型 PLC，该类型为无触点输出方式，适用于高速大功率交流负载。

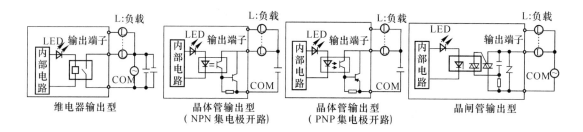

维电器输出型　　　　晶体管输出型　　　　晶体管输出型　　　　晶闸管输出型
　　　　　　　　　（NPN 集电极开路）　　（PNP 集电极开路）

图 5-1　PLC 输出类型

5.1.2.2　可编程控制器特点

（1）可靠性高、抗干扰能力强。为保证 PLC 能在工业环境下可靠工作，在设计和生产过程中采取了一系列硬件和软件的抗干扰措施，主要有以下几个方面：隔离是抗干扰的主要措施之一，PLC 的输入输出接口电路一般采用光电耦合器来传递信号。使外部电路与内部电路之间避免了电的联系，可有效地抑制外部干扰源对 PLC 的影响，同时防止外部高电压串入，减少故障和误动作；滤波是抗干扰的另一个主要措施，在 PLC 的电源电路和输入、输出电路中设置了多种滤波电路，用以对高频干扰信号进行有效抑制；对 PLC 的内部电源还采取了屏蔽、稳压、保护措施，以减少外界干扰，保证供电质量；内部设置了连锁、环境检测与诊断、Watchdog（"看门狗"）等电路，一旦发现故障或程序循环执行时间超过了警戒时钟 WDT 规定时间（预示程序进入了死循环），立即报警，以保证 CPU 可靠工作；利用系统软件定期进行系统状态、用户程序、工作环境和故障检测，并采取信息保护和恢复措施；对应用程序及动态工作数据进行电池备份，以保障停电后有关状态或信息不丢失；采用密封、防尘、抗振的外壳封装结构，以适应工作现场的恶劣环境。

（2）PLC 将逻辑控制、过程控制和运动控制集于一体，以方便灵活地组合成各种不同规模和要求的控制系统，以适应各种工业控制的需要。

（3）编程简单、使用方便，PLC 继承传统继电器控制电路清晰直观的特点，充分考虑电气工人和技术人员的读图习惯，采用面向控制过程和操作者的"自然语言"——梯形图为基本编程语言，容易学习和掌握。控制系统采用软件编程来实现控制功能，其外围只需将信号输入设备（按钮、开关等）和输出设备（如接触器、电磁阀等执行元件）与 PLC 的输入输出端子相连接，安装简单，工作量少。当生产工艺流程改变或生产线设备更新时，不必改变 PLC 硬件设备，只需改变程序即可，灵活方便，具有很强的"柔性"。

（4）体积小、重量轻、功耗低，由于 PLC 是专为工业控制而设计的，其结构紧密、坚固、体积小巧，易于装于机械设备内部，是实现机电一体化的理想控制设备。

（5）设计、施工、调试周期短，用可编程序控制器完成一项控制工程时，由于其硬、软件齐全，设计和施工可同时进行，由于用软件编程取代了继电器硬接线实现控制功能，使得控制柜的设计安装及接线工作量大为减少，缩短了施工周期。同时，由于用户程序大都可以在实验室模拟调试，模拟调试好后再将 PLC 控制系统在生产现场进行联机统调，使得调试方便、快速、安全，因此大大缩短了设计和投运周期。

5.1.3　PLC 的主要功能

随着 PLC 技术的不断发展，目前已能完成以下控制功能：

（1）开关量的逻辑控制功能。逻辑控制或顺序控制（也称条件控制）功能是指用 PLC 的与、或、非等指令取代继电器触点的串联、并联，及其他各种逻辑连接，进行开关控制。

（2）定时/计数控制功能。定时/计数控制功能是指用 PLC 提供的定时器、计数器指令实现对某种操作的定时或计数控制，以取代时间继电器和计数继电器。

（3）步进控制功能。步进控制功能是指用步进指令来实现在有多道加工工序的控制中，只有完成前一道工序后，才能进行下一道工序操作的控制，以取代由硬件构成的步进控制器。

（4）数据处理功能。数据处理功能是指 PLC 能进行数据传送、运算以及编码和译码等操作。

（5）运动控制功能。运动控制功能是指通过高速计数模块和位置控制模块等进行单轴或多轴运动控制。

（6）过程控制功能。过程控制功能是指通过 PLC 的 PID 控制指令或模块实现对温度、压力、速度、流量等物理参数的闭环控制。

（7）扩展功能。扩展功能是指通过连接输入/输出扩展单元（即 I/O 扩展单元）模块来增加输入/输出点数，也可通过附加各种智能单元及特殊功能单元来提高 PLC 的控制能力。

（8）远程 I/O 功能。远程 I/O 功能是指通过远程 I/O 单元将分散在远距离的各种输入设备相连，进行远程控制。

（9）通信联网功能。通信联网功能是指通过 PLC 之间的联网、PLC 与上位计算机的连接等，实现远程控制或数据交换，以完成较大规模的系统控制。

（10）监控功能。监控功能是指 PLC 监视系统各部分的运行状态和进程，对系统中出现的异常情况进行报警和记录，甚至自动终止运行；也可在线调整、修改控制程序中的定时器、计数器等的设定值或强制 I/O 状态。

5.1.4　PLC 控制系统的分类

5.1.4.1　集中式控制系统

集中式控制系统是用一个 PLC 控制一台或多个被控设备，如图 5-2 所示。该系统主要用于输入、输出点数较少，各被控设备所处的位置比较近，且相互间的动作有一定联系的场合。其特点是控制结构简单。

5.1.4.2　远程式控制系统

远程式控制系统是指控制单元远离控制现场，PLC 通过通信电缆与被控设备进行信息传递，如图 5-3 所示。该系统一般用于被控设备十分分散，或工作环境比较恶劣的场合。其特点是需要采用远程通信模块，提高了系统的成本和复杂性。

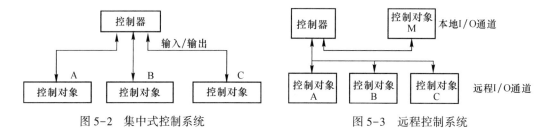

图 5-2　集中式控制系统　　　　图 5-3　远程控制系统

5.1.4.3　分布式控制系统

分布式控制系统即采用几台小型 PLC 分别独立控制某些被控设备，然后再用通信线将几台 PLC 连接起来，并用上位机进行管理，如图 5-4 所示。该系统多用于有多台被控设备的大型控制系统，其各被控设备之间有数据信息传送的场合。其特点是系统灵活性强、控制范围大，但需要增加用于通信的硬件和软件，系统的复杂性也更大。

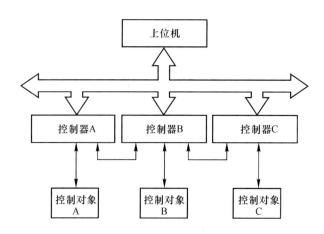

图 5-4　分布式控制系统

5.2　可编程控制器原理

5.2.1　PLC 的组成与基本结构

目前 PLC 生产厂家很多，产品结构也各不相同，但其基本组成部分大致如图 5-5 所示。

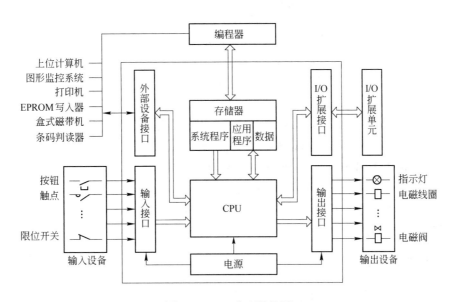

图 5-5　PLC 典型结构图

由图 5-5 可以看出，PLC 采用了典型的计算机结构，主要包括 CPU、RAM、ROM 和输入、输出接口电路等。其内部采用总线结构进行数据和指令的传输。如果把 PLC 看作一个系统，该系统由输入变量—PLC—输出变量组成。外部的各种开关信号、模拟信号以及传感器检测的各种信号均作为 PLC 的输入变量，经 PLC 外部输入端子输入到内部寄存器中，经 PLC 内部逻辑运算或其他各种运算处理后送到输出端子。由这些输出变量对外围设备进行各种控制。这里可以把 PLC 看成一个中间处理器或变换器，它将输入变量转换为输出变量。

下面结合图 5-5 具体介绍各部分的作用：

（1）中央处理单元。CPU 是中央处理器（Center Processing Unit）的英文缩写，一般由控制电路、运算器和寄存器组成，作为整个 PLC 的核心，起着总指挥的作用。它主要完成以下功能：将输入信号送入 PLC 中存储起来；按存放的先后顺序取出用户指令，进行编译；完成用户指令规定的各种操作；将结果送到输出端；响应各种外围设备（如编程器、打印机等）的请求。目前 PLC 中所用的 CPU 多为单片机，在高档机中现已采用 16 位甚至 32 位 CPU。

（2）存储器。存储器是具有记忆功能的半导体电路，用来存放系统程序、用户程序、逻辑变量和其他一些信息。

PLC 内部存储器有两类：一类是 RAM（即随机存取存储器），可以随时由 CPU 对它进行读出、写入；另一类是 ROM(即只读存储器)，CPU 只能从中读取而不能写入。RAM 主要用来存放各种暂存的数据、中间结果及用户程序。ROM 主要用来存放监控程序及系统内部数据，这些程序及数据出厂时固化在 ROM 芯片中。

（3）输入、输出接口电路。输入、输出接口电路是 PLC 和外围设备之间传递信息的通道。PLC 通过输入接口电路将开关、按钮等输入信号转换成 CPU 能接收和处理的信号。输出接口电路是将 CPU 送出的弱电控制信号转换成现场需要的强电信号输出，以驱动被控设备。为了保证 PLC 可靠地工作，设计者在 PLC 的接口电路上采取了光电隔离等措施。

（4）电源。PLC 电源是指将外部交流电经整流、滤波、稳压转换成满足 PLC 中 CPU、存储器、输入、输出接口等内部电路工作所需要的直流电源或电源模块。为避免电源干扰，输入、输出接口电路的电源回路彼此相互独立。

（5）编程工具。编程工具是 PLC 最重要的外围设备，它实现了人与 PLC 的联系对话。用户利用编程工具不但可以输入、检查、修改和调试用户程序，还可以监视 PLC 的工作状态、修改内部系统寄存器的设置参数以及显示错误代码等。编程工具分两种，一种是手持编程器，只需通过编程电缆与 PLC 相接即可使用；另一种是带有 PLC 专用工具软件的计算机，它通过 RS232、USB 或以太网等方式与 PLC 连接。

（6）I/O 扩展接口。若主机单元（带有 CPU）的 I/O 点数不够用，可进行 I/O 扩展，电缆与 I/O 扩展单元（不带有 CPU）相接，以扩充 I/O 点数。A/D、D/A 单元一般也通过接口与主机单元相连。

5.2.2　PLC 的工作原理

5.2.2.1　PLC 循环扫描工作过程（图 5-6）

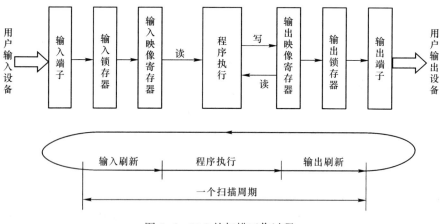

图 5-6　PLC 的扫描工作过程

A　PLC 的循环扫描

PLC 的 CPU 是采用分时操作的原理，每一时刻执行一个操作，随着时间的延伸一个动作接一个动作顺序地进行，这种分时操作进程称为 CPU 对程序的扫描。PLC 的用户程序由若干条指令组成，指令在存储器中按序号顺序排列。CPU 从第一条指令开始，顺序逐条地执行用户程序，直到用户程序结束，然后返回第一条指令开始新的一轮扫描。

B　PLC 工作过程

（1）公共操作。公共操作是在每次扫描程序前进行的自检。

（2）数据 I/O 操作。数据 I/O 操作也称为 I/O 状态刷新。它包括两种操作：采样输入信号，即刷新输入状态表的内容；送出处理结果，即用输出状态表的内容刷新输出电路。

（3）执行用户程序操作。

（4）处理外设请求操作。

外设的请求命令包括操作人员的介入和硬件设备的中断。

PLC 的等效电路如图 5-7 所示。

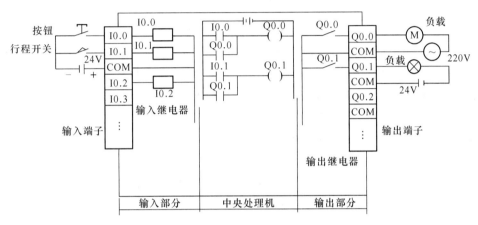

图 5-7　PLC 的等效电路示意图

5.2.2.2　PLC 的 I/O 滞后现象

造成 I/O 响应滞后的原因有三个方面：一是扫描方式；二是电路惯性，输入滤波时间常数和输出继电器触点的机械滞后；三是与程序设计安排有关。由于 I/O 的滞后，导致响应速度变慢，可以提高系统的抗干扰能力，对一些短时的瞬间干扰，可能会因响应滞后而躲避开，这对一些慢速控制系统是有利的。

总之，采用循环扫描的工作方式，是 PLC 区别于微机和其他控制设备的最大特点，使用者对此应给予足够的重视。

5.3　PLC 的编程语言

5.3.1　梯形图编程

5.3.1.1　PLC 的编程特点

A　程序的执行顺序

梯形图程序如图 5-8 所示。

图 5-8（a）（b）实现相同的功能。当 1S1 闭合时，1Y1、1Y2 输出。系统上电之后，当 1S1 闭合时，继电器梯形图中的 1Y1、1Y2 会同时得电，若不考虑继电器触点的延时，

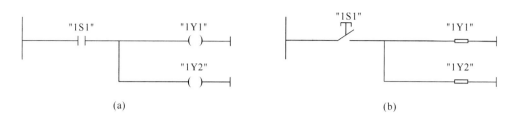

图 5-8　梯形图

(a) PLC；(b) 继电器

则 1Y1、1Y2 会同时输出。但在 PLC 梯形图中，因为 PLC 的程序是顺序扫描执行的，PLC 的指令按从上向下、从左向右的扫描顺序执行，整个 PLC 的程序不断循环往复。PLC 的"继电器"的动作顺序由 PLC 的扫描顺序和在梯形图中的位置决定，因此，当 1S1 闭合时，1Y1 先输出而 1Y2 后输出。即继电器采用并行的执行方式，而 PLC 则采用串行的执行方式。

　　B　继电器自身的延时效应

　　继电器自身延时效应如图 5-9 所示。

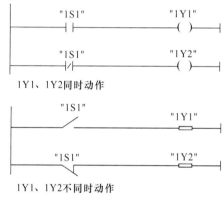

图 5-9　延时效应

　　传统的继电器的触点在线圈得电后动作时有一个微小的延时，并且常开和常闭触点的动作之间有一微小的时间差。而 PLC 中的继电器都为软继电器，不会有延时效应，当然，这里忽略了 PLC 的扫描时间。

　　C　PLC 中的软继电器

　　PLC 中的软继电器，即每个继电器有无数个常开和常闭触点。

5.3.1.2　PLC 编程的基本原则

　　(1) 每个梯形图网络由多个梯级组成，每个输出元素可构成一个梯级，每个梯级可由多个支路组成。梯形图每一行都是从左母线开始，而且输出线圈接在最右边，输入触点不能放在输出线圈的右边。

　　(2) 输出线圈不能直接与左母线连接。多个输出线圈可以并联输出。

　　(3) 在一个程序中各输出处同一编号的输出线圈若使用两次则称为"双线圈输出"。

双线圈输出容易引起误动作，禁止使用。

（4）PLC 梯形图中，外部输入/输出继电器、内部继电器、定时器、计数器等器件的触点可多次重复使用。

（5）梯形图中串联或并联的触点的个数没有限制，可无限次地使用。

（6）在用梯形图编程时，只有在一个梯级编制完整后才能继续后面的程序编制。

（7）梯形图程序运行时其执行顺序是按从左到右、从上到下的原则。

5.3.1.3 编程技巧及原则

梯形图编程时应注意不要"上重下轻，左重右轻，避免混联"，即梯形图应把串联触点较多的电路放在梯形图上方，应把并联触点较多的电路放在梯形图最左边，为了输入程序方便操作，可以把一些梯形图的形式作适当变换。如图 5-10 所示，图（a）比图（b）多了 1 步，实际上执行步数差了 25%。

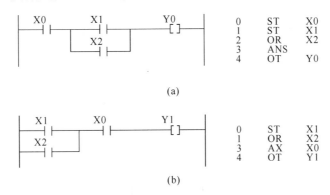

(a)

(b)

图 5-10　编程规则示例

（a）不符合左大右小的电路，共 5 步；（b）符合左大右小的电路，共 4 步

5.3.2　语句表编程

PLC 的语句：操作码+操作数。操作码用来指定要执行的功能，告诉 CPU 该进行什么操作；操作数内包含为执行该操作所必需的信息，告诉 CPU 用什么地方的数据来执行此操作。

操作数的分配原则：为了让 CPU 区别不同的编程元素，每个独立的元素应指定一个互不重复的地址，所指定的地址必须在该型机器允许的范围之内。

5.3.3　其他编程语言

除了梯形图、语句表编程语言外，还有功能图编程（FBD）、SCL（结构控制语言）、S7 Graph（顺序控制）、S7 HiGraph（状态图形）。功能图编程（FBD）适宜熟悉布尔代数逻辑图的用户，编写逻辑控制程序。SCL（结构控制语言）适宜用高级语言，如 PASCAL 或 C 语言编程的用户，数据处理任务程序。S7 Graph（顺序控制）适宜有技术背景，没有 PLC 编程经验的用户，以顺序过程的描述很方便。S7 HiGraph（状态图形）适宜有技术背景，没有 PLC 编程经验的用户，以异步非顺序过程的描述很方便。CFC（连续功能图）适宜有技术背景，没有 PLC 编程经验的用户，适用于连续过程的描述。

5.3.4 常用 PLC 指令

5.3.4.1 指令及其结构

指令是程序的最小独立单位，用户程序是由若干条顺序排列的指令构成。

A 指令的组成

a 语句指令

语句指令用助记符表示 PLC 要完成的操作。指令：操作码+操作数，操作码用来指定要执行的功能，告诉 CPU 该进行什么操作；操作数内包含为执行该操作所必需的信息，告诉 CPU 用什么地方的数据来执行此操作。有些语句指令不带操作数，因为它们的操作对象是唯一的。

例如：操作码	操作数		例如：操作码	操作数
O	I0.0		NOT	
O	I0.1		SET	
=	Q0.0			

b 梯形图指令

梯形图指令用图形元素表示 PLC 要完成的操作。在梯形图指令中，其操作码是用图素表示的，该图素形象表明 CPU 做什么，其操作数的表示方法与语句指令相同，如图 5-11 所示。梯形图指令也可不带操作数，如图 5-12 所示。

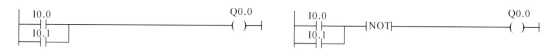

图 5-11 带操作数的梯形图指令   图 5-12 不带操作数的梯形图指令

B 操作数

a 标识符及标识参数

主标识符（操作数存放的存储器的区域）：I、Q、PI、PQ、M、T、C、L、DB，辅助标识符（操作数的位数长度）：X、B、W、D，标识参数（操作数在该存储区域内的具体位置）。

I：输入过程映像存储区

Q：输出过程映像存储区

PI：外部输入

PQ：外部输出

M：位存储区

T：定时器

C：计数器

L：本地数据

DB：数据块

X：位

B：字节

W：字

D：双字

b 操作数的表示法

操作数的表示方法：物理地址（绝对地址），符号地址（必须先定义后使用，而且符号名必须是唯一的）。当在表中输入符号地址时，注意事项见表 5-1。局域（块定义）符号和共享符号区别见表 5-2。

表5-1 注意事项

列	注　　意
符号	在整个符号表中名字必须唯一。当你确认该区域的输入或退出该区域时，不唯一的符号则被标定出来。符号名最长可达 24 个字符。引号（""）不允许使用
地址	当你确认该区域的输入或退出该区域时，程序会自动检查该地址输入是否是允许的
数据类型	当你确认或退出地址时，该区域被自动地赋予一个缺省数据类型。如果你修改这个缺省类型，程序会检查你的数据类型是否与地址相匹配
注释	你可以输入注释简单地解释该符号的功能（最多 80 个字符）

表5-2 符号区别

符号	共享符号	局域符号
有效性	·在整个用户程序中有效 ·可以被所有的块使用 ·在所有的块中含义是一样的 ·在整个用户程序中是唯一的	·只在定义的块有效 ·相同的符号可在不同的块中用于不同的目的
允许使用的字符	·字母、数字及特殊字符 ·除 0X00、0XFF 及引号以外的强调号 ·如使用特殊字符，则符号须写在引号内	·字母 ·数字 ·下划线（_）（注意：不允许使用两个连续的下划线）
使用	你可以为以下各项定义共享符号： ·I/O 信号（I，IB，IW，ID，Q，QB，QW，QD） ·I/O 输入与输出（PI，PQ） ·存储位（M，MB，MW，MD） ·定时器（T）/计数器（C） ·逻辑块（FB，FC，SFB，SFC） ·数据块（DB） ·用户定义数据类型（UDT） ·变量表（VAT）	你可以为以下各项定义局域符号： ·块参数（输入、输出和输入输出参数） ·块的静态数据 ·块的临时数据
在哪里定义	符号表	块的变量声明表

C 寻址方式

寻址方式是指令得到操作数的方式，S7 寻址方式有四种：立即寻址，即操作数本身直接包含在指令中；直接寻址，即指令中直接给出操作数的存储单元地址；存储器间接寻址；寄存器间接寻址。S7 指令的操作对象主要有：常数、S7 状态字中的状态位、S7 的各种寄存器、数据块、功能块（FB、FC）、系统功能块（SFB、SFC）、S7 的各存储区中的单元。

5.3.4.2 位逻辑指令

位逻辑指令包含位逻辑运算指令、定时器指令、计数器指令和位测试指令。

A 位逻辑运算指令

a "与" "或" "异或" 指令

（1）语句指令：布尔逻辑串内的真值表（根据表 5-3 和表 5-4 可以确定第二条布尔位操作后的 RLO）。

表 5-3 布尔逻辑串真值表

助记符	指令	指令前 RLO	地址状态	RLO 结果
A	与	0	0	0
		0	1	0
		1	0	0
		1	1	1
AN	与非	0	0	0
		0	1	0
		1	0	1
		1	1	0
O	或	0	0	0
		0	1	1
		1	0	1
		1	1	1
ON	或非	0	0	1
		0	1	0
		1	0	1
		1	1	1
X	异或	0	0	0
		0	1	1
		1	0	1
		1	1	0
XN	异或非	0	0	1
		0	1	0
		1	0	0
		1	1	1

表 5-4 布尔逻辑串开始的真值表

助记符	指令	地址状态	RLO 结果
A	与	0	0
		1	1
AN	与非	0	1
		1	0
O	或	0	0
		1	1
ON	或非	0	1
		1	0
X	异或	0	0
		1	1
XN	异或非	0	1
		1	0

（2）梯形图逻辑指令：常开和常闭接点元素和参数分别见表 5-5 和表 5-6。

表 5-5 常开接点（动合触点）元素和参数

LAD 元素	参数	数据类型	存储区	说　明
地址 ─┤├─	地址	BOOL，TIMER，COUNTER	I，Q，M，T，C，L，D	地址指明要检查信号状态的位

表 5-6 常闭接点（动断触点）元素和参数

LAD 元素	参数	数据类型	存储区	说　明
地址 ─┤/├─	地址	BOOL，TIMER，COUNTER	I，Q，M，T，C，L，D	地址指明要检查信号状态的位

例一： 启动和自锁程序。

程序功能：输入 X0 闭合时，输出 Y0 闭合且自锁。只有在 X1 闭合时，其动断触点打开，Y0 断开，如图 5-13 所示。

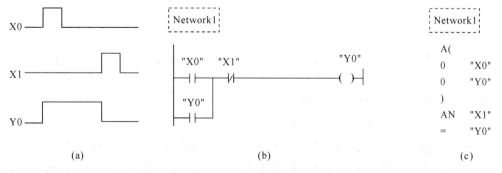

图 5-13 启动自锁程序

（a）时序图；（b）梯形图程序；（c）语句表程序

例二：灯泡控制程序。

一盏灯由一个按钮来控制，已知第一次按下按钮，灯泡亮，第二次按下按钮，灯光灭。定义符号地址见表5-7。

表5-7　定义符号地址

符号地址	绝对地址	数据类型	说　明
S0	I0. 0	BOOL	按钮
L0	Q0. 0	BOOL	灯泡
M0	M0. 0	BOOL	标志位

梯形图程序如图5-14所示。

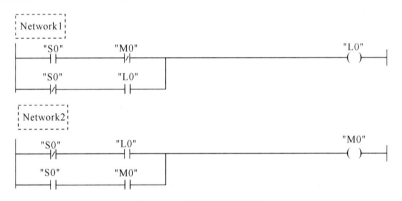

图5-14　灯泡控制梯形图

b　置位/复位指令（表5-8）

表5-8　置位/复位指令

STL指令	LAD指令	功能	操作数	数据类型	存储区
S<位地址>	<位地址> —— (S)	置位输出	<位地址>	BOOL	I, Q, M, D, L
R<位地址>	<位地址> —— (R)	复位输出	<位地址>	BOOL, TIMER, COUNTER	I, Q, M, D, L, T, C

复位/置位指令根据RLO的值，来决定被寻址位的信号状态是否需要改变。

若RLO的值为1，被寻地址位的信号状态被置1或清0；若RLO的值为0，被寻地址位的信号保持不变。在LAD中置位/复位指令要放在逻辑串最右端，而不能放在逻辑串中间。

c RS 触发器（表 5-9~表 5-11）

表 5-9 RS 触发器

置位复位触发器	复位置位触发器	参数		数据类型	存储区
<位地址>　SR　Q　S　R	<位地址>　RS　Q　R　S	<地址位>需要置位、复位的位		BOOL	L，Q，M，D，L
		S　允许置位输入			
		R　允许复位输入			
		Q　地址的状态			

表 5-10 置位复位触发器真值表

S	R	Q
0	0	—
0	1	0
1	0	1
1	1	0

表 5-11 复位置位触发器真值表

R	S	Q
0	0	—
0	1	1
1	0	0
1	1	1

在 LAD 中，RS 触发器可以用在逻辑串最右端，结束一个逻辑串，也可用在逻辑串中，影响右边的逻辑操作结果。

例三：控制传送带。

在传送带的起点有两个按钮开关：用于启动的 S1 和停止的 S2。在传送带的尾部也有两个按钮开关：用于启动的 S3 和停止的 S4。可以从任何一端起动或停止传送带。另外，当传送带上的物件到达末端时，传感器 S5 使传送带停机。定义符号地址见表 5-12。

表 5-12 定义符号地址

符号地址	绝对地址	数据类型	说　明
S1	I0.0	BOOL	起点启动按钮
S2	I0.1	BOOL	起点停机按钮
S3	I0.2	BOOL	尾部启动按钮
S4	I0.3	BOOL	尾部停机按钮
S5	I0.4	BOOL	末端传感器
MOTOR_ON	Q0.0	BOOL	电机

梯形图程序如图 5-15 所示。

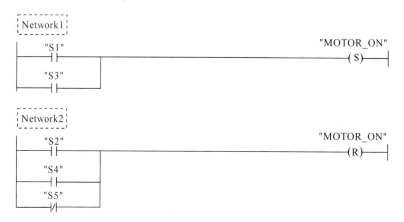

图 5-15　传送带控制梯形图

d　RLO 上升沿、下降沿检测指令（表 5-13）

表 5-13　上升沿、下降沿指令

LAD 指令	STL 指令	功能	操作数	数据类型	存储区
<位地址>-(P)-	FP<位地址>	RLO 上升沿检测	<位地址>存储旧 RLO 的边沿存储位	BOOL	I、Q、M、D、L
<位地址>-(N)-	FN<位地址>	RLO 下降沿检测		BOOL	I、Q、M、D、L

　　RLO 上升沿检测指令识别 RLO 从 0 至 1（上升沿）的信号变化，并且在操作之后以 RLO=1 表示这一变化。用边沿存储位比较 RLO 的现在的信号状态与该地址上周期的信号状态，如果操作之前地址的信号状态是 0，并且现在 RLO=1，那么操作之后，RLO 将为 1（脉冲），所有其他的情况为 0。在该操作之前，RLO 存储于地址中。

　　RLO 下降沿检测指令识别 RLO 从 1 至 0（下降沿）的信号变化，并且在操作之后以 RLO=1 表示这一变化。用边沿存储位比较 RLO 的现在的信号状态与该地址上周期的信号状态，如果操作之前地址的信号状态是 1，并且现在 RLO=0，那么操作之后，RLO 将为 1（脉冲），所有其他的情况为 0。在该操作之前，RLO 存储于地址中。

　　如果 RLO 在相邻的两个扫描周期中相同（全为 1 或 0），那么 FP 或 FN 语句把 RLO 位清 0。

e　上升沿、下降沿触发器（表 5-14 和表 5-15）

表 5-14　上升沿检测触发器

地址上升沿检测	参数	数据类型	存储区
<位地址1> POS — Q <位地址2>— M_BIT	位地址 1 被检测的位	BOOL	I, Q, M, D, L
	位地址 2 存储被检测位上一个扫描周期的状态	BOOL	Q, M, D
	Q 单稳输出	BOOL	I, Q, M, D, L

表 5-15 下降沿检测触发器

地址下降沿检测	参数	数据类型	存储区
<位地址1> NEG Q <位地址2> M_BIT	位地址 1 被检测的位	BOOL	I, Q, M, D, L
	位地址 2 存储被检测位上一个扫描周期的状态	BOOL	Q, M, D
	Q 单稳输出	BOOL	I, Q, M, D, L

地址上升沿检测指令将<位地址 1>的信号状态与存储在<位地址 2>中的先前信号状态检查时的信号状态比较。如果有从 0 至 1 的变化，输出 Q 为 1，否则为 0。

地址下降沿检测指令将<位地址 1>的信号状态与存储在<位地址 2>中的先前信号状态检查时的信号状态比较。如果有从 1 至 0 的变化，输出 Q 为 1，否则为 0。

在梯形图中，地址跳变沿检测方块和 RS 触发器方块可被看作一个特殊常开触点。该常开触点的特性：若方块的 Q 为 1，触点闭合；若 Q 为 0，则触点断开。

例四： 检测传送带的方向。

装备有两个光电传感器（PEB1 和 PEB2）的传送带，该设计能够检测传送带上物件的运动方向，并通过左右两端的指示灯（LEFT 灯和 RIGHT 灯）显示。符号地址见表5-16，传送带方向检测如图 5-16 所示。

表 5-16 符号地址

符号地址	绝对地址	数据类型	说　明
PEB1	I0.0	BOOL	左侧光电开关
PEB2	I0.1	BOOL	右侧光电开关
LEFT	Q0.0	BOOL	左侧指示灯
RIGHT	Q0.1	BOOL	右侧指示灯
PMB1	M0.0	BOOL	状态存储 1
PMB2	M0.1	BOOL	状态存储 2

5.3.4.3 定时器指令

定时器可以提供等待时间或监控时间，定时器还可产生一定宽度的脉冲，也可测量时间。定时器是一种由位和字组成的复合单元，定时器的触点由位表示，其定时时间值存储在字存储器中。定时器的种类分为：脉冲定时器（SP）、扩展脉冲定时器（SE）、接通延时定时器（SD）、保持型接通延时定时器（SS）、关断延时定时器（SF）。

A　定时器组成

在 CPU 的存储器中留出了定时器区域，该区域用于存储定时器的定时时间值。每个定时器为两字节，称为定时字。在 S7-300 中，定时器区为 512 字节，因此最多允许使用256 个定时器。S7 中定时时间由时基和定时值两部分组成，定时时间等于时基与定时值的乘积。当定时器运行时，定时值不断减 1，直至减到 0，减到 0 表示定时时间到。定时

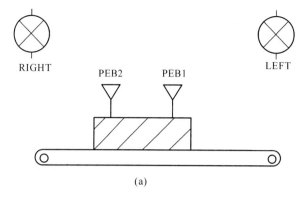

(a)

Network1

```
     "PEB1"        "PMB1"        "PEB2"                          "LEFT"
──────┤├──────────( P )──────────┤/├─────────────────────────────( S )────
```

Network2

```
     "PEB2"        "PMB2"        "PEB1"                          "RIGHT"
──────┤├──────────( P )──────────┤/├─────────────────────────────( S )────
```

Network3

```
     "PEB1"        "RIGHT"                                       "LEFT"
──────┤/├──────────┤/├──────────┬────────────────────────────────( R )────
                                │                                "RIGHT"
                                └────────────────────────────────( R )────
```

(b)

图 5-16　传送带方向检测

（a）地址分配；（b）检测控制梯形图

间到后会引起定时器触点的动作。时基与定时范围见表 5-17。

表 5-17　时基与定时范围

时基	时基的二进制代码	分辨率	定时范围
10ms	00	0.01s	10ms 至 9s_ 990ms
100ms	01	0.1s	100ms 至 1m_ 39s_ 900ms
1s	10	1s	1s 至 16m_ 39s
10s	11	10s	10s 至 2h_ 46m_ 30s

定时器的第 0 到第 11 位存放二进制格式的定时值，第 12、13 位存放二进制格式的时基：

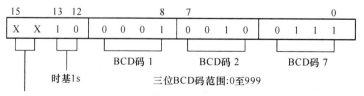

累加器 1 装入定时时间值的表示方法如下：

（1）L　W#16#wxyz

其中，w，x，y，z 均为十进制数；

w=时基，取值 0，1，2，3，分别表示时基为：10ms，100ms，1s，10s；

xyz=定时值，取值范围：1 到 999。

（2）L　S5T#aH_bbM_ccS_dddMS

B　定时器启动与运行

PLC 中的定时器相当于时间继电器。在使用时间继电器时，要为其设置定时时间，当时间继电器的线圈通电后，时间继电器被启动。若定时时间到，继电器的触点动作。当时间继电器的线圈断电时，也将引起其触点的动作。该触点可以在控制线路中，控制其他继电器。

C　定时器启动指令（表 5-18）

表 5-18　定时器启动指令

LAD 指令	STL 指令	功　能
T no. ——(SP) 时间值	SP T no.	启动脉冲定时器
T no. ——(SE) 时间值	SE T no.	启动扩展脉冲定时器
T no. ——(SD) 时间值	SD T no.	启动接通延时定时器
T no. ——(SS) 时间值	SS T no.	启动保持型接通延时定时器
T no. ——(SF) 时间值	SF T no.	启动关断延时定时器
	FR T no.	允许再启动定时器

各种定时器的工作特点如图 5-17 所示。

D　定时器的梯形图方块指令（表 5-19 和表 5-20）

表 5-19　定时器梯形图指令

脉冲定时器	扩展脉冲定时器	接通延时定时器	保持接通定时器	关断延时定时器
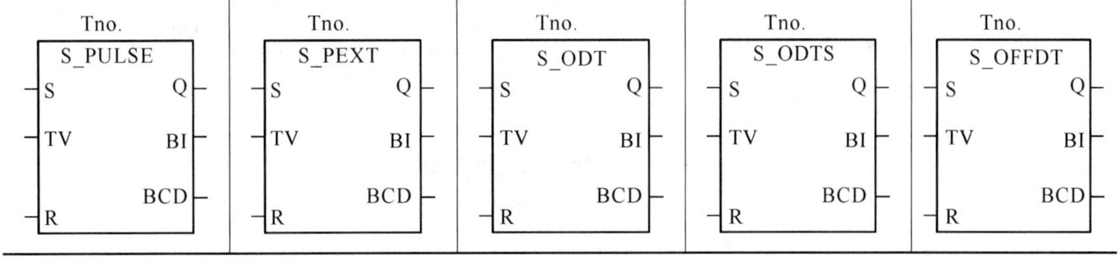 Tno. S_PULSE S Q TV BI R BCD	Tno. S_PEXT S Q TV BI R BCD	Tno. S_ODT S Q TV BI R BCD	Tno. S_ODTS S Q TV BI R BCD	Tno. S_OFFDT S Q TV BI R BCD

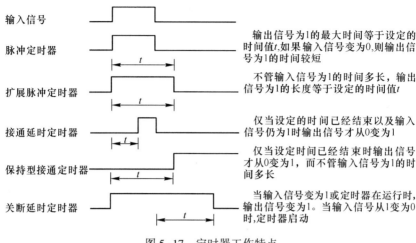

图 5-17 定时器工作特点

表 5-20 定时器参数

参数	数据类型	存储区	说　　明
NO.	TIMER	T	定时器标识号，与 CPU 有关
S	BOOL	I, Q, M, D, L	启动输入
TV	S5TIME	I, Q, M, D, L	设定时间（S5TIME 格式）
R	BOOL	I, Q, M, D, L	复位输入
Q	BOOL	I, Q, M, D, L	定时器状态输出
BI	WORD	I, Q, M, D, L	剩余时间输出（二进制格式）
BCD	WORD	I, Q, M, D, L	剩余时间输出（BCD 码格式）

例五：脉冲发生器。

用定时器可构成脉冲发生器，这里用了两个定时器产生频率占空比均可设置的脉冲信号。如图 5-18 所示的脉冲发生器的时序图，当输入 I0.0 为 1 时，输出 Q0.0 为 1 或 0 交替进行，脉冲信号的周期为 3s，脉冲宽度为 1s。

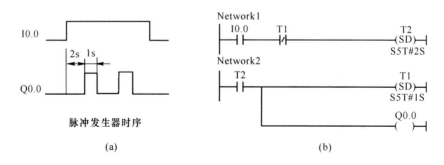

(a)   (b)

图 5-18 脉冲发生器控制

（a）时序图；（b）控制梯形图

例六：顺序循环执行程序。

当 X0 接通，灯 Y0 亮；经 5s 后，灯 Y0 灭，灯 Y1 亮；经 5s 后，灯 Y1 灭，灯 Y2 亮；再过 5s 后，灯 Y2 灭，灯 Y0 亮，如此顺序循环，其时序图如图 5-19 所示。

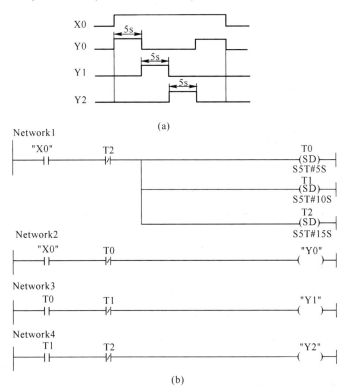

图 5-19 顺序循环控制

（a）时序图；（b）循环控制梯形图

例七：如图 5-20 所示：

（1）初始状态。装置投入运行时，液体 A、B、C 阀门关闭，混合液阀门打开 20s 将容器放空后关闭。

（2）起动操作。按下启动按钮 SB_1，装置开始按下列给定规律运转：1）液体 A 阀门打开，液体 A 流入容器。当液面达到 SQ_3 时，SQ_3 接通，关闭液体 A 阀门，打开液体 B 阀门。2）当液面达到 SQ_2 时，关闭液体 B 阀门，打开液体 C 阀门。3）当液面达到 SQ_1 时，关闭液体 C 阀门，搅匀电动机开始搅拌。4）搅匀电动机工作 1min 后停止搅动，混合液体阀门打开，开始放出混合液体。5）当液面下降到 SQ_4 时，SQ_4 由接通变断开，再过 20s 后，容器放空，混合液阀门关闭，开始下一周期。

（3）停止操作。按下停止按钮 SB_2 后，要将当前的混合操作处理完毕后，才停止操作（停在

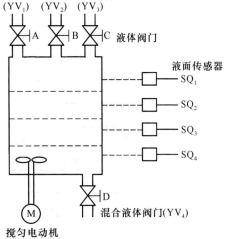

图 5-20 液体混合搅拌器示意图

初始状态)。

　　参考程序如图5-21所示。

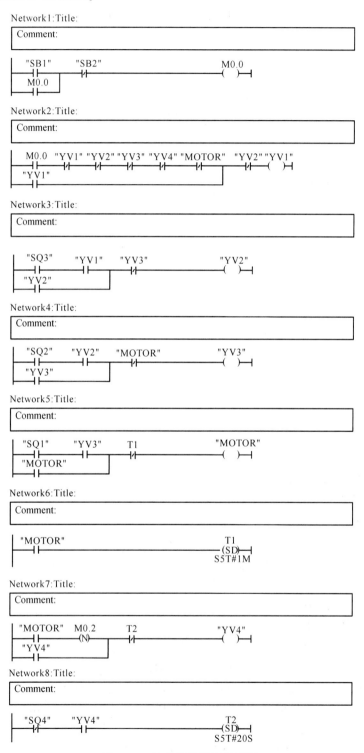

图5-21　液体搅拌控制梯形图

5.3.4.4 计数器指令

S7 中的计数器用于对 RLO 正跳沿计数。计数器的种类分为：加计数器、减计数器、可逆计数器。

A 计数器的组成

在 CPU 中保留一块存储区作为计数器计数值存储区，每个计数器占用两个字节，称为计数器字。计数器字中的第 0 至 11 位表示计数值（二进制格式），计数范围是 0 到 999。当计数值达到上限 999 时，累加停止。计数值到达下限 0 时，将不再减小：

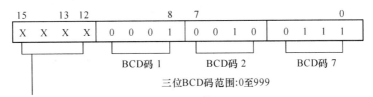

B 计数器指令（表 5-21）

表 5-21 计数器指令表

LAD 指令	STL 指令	功能	说 明
C no. ——（SC） <预置值>	SC C no.	计数器置初始值	该指令为计数器置初始值，其中 no. 为计数器编号，数据类型为 COUNTER；<预置值>的数据类型为 WORD，可用存储区为 I、Q、M、D、L，也可为常数；STL 指令的初始值在累加器 1 中
C no. ——（CU）	CU C no.	加计数	执行指令时，RLO 每有一个正跳沿计数值加 1。若达上限 999，则停止累加
C no. ——（CD）	CD C no.	减计数	执行指令时，RLO 每有一个正跳沿计数值减 1。若达下限 0，则停止减 1
C no. ——（FR）	FR C no.	允许计数器再启动	若 RLO 为 1，则初始值再次装入，它不是计数器正常运行的必要条件

当计数大于 0 时在输出 Q 上的 1 信号状态检查产生结果 1；当计数等于 0 时，信号状态检查产生结果 0。

C 计数器的梯形图方块指令（表 5-22 和表 5-23）

表 5-22 计数器梯形图指令

加计数器	减计数器	可逆计数器
C no. S_CU CU Q S PV CV R CV_BCD	C no. S_CD CD Q S PV CV R CV_BCD	C no. S_CUD CV Q CD S PV CV R CV_BCD

表 5-23 计数器梯形图指令参数

参数	数据类型	存储区	说　明
NO.	COUNTER		计数器标识号
CU	BOOL	I, Q, M, D, L	加计数输入
CD	BOOL	I, Q, M, D, L	减计数输入
S	BOOL	I, Q, M, D, L	计数器预置输入
PV	WORD	I, Q, M, D, L	计数初始值（0 至 999）
R	BOOL	I, Q, M, D, L	复位计数器输入
Q	BOOL	I, Q, M, D, L	计数器状态输出
CV	WORD	I, Q, M, D, L	当前计数值输出（整数格式）
CV_BCD	WORD	I, Q, M, D, L	当前计数值输出（BCD 格式）

例八：长时间延时程序。

采用定时器和计数器可以组成长时间延时程序，如图 5-22 所示。

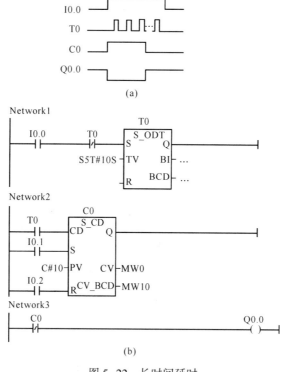

图 5-22 长时间延时

（a）时序图；（b）延时梯形图

当输入 I0.0 接通时，定时器 T0 经过 10s 时间延时后，其动合触点 T0 闭合，计数器 C0 开始递减运算，与此同时 T0 的动断触点是断开的，造成 T0 线圈断电，使 T0 的动合触点断开，C0 仅计数一次，而后 T0 线圈又接通，如此循环。当 C0 经过 10s×10＝100s 时间后，计数器 C0 输出为 0，输出 Q0.0 接通，具有长时间延时的功能。

例九：货仓区的控制。

如图 5-23 所示，装有两台传送带的系统，在两台传送带之间有一个仓库区。传送带 1 将包裹运送至临时仓库区。传送带 1 靠近仓库区一端安装的光电传感器确定已有多少包裹运送至仓库区。传送带 2 将临时库区中的包裹运送至装货场，在这里货物由卡车运送至顾客。

传送带 2 靠近仓库区一端安装的光电传感器确定已有多少包裹从库区运送至装货场。

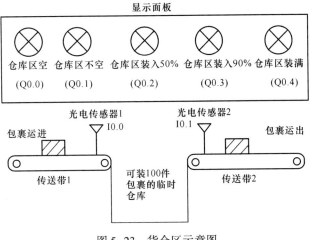

图 5-23 货仓区示意图

梯形图程序如图 5-24 所示。

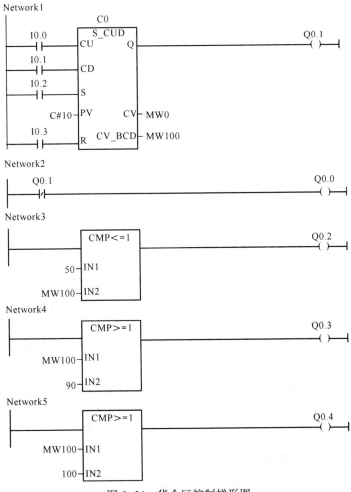

图 5-24 货仓区控制梯形图

除了前面介绍的常用的位逻辑指令、定时指令和计数指令外，还有数字指令（装入和传送指令、比较指令、转换指令、逻辑运算指令、算术运算指令、数字系统功能指令）、字逻辑运算指令、移位和循环移位指令、控制指令（逻辑控制指令、程序控制指令、主控继电器指令）。这里就不一一介绍，如有需要可查阅相关资料。

5.4 PLC在选煤厂集中控制系统中的应用

本节以选煤厂为例介绍PLC在集中控制系统中的应用。

5.4.1 概述

选煤厂集中控制是指对选煤系统中有联系的生产机械按照规定的程序在集中控制室内进行启动、停止或事故处理的控制。集中控制室多设在选煤厂主厂房内或主厂房附近，集控室中一般设有反映全厂设备工作情况的调度大屏，可以直观地观察到全厂设备的工作情况，显示工艺参数，通过电脑或移动终端可以随时启、停相应的生产设备，在发生设备故障时可以及时停掉部分或全部设备，以避免事故的扩大。

选煤厂生产的特点是设备台数多且相对集中，拖动方式简单，生产连续性强。因此，实现设备的集中控制，可以缩短全厂设备的启、停车时间，提高劳动生产率。例如，采用单机就地控制的选煤厂全厂起车一次约需要30min，而采用集中控制时只需要几分钟即可启动全厂设备。模拟盘或大屏幕图形显示器可以及时地显示设备的运行状况，大大方便了生产调度，并能够及时对设备故障进行处理，提高了生产的安全性。

我国选煤厂集中控制系统的类型大体经过几个阶段：第一阶段是继电器-接触器集中控制系统。这种控制系统自20世纪50年代起开始使用，有些选煤厂至今仍使用这种系统。其优点是控制原理简单，操作维护人员容易掌握。但这种系统的缺点也很明显，体积大、使用电缆芯线多、触点多、故障率高、维护工作量大。第二阶段是无触点逻辑元件和一位计算机控制的系统，现在基本不用。第三阶段是以PLC为控制核心，以上位机监控为可视化手段的集中控制系统。可编程序控制器（简称PLC）是一种主要针对开关量控制的工业控制微型计算机，它具有编程简单、使用操作方便、抗干扰能力强、能够适应各种恶劣的工业环境等特点，较前几种可靠性要高得多。因此，可编程控制器（PLC）集控系统将逐步取代其他几种控制系统。目前PLC控制器的功能较初期的型号性能有了巨大的提升，除了能处理开关量变量，还能够处理大量模拟量变量，除了简单的逻辑运算，还可进行算术运算。PLC模块的部署位置和方式也多样化，信号的传输既可以是有线传输也可以是无线传输。操作终端的形式也多样化，可以是本地电脑操作、Pad或定制的手机，也可以通过云部署在云端操作。

鉴于目前国内选煤厂中集中控制大多是以PLC为控制器的控制系统，因此，本节将着重介绍可编程序控制器（PLC）集中控制系统。对继电器-接触器控制系统，本节也将作较详细的介绍，其他系统因已逐渐被淘汰，本章不作过多说明。

5.4.2 选煤厂生产工艺对集中控制系统的要求

选煤厂工艺流程的连续性使生产设备之间的制约性强，一般均为连续生产，不能单独开某一台设备进行生产。在贮存及缓冲装置设备之后的任何一台设备的突然停车，都将会造成堆煤、压设备、跑煤和跑水等现象，引起事故范围扩大。因此，选煤厂集中控制系统应遵循如下原则。

5.4.2.1 启动、停车顺序

选煤厂生产工艺流程的连续性要求选煤厂设备的启动、停车必须严格按顺序进行。

（1）启动顺序。原则上是逆煤流逐台延时启动，启动延时时间一般为 3~5s，以避开前台电动机启动时产生的冲击电流，减小对电网的冲击。逆煤流逐台延时启动的优点是在生产机械未带负荷之前能够对生产机械的运行情况进行检查，待所有其他设备运转正常后启动给煤设备，可以避免因某台设备故障而造成压煤等现象。若采用顺煤流启动，则能够减少设备的空转时间，从而节省电能，减少机械磨损，但无法避免因设备故障而引起的压煤现象。因此，选煤厂一般采取逆煤流方向启动设备。

（2）停车顺序。正常时，应顺煤流方向逐台延时停车，延时时间为该台设备上的煤全部被转运至下台设备所需的时间；故障时，应在最短的时间内停掉全部设备或故障设备至给煤设备之间的所有设备。

5.4.2.2 闭锁关系

集中控制系统应有严格的闭锁关系，以确保某台设备故障时不至于引起事故范围的扩大，同时还应能方便地解锁。

5.4.2.3 控制方式的转换

集中控制应能方便地转换成单机就地手动控制，以确保集中控制系统故障时不至于影响生产。一般在选煤厂集中控制室的集中控制台上都装有控制方式转换开关。

5.4.2.4 工艺流程及设备的选择

当生产系统有并行流程或多台并行设备时，集中控制系统应具有对并行流程或并行设备选择的能力，以满足不同情况的工艺要求。

5.4.2.5 信号系统

信号系统应满足的要求主要有：

（1）预告信号：在启动前，集中控制室应发出启动预告信号，提醒现场操作人员回到各自工作岗位，靠近设备的人员远离即将开车的设备，靠近信号站的操作人员应检查设备，向集控室发出允许启动的应答信号或禁启信号，以保障启动时人员和设备的安全。同样，在停车前也应当发出停车预告信号。

（2）事故报警信号：当系统中某台设备发生故障时，集控系统应能够及时发出报警信号提醒工作人员注意。

（3）运转显示：为了及时掌握全厂设备运行状况，集中控制室应装有显示全厂设备的大屏幕图形显示器。大屏幕图形显示器上各台设备正常运行和事故状态的显示要反差明显，易于判断。当某台设备的状态发生变化时，系统能够自动调出设备的监控视频，方便调度和操作人员能够及时看到设备的实际情况。

选煤厂集中控制系统除需满足上述要求外，还应具有较高的可靠性和较强的抗干扰能力。

5.4.3 继电器-接触器集中控制系统

继电器-接触器集中控制系统是出现最早的一种集控系统。由于它结构简单，易于掌握和维修，曾被广泛采用，至今仍有部分选煤厂沿用。继电器-接触器集控系统是采用中间继电器和时间继电器为控制元件、接触器为执行元件而构成的集中控制系统。继电器、接触器控制电路的基本原理已在前面章节中讲过，这里是继电器、接触器控制电路的具体应用。本节我们以某厂原煤准备系统为例分析继电器-接触器集控系统的构成和工作原理。

图 5-25 所示为某厂原煤准备系统工艺流程及启、停车逻辑关系图。该系统的继电器-接触器集控系统由四个部分组成：信号电路，控制方式转换电路，启、停车延时电路，接触器控制电路。下面分别叙述各部分的电路组成和工作原理。

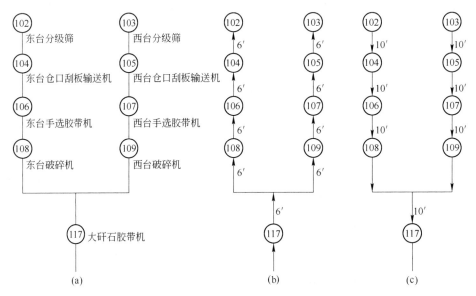

图 5-25　某厂原煤准备系统工艺流程及启、停车逻辑关系图
(a) 工艺流程；(b) 启动顺序；(c) 停车顺序

5.4.3.1　信号电路

信号电路包括预告电路、事故报警电路和设备运行状态显示电路三部分。

A　预告电路

集控操作人员向现场发出启动、停车预告信号的电路。它包括启动预告电路和停车预告电路。停车预告电路较为简单，停车前，按下停车预告按钮 3SB，则 2KA 线圈得电，其触点接通停车预告电铃，同时停车延时继电器 2KT 线圈得电，延时一段时间（如 30s）后常闭触点 2KT 断开，2KA 失电，预告结束。其电路如图 5-26 所示。

启动预告电路有两种形式，一种是禁启制启动预告电路，另一种是信号应答制启动预告电路。前者电路较为简单，如图5-26所示。它是由集控室发出预告信号，各岗位无特殊情况即可启动，若某一设备故障不能启动，操作人员则可到附近的信号站合上禁启开关（见图5-26中1S~3S），使3KA线圈得电，其常闭触点3KA断开，1KA线圈失电，撤除预告，从而达到禁启目的。

图5-27所示为信号应答预告电路。集控操作人员按下启动预告按钮1SB，1KA线圈得电，其触点接通预告电铃，开始预告，各岗位若无特殊情况，由信号站返回信号，各信号站按下按钮5SB、7SB、9SB，3KA~5KA线圈得电，其触点闭合，若此时启动预告延时继电器尚未达到其设定的延时时间，则启动控制继电器KA得电，系统开始启动。若在规定的启动预告延时时间内，因现场故障，某信号站未返回信号，KA无法得电，则该次预告失败，需重新预告。

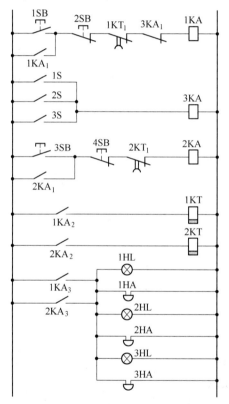

图5-26 信号预告电路

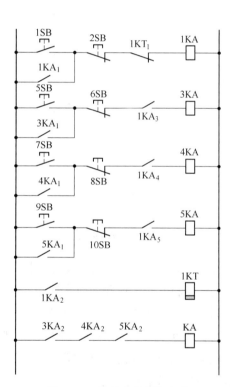

图5-27 信号应答预告电路

信号站实际上是一个装有信号预告灯、预告电铃、事故报警灯、事故报警电笛、禁启开关或信号应答按钮的信号箱。信号站可以根据生产系统来设置，一般每个生产系统可设置2~3个信号站，也可根据楼层来设置，每层可设2~3个，具体设置数量视各厂情况而定，不宜太多。本例中所介绍的原煤准备系统设有3个信号站，分别设在102、104、117号设备附近。

B 设备运行状态显示电路

设备运行状态可以通过集中控制室状态指示灯来显示，当指示灯亮时，表示该台设备处于运行状态，指示灯由设备控制接触器的辅助触点来控制。如图 5-28 所示，102KM～117KM 为 102～117 号设备的控制接触器的辅助触点，当设备运行时，其接触器的辅助触点吸合，该台设备的运行指示灯被点亮，设备停车时，其接触器辅助触点断开，指示灯熄灭。

    C   事故报警和显示电路

    图 5-29 所示为事故报警和显示电路。当某台设备发生故障时，其保护电路动作，同时触点 102GS₁～117GS₁ 闭合，接通各信号站及集控室的报警电笛和报警指示灯，发出声光信号提醒工作人员注意。

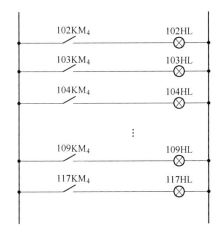

图 5-28   设备运行状态显示电路

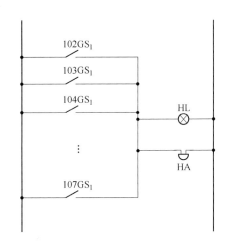

图 5-29   事故报警和显示电路

5.4.3.2   控制方式转换电路

    控制方式的转换是利用安装在集中控制室集中控制台上的控制方式转换开关来实现的。图 5-30 所示为控制方式转换电路，当转换开关 S 打至集中控制位置时，S 的 1、2 接点闭合，JKM 线圈得电，进入集控状态，当打至就地手动位置时，S 的 3、4 接点闭合，SKM 线圈得电，转入就地手动运行状态。

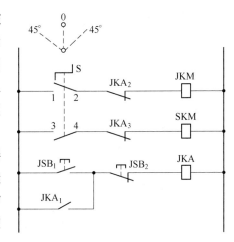

图 5-30   控制方式转换电路

    图 5-31 所示为集控/就地转换控制中间继电器电路。集控时，JKM 闭合接通集中控制方式中间继电器线圈电路。图中 102JKA～117JKA 为 102～117 号设备的集中控制方式控制中间继电器，其在主控接触器线圈电路中的触点 102JKA～117JKA 闭合，使主控接触器进入集中控制状态。就地手动时，JKM 断开，SKM 闭合，接通就地手动控制中间继电器 102SKA～107SKA 线圈电路，其触点 102SKA～117SKA 闭合，使主控接触器进入手动状态。

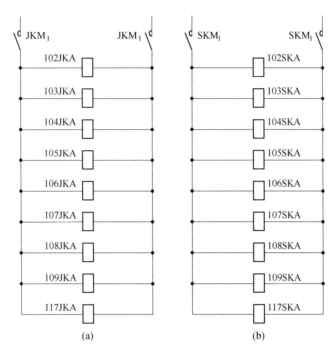

图 5-31　控制方式转换控制中间继电器电路

5.4.3.3　启停车延时电路

设备的启停车延时电路由时间继电器组成。启动延时电路的作用是为主控电路提供一个逆煤流启动的延时时序，停车延时电路的作用是为主控电路提供一个顺煤流停车的延时时序。

图 5-32 所示为启动延时继电器电路。当控制方式转换开关置于集中控制状态时，JKM 的常开触点闭合。图中 102KM$_s$ ~ 117KM$_s$ 分别为 102~117 号设备控制接触器的常开辅助触点。108S 和 109S 为设备选台开关，当 109S 闭合时，允许 109、107、105、103 号设备启动，当 108S 闭合时，允许 108、106、104、102 号设备启动，当 108S 和 109S 同时闭合时，允许两路设备同时工作。当启动预告结束、现场允许启动时，117 号设备首先启动，117KM 闭合，这时 108 和 109 尚未启动，常闭触点 108KM$_s$ 和 109KM$_s$ 闭合，若此时 108S 和 109S 均处于闭合状态，则时间继电器 108QKT 和 109QKT 线圈同时得电，经过设定的延时时间（一般在 5s 左右），108QKT 和 109QKT 闭合，使 108KM 和 109KM 得电，108 和 109 号设备启动，108KM$_s$ 和 109KM$_s$ 断开，108QKT 和 109QKT 复位，同时 106QKT 和 107QKT 得电开始延时，同样经过设定延时时间后 106 和 107 启动，106QKT 和 107QKT 复位。按此规律，直至 102 和 103 设备启动以后，系统进入运行状态，延时继电器都被复位，以便下次启动时使用。

停车延时继电器电路如图 5-33 所示。当停车预告结束时，102 和 103 首先停车（设 108S 和 109S 闭合），102KM 和 103KM 闭合，此时 104 和 105 设备还在运行，104KM$_7$ 和 105KM$_7$ 也处于闭合状态，因此停车延时继电器 104TKT 和 105TKT 得电；经过设定的延时时间（视具体设备而定），104TKT 和 105TKT 断开，104KM 和 105KM 失电，104 和 105 设备停车，104KM$_7$ 和 105KM$_7$ 断开，104TKT 和 105TKT 复位，同时 106TKT 和 107TKT 得电开始延时，直至 117 设备停车，所有停车时间继电器复位。

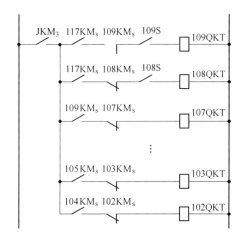

图 5-32　启动延时继电器电路

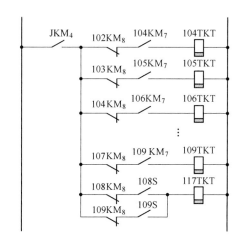

图 5-33　停车延时继电器电路

5.4.3.4　接触器电路

接触器电路直接控制着电动机的启动与停止，其电路结构如图 5-34 所示。它有两种工作方式：手动就地控制方式和集中控制方式。

A　手动控制方式

当控制方式转换开关置于就地手动位置时（见图 5-34），就地继电器 102SKA ~ 117SKA 得电，102SKA₁ ~ 117SKA₁ 闭合，此时每台设备的接触器电路相对独立，设备的启停由现场就地启停按钮控制，任意一台设备可以单独启停，不受其他设备的影响。如 102 设备的控制，当按下启动按钮 102SB₁ 时，102KM 得电，其主触点 102KM₁ 闭合，102 设备启动，同时 102KM₂ 闭合，电路自保，当按下停止按钮 102SB₂ 时，102KM 失电，102 设备停车。

B　集中控制方式

当控制方式开关置于集中控制位置时，102JKA₁ ~ 117JKA₁ 闭合，102SKA₁ ~ 117SKA₁ 断开，接触器电路进入集中控制状态，这时接触器控制电路之间有严格的闭锁关系。

（1）启动。集控启动前需要对并行设备进行选台，若要选左路 102~108 号，则合上选台开关 108S；若要选右路 103~109 号设备，则合上 109S；若两路设备都选，则 108S 和 109S 同时闭合。集控启动时，

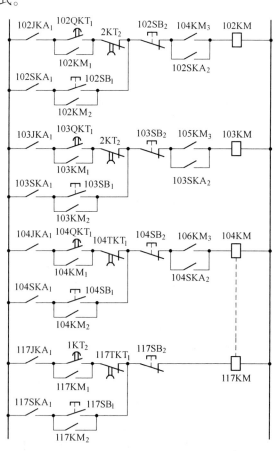

图 5-34　接触器控制电路

首先按下启动预告按钮 1SB，则继电器 1KA 得电，向各信号站发出启动预告信号，当设定预告时间结束时，若现场允许启动（对于应答式预告电路，在规定的预告时间内各信号站应返回信号），则 117 设备自动启动，此时若 108S 闭合，则 108QKT 得电（若 109S 闭合，则 109QKT 得电），经过设定的延时时间，108QKT$_1$ 闭合，108KM 得电，108 设备启动，同时 106KT 线圈得电，经过延时后，106 设备启动，按此规律，直至 102 设备启动完毕，系统进入运行状态。

（2）停车。正常情况下，应按顺煤流逐台延时停车。停车时，按下停车预告按钮 3SB，则继电器 2KA 得电，向各信号站发出停车预告信号，经过设定的预告时间，时间继电器 2KT 的常闭触点 2KT$_1$ 断开，预告结束后，同时常闭触点 2KT$_2$ 断开，102KM（103KM）失电，102 设备停车，104TKT 得电，延时后触发 104 设备停车，直至 117 设备停车。

故障时，应在尽量短的时间内停下全部设备或故障设备至给煤设备之间的设备，以减小事故范围。当系统中某台设备故障时，由现场操作人员按下该台设备的就地停车按钮，故障设备立即停车；同时通过事故闭锁触点，按逆煤流方向从故障设备至给煤设备依次停车，从而避免了堆煤、压设备等现象。如 106 设备故障时，按下 106SB$_2$，则 106KM 失电，106 设备停车，同时串接在 104KM 电路中的 106KM$_3$ 断开，使 104KM 失电，104 设备停车，同样 104KM 断开，使 102KM 失电，102 设备紧接着停车。当发生严重事故需要全部停车时，由集控操作人员按下急停控制按钮 JSB$_2$（见图 5-30），使急停控制继电器 JKA 失电，其常开触点 JKA$_2$、JKA$_3$ 断开，使得 JKM 线圈或 SKM 线圈失电，其对应常开触点断开，切断设备控制接触器的控制线圈电路，系统中全部设备停车。

5.4.4 可编程序控制器在选煤厂中的应用

对于选煤这样参控设备较多的生产过程，采用点数较少的小型 PLC 已不能满足控制要求。一般中小型选煤厂多采用输入输出点在 500 点左右的中型 PLC，如 S7-300。大型选煤厂可采用输入输出点数在 1000 以上的大型 PLC，如 S7-400 等。这里介绍一个 S7-300 的应用实例。

某选煤厂生产系统分原煤准备、原煤入洗、水洗、浮选四个部分，参加集中控制的设备有 60 多台，选用 S7-300 进行控制，系统采用在 S7-300 基本配置的基础上加两块扩展板。这里仍以原煤准备系统为例，对 S7-300 集中控制系统的结构和原理进行分析。

5.4.4.1 控制系统组成和基本控制原理

采用 PLC 组成的选煤厂集中控制系统，一般由控制台、PLC 柜、控制方式继电器柜、主控接触器屏、显示大屏等部分组成。PLC 安装在专门的开关柜中，PLC 的输出点用来控制接触器的线圈，当输出点为 ON 时，接触器得电设备启动，当输出点为 OFF 时，接触器断电设备停车。为了判断设备的状态，从每台设备的控制接触器主触点下面引回一个信号，至 PLC 的输入端。当某台设备停车时，接触器断开，该台设备所对应输入点为 OFF，设备运行时，其输入点为 ON。PLC 集中控制系统的主控接触器电路如图 5-35 所示。

5.4.4.2 输入输出点及输入输出模块的确定

系统的流程及启动、停车顺序如图 5-25 所示，控制方案与继电器控制系统基本相同，

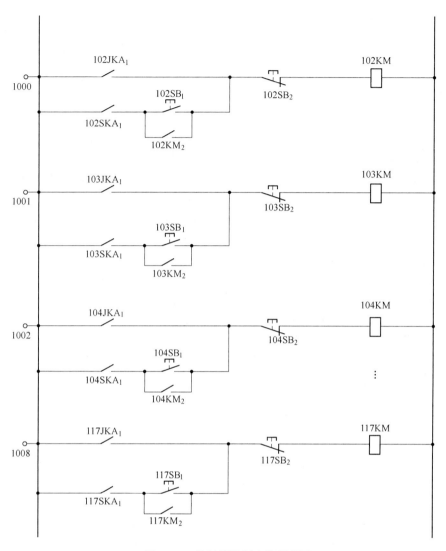

图 5-35 接触器控制电路原理图

信号预告采用禁启制。该系统共需启动按钮、复位按钮、停车预告按钮 3 个控制按钮，1个启停预告电铃，3 个禁启返回信号，需要控制的设备有 9 台，每台设备占一个输入点和一个输出点，因此，该系统共有 15 个输入信号，10 个输出信号。我们可以选择两块 16 点输入模块，一块 12 点输出模块。输入输出继电器的分配见表 5-24。

表 5-24 输入输出点分配表

输 入 点		输 出 点	
I 0.0	启动按钮	Q0.0	102 设备输出
I 0.1	复位按钮	Q0.1	103 设备输出
I 0.2	停止按钮	Q0.2	104 设备输出
I 0.3	禁启开关 S1	Q0.3	105 设备输出

输 入 点		输 出 点	
I 0.4	禁启开关 S2	Q0.4	106 设备输出
I 0.5	禁启开关 S3	Q0.5	107 设备输出
I 0.6	102 设备输入	Q0.6	108 设备输出
I 0.7	103 设备输入	Q0.7	109 设备输出
I 1.0	104 设备输入	Q1.0	117 设备输出
I 1.1	105 设备输入	Q1.2	原煤准备预告电铃
I 1.2	106 设备输入		
I 1.3	107 设备输入		
I 1.4	108 设备输入		
I 1.5	109 设备输入		
I 1.6	117 设备输入		

除表 5-24 中所列的输入输出继电器以外,编程时还要使用大量的内部辅助继电器和定时器计数器。

5.4.4.3 梯形图

根据前面介绍的编程方法,由图 5-25 所示的设备启动、停车顺序图,可以绘出用 S7-300 组成的控制系统的继电器梯形图。它由信号预告、启动延时、停车延时、启动保护、事故闭锁和接触器控制电路等部分组成。这里由于篇幅,不再列出详细的梯形图程序。

思　考　题

(1) 试述可编程控制器的功能与特点。
(2) 简述 PLC 的分类。
(3) PLC 主要由哪几部分组成?
(4) PLC 常用的编程语言有哪些?
(5) 试述我国选煤厂控制类型及其各自特点。
(6) 试述选煤厂生产工艺对集中控制系统的要求。
(7) 试述可编程控制器编程注意事项以及编程步骤。

6 工控组态软件及应用

本章彩图
请扫码

【本章学习要求】

（1）了解组态软件的功能、构成及发展历史，理解组态软件的地位与作用；

（2）熟悉国内外常用的组态软件及其特点；

（3）掌握组态软件的使用方法；

（4）掌握选煤厂集中控制系统中组态软件的应用开发。

随着计算机技术和网络技术的飞速发展，工业自动化水平不断提高，监控系统作为工业自动化的重要组成部分得到了普及与发展。为了适应监控系统设计过程对通用性、灵活性和开放性的要求，组态软件以"面向对象"的设计理念应运而生，并逐步发展至今。自2000年以来，国内监控组态软件产品、技术、市场都取得了飞快的发展，应用领域日益拓展，用户和应用工程师数量不断增多，充分体现了工业技术民用化的发展趋势。

目前组态软件已经走入能源、电力、钢铁、化工、机械等多种工业领域。因此，掌握组态技术尤为重要。

6.1 组态软件简介

6.1.1 概述

"组态"的概念源于"Configuration"，意思是使用软件工具对计算机及软件的各种资源进行配置，使计算机或软件能够按照预先的设置自动执行满足特定要求的任务。在组态概念出现之前，工业监控系统的设计是靠专业人员根据其具体功能通过编写程序来实现的，开发周期长，工作量大，而且被控对象发生变化后，就必须对其进行大量的修改。因此，"组态"这一思想越来越受到自动化技术人员的重视，解决了早期工业监控系统设计方法上的弊端。

组态软件（又称监控组态软件）是指一些数据采集与过程控制的专用软件，是自动控制系统监控层一级的软件平台和开发环境。使用灵活的组态方式，为用户提供快速构建工业自动控制系统监控功能的通用软件工具。组态软件是伴随 DCS 系统的出现而被熟知，典型分布式工业网络控制系统通常可分为设备层、控制层、监控层和管理层四个层次结构。其中，设备层负责将物理信号转换成数字或标准的模拟信号，控制层完成对工艺过程的逻辑控制，监控层通过集中管理，以完成监控生产过程，而管理层则是对生产数据进行管理、统计和查询等。控制层的运行主要通过 PLC 实现，而监控层对生产过程的监控、数据管理及通讯主要由组态软件负责。因此，组态软件逐步发展成为工业自动化领域中广泛使用的通用软件，目前已经应用于企业信息管理系统、管理和控制一体化、远程诊断和维护等各个领域。

6.1.2　组态软件的地位和作用

组态软件的应用为自动化工程人员带来了极大的便利，组态软件开发的监控系统是自动控制系统的一部分，承担着三大基本职责：

（1）人机交互。作为操作人员与控制系统交互信息的平台，允许用户根据系统实时信息发出控制指令以调整控制系统的运行状态。

（2）数据采集及监控。采集来自自动化现场的各种信息，在组态软件中将这些信息进行存储、运算等各种处理，并且根据这些数据的处理结果对现场的设备进行合理的控制，使系统能够正常地运行。

（3）通信。组态软件需要与系统进行通信，以便实时掌握现场的各种信息。

组态软件作为监控系统的设计工具保障了整个控制系统在以上三方面的正常运行。

6.1.3　组态软件组成

6.1.3.1　组态软件的设计思想

在单任务操作系统环境下（例如 MS-DOS），要想让组态软件具有很强的实时性，就必须利用中断技术，这种环境下的开发工具较简单，软件编制难度大，目前基本上已退出市场。

在多任务环境下，由于操作系统直接支持多任务，组态软件的性能得到了全面加强。因此组态软件一般都由若干组件构成，而且组件的数量在不断增长，功能不断加强。各组态软件普遍使用了"面向对象"（Object Oriental）的编程和设计方法，使软件更加易于学习和掌握，功能也更强大。

6.1.3.2　组态软件的组成

目前，世界上有不少专业厂商生产和提供各种组态软件产品，仅国产组态软件就多达30种以上，各厂家生产的组态软件从设计理念到设计构架都不尽相同。然而，实现对工业自动化过程的监控及数据的采集，通过友好的人机交互界面向操作人员显示重要信息及控制接口是组态软件的基本功能要求。这些功能是由"系统开发环境"和"系统运行环境"共同实现的，这两部分子系统共同搭建起组态软件的整个体系结构，系统开发环境和系统运行环境之间的联系纽带是实时数据库，三者之间的关系如图6-1所示。

图6-1　组态软件结构示意图

A　系统开发环境

系统开发环境是自动化工程设计工程师为实施其控制方案，在组态软件的支持下进行应用程序的系统生成工作所必须依赖的工作环境。通过建立一系列用户数据文件，生成最终的图形目标应用系统，供系统运行环境运行时使用。系统开发环境由若干个组态程序组成，如图形界面组态程序、实时数据库组态程序等。

B   系统运行环境

在系统运行环境（运行环境）下，目标应用程序被装入计算机内存并投入实时运行。系统运行环境由若干个运行程序组成，如图形界面运行程序、实时数据库运行程序等。组态软支持在线组态技术，即在不退出系统运行环境的情况下，可以直接进入组态环境并修改组态，使修改后的组态直接生效。

自动化设计工程师最先接触的一定是系统开发环境，通过一定工作量的系统组态和最终将目标应用程序在系统运行环境投入实时运行，完成一个工程项目。

通过以上介绍，从图6-2可看出组态软件的开发系统和运行系统既相互独立又相互联系，用户只有恰当地选择和使用两者，系统才能达到既节约监控系统成本又较好地完成自动过程监控任务的目的。但是只有通过两者的紧密配合才能实现对自动化过程的监控任务。为了方便用户在不具备复杂编程技术的基础上，组态符合自身需求的监控系统，组态软件为用户提供了多种可供选择的功能。

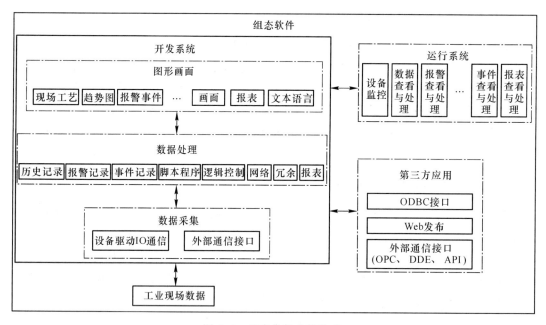

图6-2   组态软件功能构成

C   组态软件的构成组件

一般的组态软件都由图形界面系统、控制功能组件、实时数据库系统、驱动组件及第三方程序接口。下面将分别讨论每一类组件的设计思想。

在图形画面生成方面，构成现场各过程图形的画面被划分成几类简单的对象：线、填充形状和文本。每个简单的对象均有影响其外观的属性，对象的基本属性包括：线的颜色、填充颜色、高度、宽度、取向、位置移动等，这些属性可以是静态的，也可以是动态的。静态属性在系统投入运行后保持不变，与原来组态时一致。而动态属性则与表达式的值有关，表达式可以是来自 I/O 设备的变量，也可以是由变量和运算符组成的数学表达式，对象的动态属性随表达式值的变化而实时改变。例如，用一个矩形填充体模拟现场的液位，在组态这个矩形的填充属性时，指定代表液位的工位号名称，液位的上、下限及对应的填充高度，就完成了液位的图形组态，这个组态过程通常叫做动画连接。

在图形界面上还具备报警通知及确认、报表组态及打印、历史数据查询与显示等功能，各种报警、报表、趋势都是动画连接的对象，其数据源都可以通过组态来指定，这样每个画面的内容就可以根据实际情况由工程技术人员灵活设计，每幅画面中的对象数量均不受限制。

在图形界面中，各类组态软件普遍提供了一种类 Basic 语言的编程工具——脚本语言来扩充其功能。用脚本语言编写的程序段可由事件驱动或周期性地执行，是与对象密切相关的。例如，当按下某个按钮时可指定执行一段脚本语言程序，完成特定的控制功能，也可以指定当某一变量的值变化到关键值以下时，马上启动一段脚本语言程序完成特定的控制功能。

控制功能组件以基于 PC 的策略编辑/生成组件（也有人称之为软逻辑或软 PLC）为代表，是组态软件的主要组成部分，虽然脚本语言程序可以完成一些控制功能，但是不够直观，对于用惯了梯形图或其他标准编程语言的自动化工程师来说不够方便，因此目前的多数组态软件都提供了基于 IEC1131-3 标准的策略编辑/生成控制组件，它也是面向对象的，但不是唯一地由事件触发，它像 PLC 中的梯形图一样按照顺序周期执行。策略编辑/生成组件在基于 PC 和现场总线的控制系统中是大有可为的，可以大幅度地降低成本。

实时数据库是更为重要的一个组件，因为 PC 强大的处理能力，实时数据库更加充分地表现出了组态软件的长处。实时数据库可以存储每个工艺点的多年数据，用户既可浏览工厂当前的生产情况，也可回顾过去的生产情况。实时数据库组件可以提高系统的实时性，增强处理能力。实时数据库系统可以定义实时数据库的结构、数据来源、数据连接、数据类型及相关的各种参数。在系统运行环境下，目标实时数据库及其应用系统被实时数据库系统运行程序装入计算机内存并执行预定的各种数据计算、数据处理任务。历史数据的查询、检索、报警的管理都是在实时数据库系统运行程序中完成的。

驱动组件是组态软件中必不可少的组成部分，用于和 I/O 设备通讯，互相交换数据，DDE 和 OPC Client 是两个通用的标准 I/O 驱动程序，用来支持 DDE 标准和 OPC 标准的 I/O 设备通讯。多数组态软件的 DDE 驱动程序被整合在实时数据库系统或图形系统中，而 OPC Client 则多数单独存在。

通讯及第三方程序接口组件是开放系统的标志，是组态软件与第三方程序交互及实现远程数据访问的重要手段之一，它有下面几个主要作用：

（1）用于双机冗余系统中，主机与从机间的通讯。

（2）用于构建分布式 HMI/SCADA 应用时多机间的通讯。

（3）在基于 Internet 或 Browser/Server（B/S）应用中实现通讯功能。

通讯组件中有的功能是一个独立的程序，可单独使用，有的被"绑定"在其他程序当中，不被"显式"地使用。

6.1.4　组态软件的功能分析

组态软件的功能分析如下：

（1）丰富的画面显示组态功能。目前，工控组态软件大都运行于 Windows 环境下，充分利用了 Windows 的图形功能完善界面美观的特点。可视化的 IE 风格界面和丰富的工具栏，使得操作人员可以直接进入开发状态，节省时间。丰富的图形控件和工况图库，提供了大量的工业设备图符及仪表图符，还提供趋势图、历史曲线、组数据分析图等，既提供所需的组件，又是界面制作向导。提供给用户丰富的作图工具，使用户可以随心所欲地绘制出各种工业画面，并可以编辑，从而将开发人员从繁重的界面设计中解放出来。画面丰富多彩，为设备的正常运行、操作人员的集中控制提供了极大的方便。

（2）通信功能与良好的开放性。组态软件向下应能与数据采集部分硬件通讯，向上应能与高层管理网互联。开放性是指组态软件能与多种通讯协议互联，支持多种硬件设备。组态软件要在冶金、电力、机械等各行各业通用，必须满足不同的测点要求，必须适应各类测控硬件设备。开放性是衡量一个组态软件好坏的重要指标。

（3）丰富的功能模块。组态软件提供工业标准数学模型库和控制功能库，满足用户所需的测控要求，而不应将固定的模式强加给用户。利用各种功能模块，完成实时监控、产生功能报表、显示历史曲线、实时曲线、提供报警等功能，使系统具有良好的人机界面，易于操作。

（4）强大的数据库。配有实时数据库，可存储各种数据，如模拟量、离散量、字符型等，实现与外部设备的数据交换。

（5）可编程的命令语言及仿真功能。有可编程的命令语言，使用户可根据自己的需要编写程序，增强图形界面。同时提供强大的仿真功能，使系统能够并行设计，从而缩短开发周期。

6.1.5　组态软件的特点

组态软件充分利用现代化计算机所提供的强大运算处理、通信和图形能力，实现对工业现场数据的采集、监控和管理，与早期的定制软件相比，界面更为形象、直接、友好，管理功能也更为强大。另外，组态软件还具有以下特点：

（1）延续性和可扩充性：当现场（包括硬件设备或系统结构）或用户需求发生改变时，组态软件开发的应用程序不需做太大修改即可方便地完成软件的更新和升级。

（2）封装性：通用组态软件所能完成的功能均用一种方便用户使用的方法包装起来，对于用户，不需掌握太多的编程语言技术（甚至不需要编程技术），就可很好地完成一个复杂工程所要求的所有功能。

（3）通用性：每个用户根据工程实际情况，利用通用组态软件提供的底层设备（PLC、智能仪表、智能模块、板卡、变频器等）的 I/O 驱动器、开放式的数据库和画面制作工具，就可完成一个具有人机界面、实时数据处理、历史数据和曲线并存、具有多媒体功能和网络功能的工程，不受行业限制。

6.1.6 组态软件的组态方式

常用的组态方式有：系统组态、控制组态、画面组态、数据库组态、报表组态、报警组态、历史组态和环境组态：

（1）系统组态。系统组态又称为系统管理组态，这是整个组态工作中的第一步，也是最重要的一步。系统组态的主要工作是对系统的结构以及构成系统的基本要素进行定义。以 DCS 的系统组态为例，硬件配置的定义包括：选择什么样的网络层次和类型，选择什么样的工程师站、操作员站和现场控制站以及其具体的配置。

（2）控制组态。控制组态又称为控制回路组态，这同样是一种非常重要的组态。为了确保生产工艺的实现，一个计算机控制系统要完成各种复杂的控制任务。因此，有必要生成相应的应用程序来实现这些控制。组态软件往往会提供各种不同类型的控制模块，组态的过程就是将控制模块与各个被控变量相联系，并定义控制模块的参数。另外，对于一些被监视的变量，也要在信号采集之后对其进行一定的处理，这种处理也是通过软件模块来实现的。因此，也需要将这些被监视的变量与相应的模块相联系，并定义有关的参数。这些工作都是在控制组态中来完成。

（3）画面组态。它的任务是为计算机控制系统提供一个方便操作人员的人机界面。显示组态的工作主要包括两个方面：一是画出一幅（或多幅）能够反映被控制的过程概貌的图形；二是将图形中的某些要素与现场的变量相联系，当现场的参数发生变化时，就可以及时地在显示器上显示出来，或者是通过在屏幕上改变参数来控制现场的执行机构。

现在的组态软件都会为用户提供丰富的图形库。图形库中包含大量的图形元件，只需在图形库中将相应的子图调出，再做少量修改即可。因此，即使是完全不会编程序的人也可以"绘制"出漂亮的图形来。图形又可以分为两种：一种是平面图形，平面图形虽然不是十分美观，但占用内存少，运行速度快；另一种是三维图形。

（4）数据库组态。数据库组态包括实时数据库组态和历史数据库组态。实时数据库组态的内容包括数据库各点的名称、类型、工位号、工程量转换系数上下限、线性化处理、报警限和报警特性等。历史数据库组态的内容包括定义各个进入历史库数据点的保存周期，有的组态软件将这部分工作放在了历史组态之中，还有的组态软件将数据点与 I/O 设备的连接放在数据库组态之中。

（5）报表组态。一般的计算机控制系统都会带有数据库，因此，可以很轻易地将生产过程形成的实时数据形成对管理工作十分重要的日报、周报或月报。报表组态包括定义报表的数据项、统计项、报表的格式以及打印报表的时间等。

（6）报警组态。报警功能是计算机控制系统很重要的一项功能，它的作用就是当被控或被监视的某个参数达到一定数值的时候，以声音、光线、闪烁或打印机打印等方式发出报警信号，提醒操作人员注意并采取相应的措施。报警组态的内容包括报警的级别、报警限、报警方式和报警处理方式的定义。有的组态软件没有专门的报警组态，而是将其放在控制组态或显示组态中顺便完成报警组态的任务。

（7）历史组态。计算机控制系统对实时数据采集的采样周期很短，形成的实时数据很多，这些实时数据不可能也没有必要全部保留，可以通过历史模块将浓缩实时数据形成有用的历史记录。历史组态的作用就是定义历史模块的参数，形成各种浓缩算法。

6.2　常用的组态软件

随着工业自动化行业对 SCADA 系统需求的不断扩大，市面上出现了各种不同类型的组态软件以满足不同用户的需求。按照使用对象来分类，可以将组态软件分为两类：一类是专用的组态软件，另一类是通用的组态软件。专用组态软件主要是由集散控制系统厂商和 PLC 厂商专门为本公司自动化系统开发的组态软件。通用组态软件并不特别针对某一类特定的系统，开发者可以根据需要选择合适的软件和硬件来构成自己的计算机控制系统。下面介绍常用的几种组态软件。

6.2.1　国外组态软件

（1）InTouch 是世界上第一款组态软件，也是最早进入我国市场的组态软件。在 20 世纪 80 年代末 90 年代初，基于 Windows3.1 的 InTouch 软件曾让我们耳目一新，并且 Intouch 提供了丰富的图库。但早期的 InTouch 软件采用 DDE 方式与驱动程序通信，性能较差，最新的 InTouch 7.0 版已经完全基于 32 位的 Windows 平台，并且提供了 OPC 支持。

（2）iFIX 是 Intellution 公司以 FIX 组态软件起家，1995 年被艾默生收购，现在是艾默生集团的全资子公司，FIX 软件提供工控人员熟悉的概念和操作界面，并提供完备的驱动程序。20 世纪 90 年代末，Intellution 公司重新开发内核，并将重新开发的新的产品命名为 iFix。在 iFix 中 Intellution 提供了强大的组态功能，将 FIX 原有的 Script 语言改为 VBA，并且在内部集成了微软的 VBA 开发环境。Intellution 产品与 Microsoft 的操作系统、网络进行了紧密的集成。Intellution 也是 OPC 组织的发起成员之一。iFIX 的 OPC 组件和驱动程序同样需要单独购买，iFIX 等原 Intellution 公司产品均归 GE 智能平台（GE-IP）。

（3）WinCC 是一套完备的组态开发环境，提供类 C 语言的脚本，包括一个调试环境。WinCC 内嵌 OPC 支持，并可对分布式系统进行组态。

6.2.2　国内组态软件

（1）ForceControl（力控）：由北京三维力控科技有限公司开发，核心软件产品初创于 1992 年，是国内较早出现的组态软件之一，其内置独立的实时历史数据库支持 Windows/UNIX/Linux 操作系统。目前，力控软件在国内组态软件市场有一定的占有率。

（2）KingView（组态王）：由北京亚控科技发展有限公司开发，该公司 1991 年开始创业，1995 年推出组态王 1.0 版本，现在组态王 7.5SP3 是最新的版本，在组态王系列产品功能的基础上对目前客户使用过程中发现的功能性、可靠性、稳定性问题进行了全面优化提升。在国产软件市场中市场占有率第一。

（3）MCGS：由北京昆仑通态自动化软件科技有限公司开发，市场上主要是搭配硬件销售。目前 MCGS 有三种形式：一个是 MCGS 嵌入版 7.0，一个是 MCGS 通用版 6.2，还有一个是 MCGS 网络版 6.2。

6.3　组态软件的发展趋势

监控组态软件日益成为自动化硬件厂商争夺的重点。整个自动化系统中，软件所占比重逐渐提高，虽然组态软件只是其中一部分，但因其渗透能力强、扩展性强。因此，监控组态软件具有很高的产业关联度，是自动化系统进入高端应用、扩大市场占有率的重要桥梁。在这种思路的驱使下，西门子公司的 WinCC 在市场上取得巨大成功。目前，国际知名的工业自动化厂商如 Rockwell、GE Fanuc、Honeywell、西门子、ABB、施耐德、英维思等均开发了自己的组态软件。

6.3.1　集成化、定制化

从软件规模上看，大多数监控组态软件的代码规模超过 100 万行，已经不属于小型软件的范畴了。从其功能来看，数据的加工与处理、数据管理、统计分析等功能越来越强。监控组态软件作为通用软件平台，具有很大的使用灵活性。但实际上很多用户需要"傻瓜"式的应用软件，即需要很少的定制工作量即可完成工程应用。为了既照顾"通用"又兼顾"专用"，监控组态软件拓展了大量的组件，用于完成特定的功能，如油井示工图组件、协议转发组件、ODBC Router、ADO 曲线、万能报表组件、GPRS 透明传输组件等。

6.3.2　纵向：功能向上、向下延伸

监控组态软件处于监控系统的中间位置，向上、向下均具有比较完整的接口，因此对上、下应用系统的渗透能力也是组态软件的一种本能，具体表现以下几方面。

6.3.2.1　向上

监控组态软件的管理功能日渐强大，在实时数据库及其管理系统的配合下，具有部分 MIS、MES 或调度功能。尤其以报警管理与检索、历史数据检索、操作日志管理、复杂报表等功能较为常见。

6.3.2.2　向下

（1）日益具备网络管理（或节点管理）功能。在安装有同一种监控组态软件的不同节点上，在设定完地址或计算机名称后，互相之间能够自动访问对方的数据库。监控组态软件的这一功能，与 OPC 规范以及 IEC 61850 规约、BACNet 等现场总线的功能类似，反映出其网络管理能力日趋完善的发展趋势。

（2）软 PLC、嵌入式控制等功能。除监控组态软件直接配备软 PLC 组件外，软 PLC 组件还作为单独产品与硬件一起配套销售，构成 PAC 控制器。这类软 PLC 组件一般都可运行于嵌入式 Linux 操作系统。

（3）OPC 服务软件。OPC 标准简化了不同工业自动化设备之间的互联通信，在国际上，已成为广泛认可的互联标准。而监控组态软件同时具备 OPC Server 和 OPC Client 功能，如将监控组态软件丰富的设备驱动程序根据用户需要打包为 OPC Serve 单独销售，则既丰富了软件产品种类又满足了用户的这方面需求，加拿大的 Matrikon 公司即以开发、销

售各种 OPC Server 软件为主要业务，已经成为该领域的领导者。监控组态软件厂商拥有大量的设备驱动程序，因此开展 OPC Sever 软件的定制开发具有得天独厚的优势，力控科技的 Multi-OPCServer 产品即属此类。

（4）工业通信协议网关。工业通信协议网关是一种特殊的 Gateway，属于工业自动化领域的数据链产品。OPC 标准适合计算机与工业 I/O 设备或桌面软件之间的数据通信，而工业通信协议网关适合在不同的工业 I/O 设备之间、计算机与 I/O 设备之间需要进行网段隔离、无人值守、数据保密性强等应用场合的协议转换。市场上有专门从事工业通信协议网关产品开发、销售的厂商，如 Woodhead、Prolinx 等，但是监控组态软件厂商将其丰富的 I/O 驱动程序扩展一个协议转发模块就变成了通信网关，开发工作的风险和成本极小。Multi-OPCServer 和通信网关 PFieldComm 都是力控监控组态软件的衍生产品。

6.3.3　横向：监控、管理范围及应用领域扩大

只要同时涉及实时数据通信（无论是双向还是单向）、实时动态图形界面显示、必要的数据处理、历史数据存储及显示，就存在对组态软件的潜在需求。除了大家熟知的工业自动化领域，近几年以下领域已经成为监控组态软件的新增长点。

（1）设备管理或资产管理（Plant Asset Management，PAM）。此类软件的代表是艾默生公司的设备管理软件 AMS。据 ARC 机构预测，到 2009 年全球 PAM 的业务量将达到 19 亿美元。PAM 所包含的范围很广，其共同点是实时采集设备的运行状态，累积设备的各种参数（如运行时间、检修次数、负荷曲线等），及时发现设备隐患、预测设备寿命，提供设备检修建议，对设备进行实时综合诊断。

（2）先进控制或优化控制系统。在工业自动化系统获得普及以后，为提高控制质量和控制精度，很多用户开始引进先进控制或优化控制系统。这些系统包括自适应控制、（多变量）预估控制、无模型控制器、鲁棒控制、智能控制（专家系统、模糊控制、神经网络等）及其他依据新控制理论而编写的控制软件等。这些控制软件的强项是控制算法，使用监控组态软件主要解决控制软件的人机界面、与控制设备的实时数据通信等问题。

（3）工业仿真系统。仿真软件为用户操作模拟对象提供了与实物几乎相同的环境。仿真软件不但节省了巨大的培训成本开销，还提供了实物系统所不具备的智能特性。仿真系统的开发商在仿真模块的算法方面专长，在实时动态图形显示、实时数据通信方面不一定有优势，监控组态软件与仿真软件间通过高速数据接口连为一体，在教学、科研仿真应用中应用越来越广泛。

6.4　组态软件在选煤厂集中控制系统中的应用

6.4.1　WinCC 在选煤厂的应用

6.4.1.1　设计方案

选煤厂控制选用西门子 S7-300 PLC 全场设备的控制器，因此上位机界面采用西门子系列组态软件 WinCC，能够很好地实现全厂生产过程信息的采集、传输、处理、显示、记

录打印等功能。

所有参控设备的转换开关均分手动和自动两种状态。手动状态即现场就地控制状态，岗位操作人员可通过现场的设备开关对设备进行启停，监控系统只能监视设备运行状态而无法对其进行操作。自动状态即远程监视控制状态，可以通过监控界面的控制按钮实现对设备的控制。远程监控主要实现对设备启停和解/闭锁的控制，而设备的启停又分为单机方式和集中方式。集中方式下可实现整套系统的顺序延时启停车，为保证安全，在集中启车时必须设置应答，各应答站信号全部返回时方可开始顺序延时启车，以免发生事故。对于单台受控设备，分别设置单机启停车按钮和解闭锁按钮，以方便设备检修需要。

对于设备的突发故障及参数的超限，设置语音或视觉报警，以及时提醒操作人员，缩短故障处理时间，保证全厂生产的安全有序。对于重要的生产过程参数，可以实现随时查询及打印功能。

6.4.1.2　通信组态

SIMATIC WinCC 是采用了最新的 32 位技术的过程监控软件，具有良好的开放性和灵活性，通过 ActiveX、OPC、SQL 等标准接口，WinCC 可以方便地与其他软件进行通信。而要实现利用监控软件来控制生产过程，就必须在上位机和下位机间建立通信连接，使下位机采集到的现场信号能够传送到上位机，并将上位机的控制信号传回，触发相应接触器线圈动作，以达到控制生产的目的。

WinCC 与 S7-300 系列 PLC 的通信，可以采用 MPI、PROFIBUS 和 TCP/IP 的通信协议之一进行。综合实用性和经济性要求，本控制系统采用 MPI 的工业通信方式实现 WinCC 和 PLC 的通信连接。

MPI 是多点接口（Multi Point Interface）的简称，是西门子公司开发的用于 PLC 之间通信的保密协议。MPI 通信是当通信速率要求不高、通信数据量不大时，可以采用的一种简单经济的通信方式。MPI 通信可使用 PLC S7-200/300/400、操作面板 TP/OP 及上位机 MPI/PROFIBUS 通信卡，如 CP5512/CP5611/CP5613 等进行数据交换。MPI 网络的通信速率为 19.2kbps~12Mbps，最多可以连接 32 个节点，最大通信距离为 50m，但是可以通过中继器来扩展长度，加中继器后可延长到 1000m。

建立 WinCC 与 PLC 的通信步骤如图 6-3 所示。

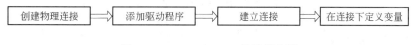

图 6-3　WinCC 与 PLC 的通信步骤

A　创建 WinCC 站与自动化系统间的物理连接

在大多数情况下，过程处理的基于硬件的连接是利用通信处理器来实现的。WinCC 通信驱动程序使用通信处理器来向 PLC 发送请求消息，然后通信处理器将相应回答消息中请求的过程值发回 WinCC。本项目的 WinCC 和 PLC 通信在硬件上是通过 CPU315-2DP 上的 DP 接口来实现的，因此在上位机上安装了通信网卡 CP5611，并用 MPI 电缆连接。

B　在 WinCC 项目中添加适当的通道驱动程序

WinCC 提供了与各种不同类型 PLC 进行通信所需的驱动程序，用于连接数据管理器和 PLC。通信驱动程序具有扩展名 .chn，安装在系统中所有的通信驱动程序可在 WinCC 安装目录下的子目录 \ bin 中查到。

本项目采用 S7 - 300PLC，从 WinCC 变量管理器右键添加驱动程序 "SIMATIC S7 Protocol Suite. chn"，如图 6-4 所示。

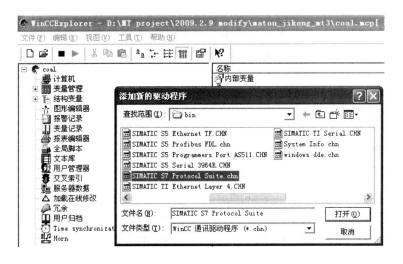

图 6-4　添加驱动程序

C　在通道驱动程序适当的通道单元下建立与指定通信伙伴的连接

SIMATIC S7 Protocol Suite. chn 下有九个通道单元，由于我们选择使用 MPI 协议实现与 PLC 的通信，故选择 MPI 通道单元来组态通信连接。在此通道下建立新的连接，为连接命名并设置连接参数；如图 6-5 所示，设置的 MPI 地址应与 PLC 硬件配置中 CPU 的 MPI 地址相同。连接建立后，握手图标出现在 MPI 协议下，表明新连接 New Connection 已成功建立。

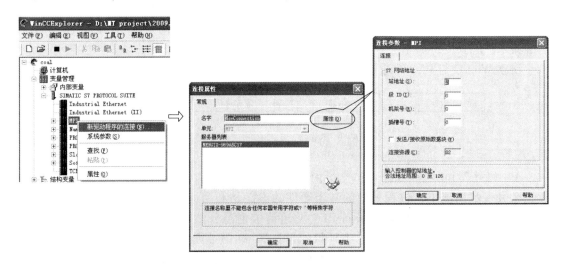

图 6-5　为新驱动程序建立连接

D 在连接下建立变量

要使 WinCC 能够正确读取现场的信息，还必须在所建立的通信连接下为系统建立通信所需要的外部变量。外部变量是 WinCC 与 PLC 通信的桥梁，而通信的关键不是变量名称，而是变量的外部地址，所以在建立的同时除定义其名称、数据类型外，还必须指定变量的地址，且此地址属性必须与 S7-300 中变量地址一一对应。外部变量的建立过程如图 6-6 所示。

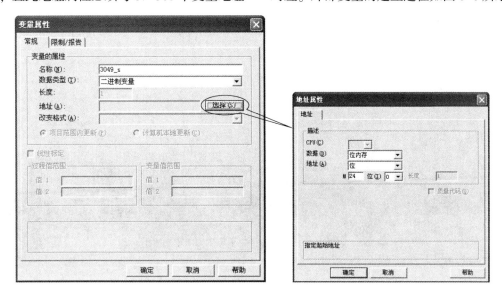

图 6-6 外部变量的建立

此时，WinCC 就可与下位机 PLC 进行数据通信了。WinCC 系统的通信结构层次图如图 6-7 所示。

6.4.1.3 WinCC 界面组态

按照设计要求将生产工艺过程划分为四个子系统（原煤给煤入洗系统、单号重介浮选系统、双号重介浮选系统、浓缩运销系统），分别绘制显示画面，将每个子系统中包含的设备按生产工艺流程排列，并在参控设备旁边给出该设备的转换开关状态、启停按钮及单台解闭锁按钮，在各个子系统画面中，还统一放置了"切换菜单""解锁菜单""应答信号"等按钮，以方便操作员操作。同时还添加了趋势图、报警记录和数据报表三个画面，趋势图和报警记录分别用于显示生产过程中一些重要参数在一段时间内的趋势走向和超限值报警记录，数据报表主要用于进行历史数据查询、打印等功能。

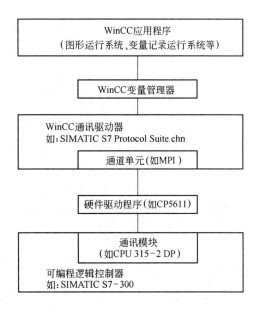

图 6-7 WinCC 通信结构层次图

启动监控软件，进入主界面，如图6-8所示，在该界面上点击各系统按钮即进入相应的监控界面，若想退出该监控系统，可直接点击左下角的"退出WinCC"按钮。

图6-8 监控系统主界面

原煤系统的界面由"模拟量显示及设定"及"原煤给煤、入洗系统"两部分组成。为了及时全面地了解全厂的重要数据参数，在此界面设置了重要参数的显示及用于PID调节的液位设定值的设定，以便于随时了解各参数，指导全厂生产。原煤系统的界面显示如图6-9所示。

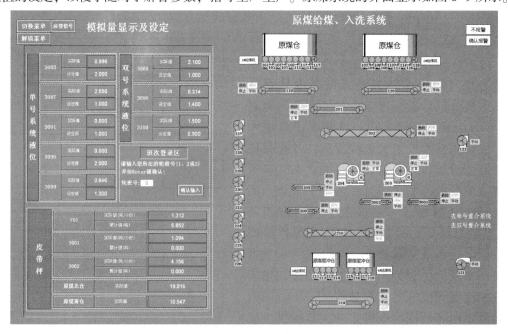

图6-9 原煤系统界面

　　单、双号系统是全厂生产的两大主系统，其生产运行状况直接决定全厂的效益，是全厂的命脉，因此，保证这两个系统有效稳定的运行是提高全厂产量的前提。单、双号系统的界面显示分别如图6-10、图6-11所示，在这两个系统中，除了统一配置的"切换菜单""解锁菜单""应答信号"按钮外，还单独设置了"单/双号启车控制"按钮，分别用于控制单、双号系统的集中启停车。

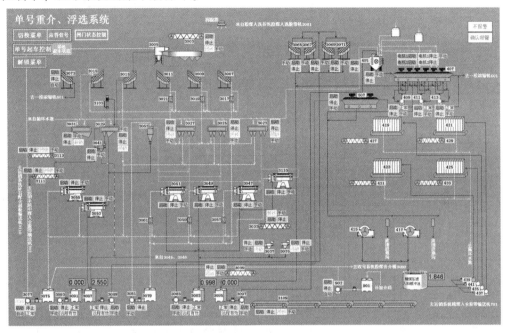

图6-10　单号系统界面

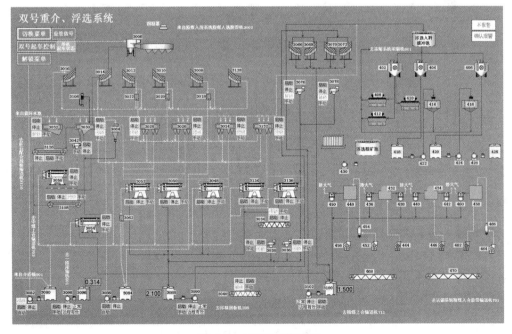

图6-11　双号系统界面

浓缩、运销系统界面显示如图6-12所示。

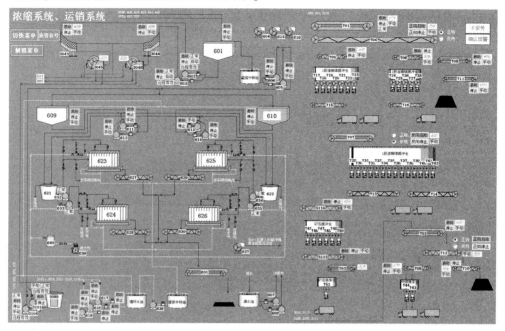

图6-12   浓缩、运销系统界面

趋势图、趋势列表界面通过调用 WinCC Online Trend Control 和 WinCC Online Table Control 控件可以显示已经在变量记录编辑器里组态好的归档变量值（如各液位高度、皮带秤、原煤仓料位计实时值）在一段时间范围（该范围可由用户定义）内的趋势走向，界面显示如图6-13所示。为方便用户查询分析，各条曲线可集中显示，也可单独显示。

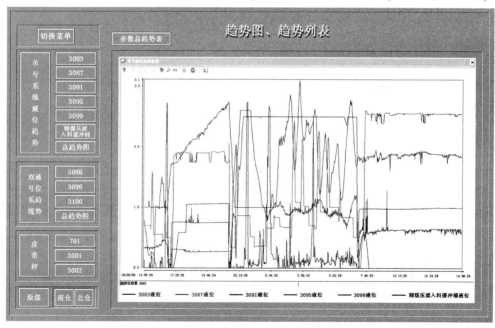

图6-13   趋势图界面

　　根据用户要求，预先在报警记录编辑器里组态报警消息（过程值的超限报警），在运行系统中利用 WinCC Alarm Control 控件将报警信息（包括报警发生的时间、日期、报警的编号、消息文本及错误点）直观地显示在监控界面上，如图 6-14 所示，以便通知操作员在生产过程中发生的故障和错误消息，用于及早警告临界状态，并避免停机或缩短停机时间。

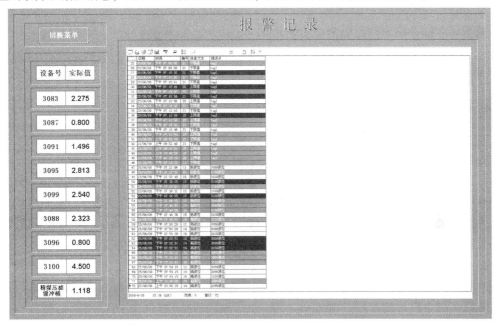

图 6-14　报警记录界面

　　为了方便用户查询及使用，将用户查询结果显示在 WinCC 界面上的 Spread Sheet 中，并将数据报表作为一个独立的界面，数据报表界面效果图如图 6-15 所示。

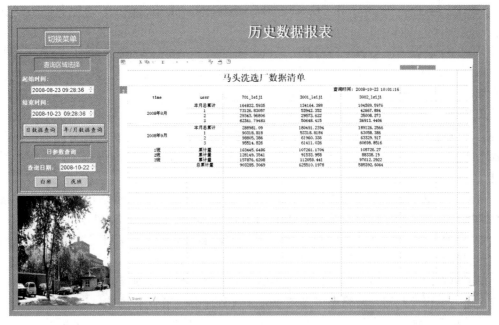

图 6-15　历史数据报表

本监控系统提供了三种查询：日数据查询、年/月数据查询和日参数查询。前两者用于查询皮带的日累计值和年/月总累计值，后者用于查询某一天白班/夜班的半点和整点重要参数。

6.4.2 RSview 在选煤厂的应用

在煤炭的洗选加工过程的控制与监视中，AB 公司的可编程控制器和上位机监控软件 RSview 也有较广泛的应用。本节主要从 RSview 监控软件开发设计的思路和实际应用的方面做介绍。

6.4.2.1 设计方案

基于 AB 控制器的选煤厂监控系统一般配置三层结构。第一层为信息层，主要由操作员工作站、工程师工作站、打印机等构成，工程师工作站用来完成组态工作并具有完全的操作员站功能，操作员站主要用于操作。RSview 软件组态构成系统监控软件平台，实现全厂的系统监控及生产的统一集中管理。第二层为控制层，由 AB 公司的 Controlnet 构成网络，连接各个控制站实现全厂的监控有机整体。第三层为设备层，由 AB 公司的 I/O 模块、现场仪表、传感器及控制操作按钮等完成全厂生产流程的实时过程控制。

以神东某选煤厂控制系统结构按照工艺流程的控制功能划分，由控制主站和不同的控制分站构成，过 ControNet 通信网络组成有机的整体。成套设备的电控系统通过不同的标准通信模式与主控系统连接：浓缩机、自动加药系统和压滤机为 DH+网通信方式，空压机、板框压滤机为 ProfibusDP；高压开关微机保护系统除了自带上位控制外，还可以通过 MODBUS 网与主控系统进行通信。

6.4.2.2 通信组态

一般的，RSView32 可以和 PLC-5、SLC-500、MicroLogix 系列的处理器之间建立通信，同时也能和 Rockwell Automation 公司的新一代的产品 ControlLogix5000 建立通信，其中所使用的网络是 Rockwell 公司的 ControlNet 网，ControlNet 网采用了生产者/客户（producer/consumer）的通信传输方式，大大提高了信息传送效率。这样 RSView32 站只需要在 ControlNet 上知道 ControlLogix5000 的处理器名即可。

RSView32 的通信组态，主要设置通道（Channel）和节点（Node）。通俗地讲，设置通道就是设置 RSView32 与相应的处理器连接的方式、网络类型等；设置节点就是设置处理器的地址、类型等，通过设置通道和节点来确定 RSView32 具体和网络中的哪台处理器相连接。

通道的设置主要完成网络类型（Network）的配置，这和所要连接的处理器所连接的网络类型有关，可选的网络类型有：DF1、DH+、DH485、ControlNet 及 TCP/IP 等。这里选用 TCP/IP，相应的主要网络驱动选择 AB_ETH-1，这取决于在使用 RSLinx 组态网络时，用到的处理器所使用的驱动类型（图 6-16）。

对于节点的设置，当数据源选用直接驱动时，各项的含义如下：节点名（Name）是自定义的可编程控制器、网络服务器或 Windows 程序名。节点名可有多达 40 个大小写字母、数字和下划线，不允许有空格。通道（Chennel）需要经"通道"编辑器设置，如果

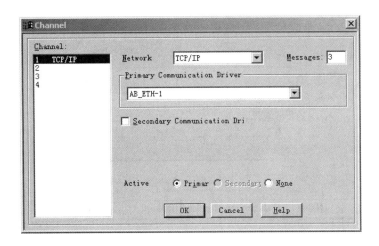

图 6-16 系统的通道设置

通道未经设置，在下拉列表中会有<Unassigned>标志。站（Station）是可编程控制器的物理站地址，地址格式取决于该节点所用通道和网络类型（图 6-17）。

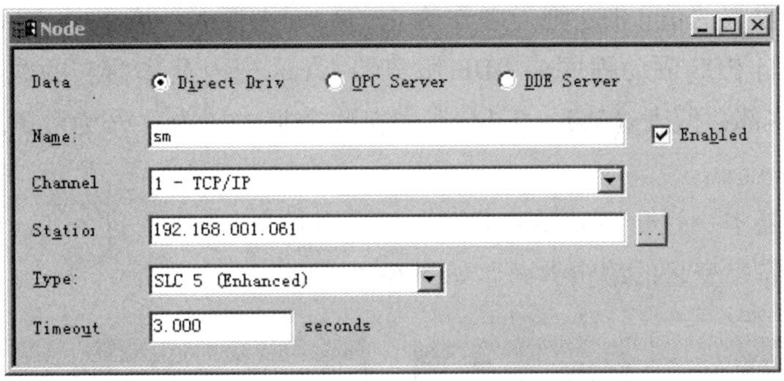

图 6-17 系统的节点设置（数据源为直接驱动）

对于大多数本机和远程设备之间的通信，RSView32 采用 OPC 或 DDE 连接。OPC 使 RSView32 可以作为一个客户端或服务器，允许在不同的 RSView32 站以及其他 OPC 服务器之间进行点对点通信。RSView32 使用标准或高级 Advance DDE（动态数据交换）数据格式与 DDE 服务器和 DDE 客户端通信。

当数据源选择 OPC 服务器（OPC Server）作为客户端的时候，必须先打开 RSLinx，选择 OPC 服务器与任何支持 OPC 的应用程序通信。OPC 服务器可以是本机或通过远程网络。对于节点的设置如图 6-18 所示。

6.4.2.3 创建数据标签

Tag 是设备或内存中，一个变量的逻辑名字。当需要时，当前 Tag 值可以由设备不断刷新。Tag 值被连接和存储到计算机的内存——数值表（Value Table）中，RSView32 的各个部件可以迅速存取它。在 Tag 库中，可以定义或创建想要 RSView32 监控的 Tag。

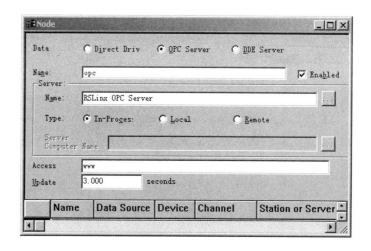

图 6-18   系统的节点设置（数据源为 OPC Server）

RSView32 使用 Tag 的类型有模拟量（Analog）、数字量（Digital）、字符串（String）和系统（System）。当你定义了数据的类型后，必须指定数据的来源，它决定 Tag 是从外部还是从内部接收它的值。Tag 把设备作为它的数据来源时，它是从 RSView32 的外部接收数据。数据来自 PLC 驱动程序或 DDE 服务器。Tag 把内存作为它的数据来源时，它是从 RSView32 的内部数值表（Value Table）中接收数据。以内存作为数据来源的 Tag 的数量，不受限制。

在工程管理器中，打开 System 文件夹，双击 Tag Database，进入 Tag 库编辑器，数字量、模拟量和字符串变量的编辑界面，如图 6-19 和图 6-20 所示。

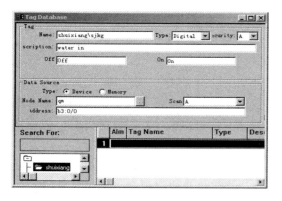

图 6-19   编辑数字量 Tag

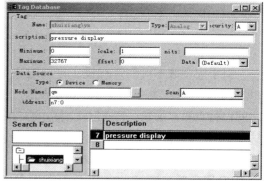

图 6-20   编辑模拟量 Tag

6.4.2.4   界面组态

（1）基于 RSView32 的上湾选煤厂集中监控系统的监控画面，如图 6-21～图 6-24 所示。

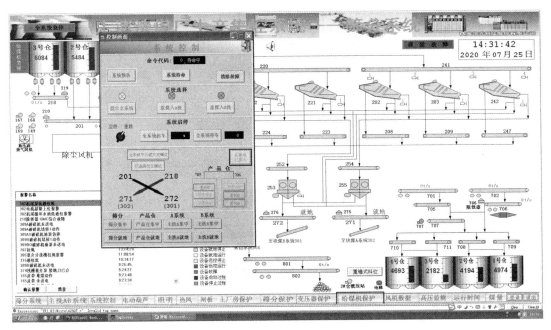

图 6-21　上湾监控工艺画面一

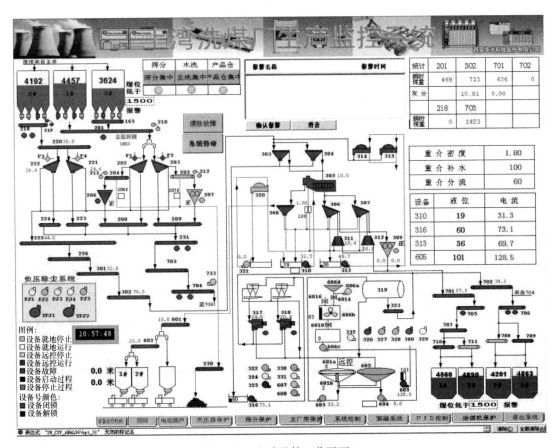

图 6-22　上湾监控工艺画面二

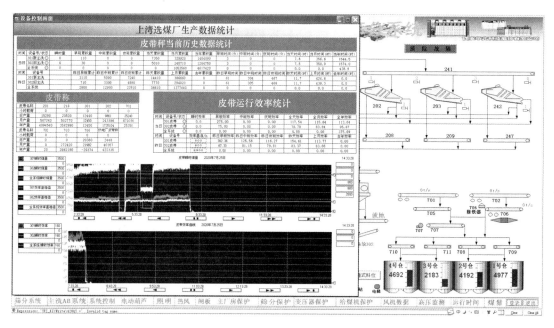

图 6-23　上湾监控工艺画面三

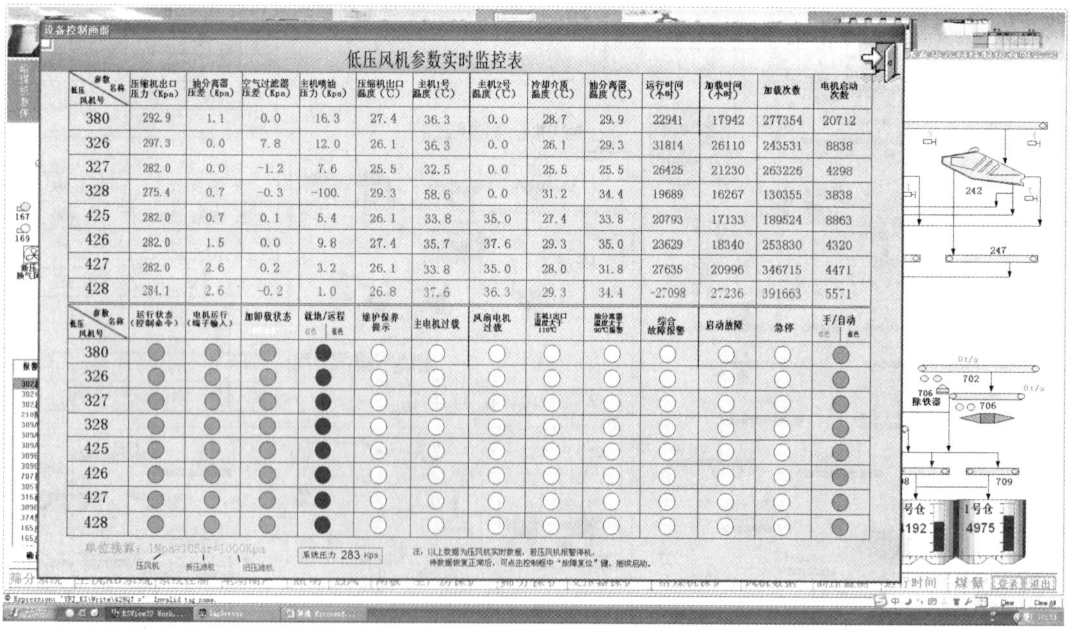

图 6-24　上湾监控工艺画面四

（2）基于 RSView32 的大柳塔装车系统的监控画面，如图 6-25~图 6-28 所示。

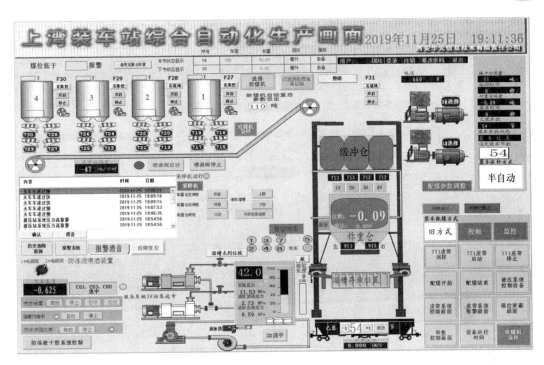

图 6-25　大柳塔装车监控画面一

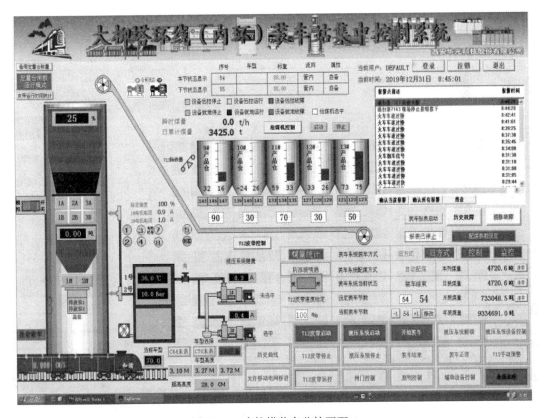

图 6-26　大柳塔装车监控画面二

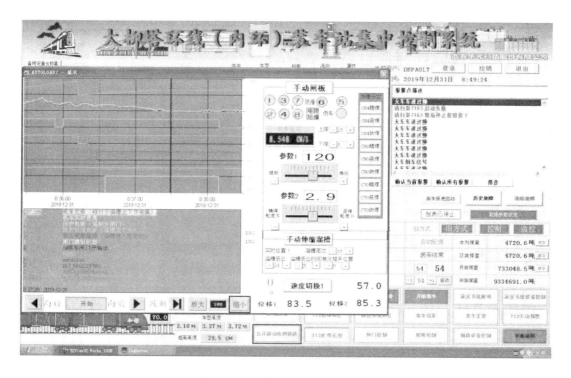

图 6-27　大柳塔装车监控画面三

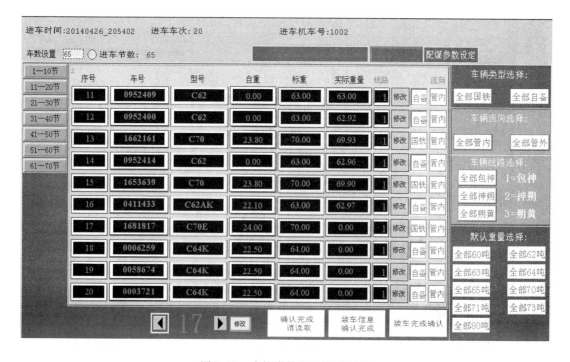

图 6-28　大柳塔装车监控画面四

思　考　题

（1）什么是组态软件？

（2）试述组态软件的组成。

（3）试述组态软件的特点。

（4）试述组态软件的组态方式。

（5）试述组态软件的发展趋势。

（6）试述国内外常用的组态软件种类及特点。

7 典型矿物加工过程的自动控制

【本章学习要求】
（1）掌握跳汰过程自动控制系统控制原理；
（2）掌握浮选过程工艺参数的检测与控制的原理和组成；
（3）掌握重介悬浮液密度-液位自动控制系统原理及组成。

近年来，随着选矿生产需要和自动化技术的发展，选矿厂的自动化水平在不断地提高，由初期的只能对少数生产设备及个别工艺参数监测和事故报警，发展到目前能够对主要生产设备和工艺参数进行自动调节。从单机自动化、设备集中控制逐步向全厂自动化发展，特别是计算机技术在选矿厂控制和生产管理中的应用，使选矿厂的自动化水平有更大提高。

本章以选煤厂为例，简单介绍主要工艺参数的检测、工艺过程的自动控制。

选煤厂自动化的主要内容有：

（1）对设备和生产过程的自动监视、自动保护和事故报警，在生产过程中对生产设备的运行状况进行自动监视，并设置必要的保护，实现事故的自动报警和自动排除。目前，许多选煤厂已采用了工业电视对主要生产设备进行监视，以确保设备的正常运行和安全生产。

（2）对主要生产工艺过程的自动检测和主要工艺过程的自动控制。选煤过程中影响分选效果的工艺参数很多：如跳汰系统的入料量、排料量，床层厚度等；浮选系统的入料流量、浓度、浮选药剂添加量等；重介系统的悬浮液密度、液位等。工艺参数检测系统的目的是通过必要的检测装置自动地对工艺参数进行跟踪检测，以便自动控制系统能够对这些参数进行自动调节。

7.1 重力选煤过程控制

重力选矿是一种历史悠久的选矿方法，目前重力选矿主要应用在煤炭等行业，可分为重介质选矿、跳汰选矿、摇床选矿、溜槽选矿、离心选矿等过程。本节针对上述几种重选方式的装备及过程的自动化进行阐述。

7.1.1 跳汰分选过程的自动控制

跳汰机选煤是一个多参数的选煤过程，它与风量、水量、跳汰周期、给料量、排料量以及排料方式等多种因素有着密切的关系。跳汰过程控制主要包括两个方面：一是重产物排出过程的控制，需要在保证床层分层稳定的前提下，达到一定分离精度；二是床层分层过程的控制，应使选取的风、水操作制度能保证物料按密度进行分层，尽量减少不同密度层间的污染。

7.1.1.1 跳汰风阀的自动控制

床层按密度分层是一个非常复杂的液固两相流相互作用的过程，受到很多因素的影响（如风阀工作制度、脉动水流速度、加速度、风压、顶水量等），加上检测环节不完善，所以控制难度很大。主要集中在以下两个方面：

（1）要实现对床层分层状态的自动控制，首先要检测或估计出床层状态的优劣，但适合跳汰机分层状况检测的传感器的发展很不成熟。检测手段的落后制约了跳汰机自动控制的发展。

（2）跳汰分选是一个非常复杂的过程，相关因素很多，且互相关联、互相影响，无法建立精确的数学模型。

虽然国内外对跳汰分选的作用机理进行了多方面的研究，取得了很多有益的结果，但对于何种风水操作制度对床层的松散状况和分层效果更为有利，还没有取得共识。

风阀是跳汰机的重要部件，功能是周期性地使空气室与风包、风机和大气相连或隔绝，因此在跳汰室形成脉动水流。风阀的结构和工作周期对水流在跳汰机中的脉动特性有很大影响。其结构不仅直接影响跳汰机的分层效果，同时对跳汰机的生产能力影响也很大。

传统的 PID 控制很难精确地控制跳汰机的风阀，目前基本采用专家系统进行控制，能取得较好的效果。跳汰机风阀控制专家系统的专家知识来源于三方面：（1）水流运动特性对床层松散与分层的作用；（2）空气室内水位的变化与风阀参数的对应关系；（3）床层松散度与风阀参数之间的内在联系。床层松散度定义为整个床层中孔隙体积占床层体积的百分数。其中松散度用 m 来表示，公式为：

$$m = \frac{V - V_1}{V} \times 100\%$$

式中　V——床层中矿粒及水的总体积；

　　　V_1——床层中矿粒的体积。

床层的松散状况与水流脉动特性有关，而水流脉动特性不仅与跳汰机的风水制度及风阀特性有关，而且与使用的跳汰频率、振幅、床层厚度、物料性质（包括密度性质和粒度性质）等也有很大关系。

增加风量和筛下补水能提高松散度；增加跳汰频率，床层松散度显著减小；而如果床层厚度过薄，松散度过大，甚至会破坏分层，床层过厚，松散度则会减小。

可见，过分松散和不松散对跳汰分选都是不利的，两种情况都会增加跳汰产品的相互污染，从而急剧降低过程的总效率。风阀的自控过程中，必须全面考虑这些因素，做到各参数选择合理，生产过程平稳又高效。

床层的松散度是检测跳汰机分选效果的重要指标，通过调整风阀参数来改善床层松散度，使分选效果达到最优，但是床层松散度的直接测量到目前还是一个难题。可通过实时检测床层不同层面的密度，并进行数据分析与处理来间接得到床层松散度的状况。

具体为通过调整风阀参数，测定床层密度值，估计床层松散度的变化状况，找出它们之间的内在联系，以此作为专家知识的来源。

7.1.1.2　跳汰机排料系统控制

在跳汰机选煤的几个工艺参数中，排料是在风水制度确定以后影响分选效果的主要因素，因而完善的自动排料装置是解决跳汰机自动化问题的关键设施之一。

进入跳汰机的原煤在脉动风水的作用下在筛板上跳跃前进，同时按密度 ρ 的大小来分层，密度大的重产物在最下层，形成重产物床层。在跳汰周期和风水量确定以后，为使筛上物料的跳跃前进的速度和幅度稳定在最佳状态，最下层的重物料床层厚度应保持相对稳定。床层太厚，影响跳动幅度和物料分层效果，会使重产物进入到轻产物中，降低了轻产物的质量，床层太薄，轻产物下沉，随重产物排出，降低煤炭回收率。因此，跳汰选煤过程中稳定床层厚度是提高分选效果的一个最重要环节，而床层厚度的稳定可以通过合理的排料来实现：当床层厚度增加时，提高排料速度，增大排料量，即可使床层厚度降低；当床层变薄时，可以减小排料速度，降低排料量，使床层厚度增加。因此，跳汰机排料自动控制装置是提高跳汰分选效果的关键设施之一。

跳汰机的自动控制装置形式很多，根据跳汰机排料机构的不同，排料自动控制系统的结构也有所不同。目前国内选煤厂使用的跳汰机多采用叶轮排料机构或闸板排料机构。采用叶轮排料机构的排料自动控制系统是调速型结构，即通过改变排料轮的转速来调节排料量。采用闸板排料机构的排料自动控制系统是位移型结构，即通过（调节）改变排料闸板的位置来调节排料量。目前这两种排料自动控制系统均有使用。

A　排料自动控制系统控制原理

自动排料控制系统的组成如图 7-1 所示。它由床层厚度检测传感器、调节器、执行机构、被控制对象（电动机或闸板）等部分组成；其控制原理为，床层检测传感器将跳汰机的重物料（Ⅰ段为矸石，Ⅱ段为中煤）层的厚度转换成相应的电信号，并与床层各段厚度给定值进行比较，其偏差值送入调节器，调节器根据偏差的大小，输出具有一定功率的电信号。执行机构根据调节器的输出信号来驱动被控对象（电动机或闸板）调节排料量，保持床层稳定，以实现排料的自动控制。

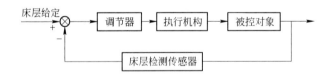

图 7-1　跳汰机排料自动控制系统方框图

B　床层检测传感器

床层检测传感器的作用是把跳汰机重产物（Ⅰ段为矸石，Ⅱ段为中煤）层的厚度转换成电信号，以便对床层厚度进行（控制）调节。常用的床层检测传感器主要有浮标式传感器、筛下水反压力式传感器和放射性同位素传感器。其中放射性同位素传感器由于结构复杂、造价高且需要对射线进行防护，因而使用很少，而前两种传感器目前使用较多。

床层检测传感器应满足如下要求：（1）床层检测传感器应能够准确、真实地反映重产物床层的厚度；（2）当床层厚度变化时，传感器的输出信号应能及时跟踪其变化；（3）床层检测传感器的输出信号应和重产物床层厚度有一一对应关系，即具有良好的线性关系；（4）床层检测传感器应具有足够灵敏度，且非线性误差应小。

a 筛下水反压力式传感器

筛下水反压力式传感器是20世纪70年代末和80年代初在我国广泛使用的一种床层传感器。该传感器由筛下水反压力测压管和液位变换装置两部分组成，如图7-2所示。测压管的作用是将床层厚度转变成管内液面高度，而液位变换装置则是把测压管内液位的高度转换成相应的电信号。

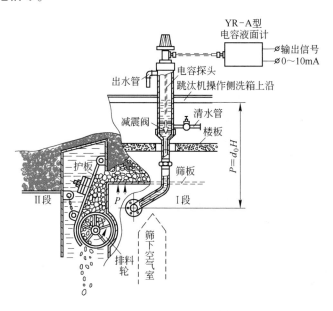

图7-2 筛下水反压力式床层传感器

筛下水反压力传感器测量床层厚度的原理如下：在脉动水流的作用下，进入跳汰机的原煤按密度分层，同时沿倾斜筛面向前移动。来自筛下的脉动水流穿过筛孔向上运动时受到筛上物料的阻力，由于重产物在最下层，因而对筛下水的阻力主要是来自重产物层。重产物层越厚，对筛下水的阻力越大，筛下水对筛上物的反压力 P 越大，即筛下水的反压力和床层厚度成正比。而测压管是与筛下水相通的，在筛下水反压力的作用下，测压管中的液位要上升。当床层厚时，筛下水反压力大，测压管中液位高；床层薄时，筛下水反压力小，测压管中液位低。因此，测压管中液位的高度反映了重产物床层的厚度。

正常工作时，矸石床层厚度一般控制在150mm左右（以入选原煤为0~50mm的筛下空气室跳汰机为例），当矸石层厚度在 150~250mm 范围内变化时，测压管液位将在 1500~1600mm 范围内变化。液位的变化可以用液位变换装置转变为 4~20mA 的电信号输出。

为了使测压管中的液位能真实地反映床层厚度，同时消除筛下水压力的脉动，稳定液位，在测压管中装有减震阀。减震阀是用尼龙制成的锥台形阀塞，上面有导向杆，在阀塞的锥面上有三条直径为2.5~3mm的半圆形槽沟，以构成泄流通道，称为泄流槽，如图7-3所示。当筛下水反压力增加时，将水压入测压管时冲击减震阀，减震阀升起，水位上升至一定高度。而筛下水反压力下降时，减震阀关闭，此时水流只能从阀塞锥面上的三条泄流槽缓慢流出，测压管中液位也缓慢下降，使测压管中的液位高度在一个跳汰周期中基本保持稳定，从而真实地反映重产物层的厚度。

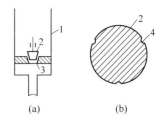

图 7-3　减震阀结构示意图
(a) 测压管；(b) 减震阀断面
1—测压管；2—减震阀；
3—锥形孔板；4—泄流槽

液位变换装置的作用是将测压管中的液位高度转换成 4~20mA 的电信号。其形式有多种，早期的变换装置多采用电极电阻式液位变换器，利用液位变化引起电极间电阻变化，从而引起外电路电流发生变化。这种变换装置虽然简单，但其线性度差，且电极易电蚀，现在已很少使用。电容液位计是一种较理想的液位变换装置，其基本原理和电路图在前面章节中已介绍。这种液位计线性关系较好，调整方便，是筛下水反压力式传感器上广泛使用的液位变换装置。

不同类型的跳汰机，测压管的安装位置也不同。对于筛下空气室跳汰机，可安装在跳汰机的侧面排料口前，如图 7-2 所示，而对于筛侧空气室跳汰机，测压管可安装在跳汰室中点排料口前方。

筛下水反压力传感器具有维护简单、使用方便等优点。适于入选原煤单一且煤质稳定，或对可选性差异较大的不同煤种分别入选，或把不同煤种混合均匀后入选的选煤厂中使用。这种传感器的缺点是精度低，在跳汰机的 I 段（即矸石段），由于矸石层的密度较中煤和精煤差别大，使用这种传感器灵敏度较高，使用效果也较理想。而对跳汰机的 II 段（即中煤段），此时密度的差别已经不大，使用这种传感器往往不能满足要求。

b　浮标式床层传感器

浮标式床层传感器是目前使用最多的一种床层检测传感器。这种传感器是利用自由浮标作为重产物层厚度的检测元件，它由浮标和浮标位移变换装置两部分组成，如图 7-4 所示。

浮标的作用是检测重产物层的厚度。它具有一定的密度，在跳汰过程中同其他物料一样随脉动水流上下运动，并参与分层，与同密度的物料一起处在相应的层位上。若浮标的密度为重物料和轻物料（如矸石与中煤）的分割密度，则浮标应处于重物料层与轻物料层的分界面上（实际上

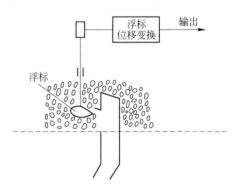

图 7-4　浮标式床层检测传感器

很难找到一个分界面，这里指的是理想情况），浮标在床层中的高度即为重产物层的厚度。因此，用浮标可以检测重物料层的厚度。

为了使浮标能够准确反映与其密度相同的物料在床层中的位置，且减少对床层的阻力和干扰，浮标的尺寸应尽量小，使之与床层中最大物料粒度差别不要过大，因此，浮标的形状一般在水平方向要长，垂直方向要小，同时为了减小下降时的阻力，浮标底部一般做成尖形。浮标的形状有多种，如栓形、梨形、流线形、双棱形等。各种浮标各有其优缺点，以流线形浮标和栓形浮标较为常见。

浮标安装在排料口之前，浮标的高度随重物料层的厚度变化而变化，并通过浮标杆传递给位移变换装置。由位移变换装置将其变换成相应的电信号。

浮标的位移可以通过多种变换装置转换成电量，如差动变压器、自感线圈等。下面分析两种浮标床层传感器的位移变换装置。

图 7-5 所示为浮标-差动变压器式床层传感器的示意图。该传感器由浮标、振荡器、差动变压器、整流电路、取样电路、保持电路及信号放大与输出电路等部分组成。

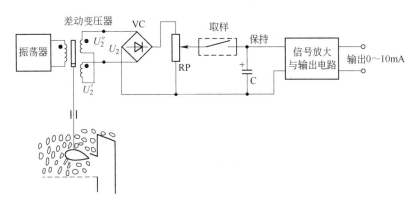

图 7-5　浮标-差动变压器式床层传感器

当床层发生变化时，浮标带动变压器的铁芯在垂直方向移动，差动变压器原边接有一振荡器，振荡器为差动变压器提供一个频率和电压一定的交流电源。当浮标位置为给定值，差动变压器铁芯在中间位置，其副边两线圈产生的电压 U_2' 和 U_2'' 大小相等，但两线圈联结极性相反（$U_2 = U_2' - U_2''$），故其输出电压 U_2 为零。当浮标上升时，带动铁芯向上移动，差动变压器副边线圈 U_2' 不变，U_2'' 变小，$U_2 = U_2' - U_2'' > 0$，输出电压 U_2 为正值，且浮标升得越高，输出电压 U_2 越大。当浮标低于给定位置时，铁芯由中间位置下移，使 U_2' 减小，U_2'' 保持不变，$U_2 = U_2' - U_2'' < 0$，故输出电压 U_2 为负值，且浮标位置越低，输出电压越小。这样，浮标的位移则由差动变压器变换为相应的交流电压信号，经整流分压后，输出相应的直流电压。

取样部分的作用是使最能代表床层厚度的电压信号输出给下一级电路。跳汰机床层中的重物料层是在脉动风水的作用下形成，浮标按其自身的密度存在于重物料和轻物料层之间，并随床层一起脉动。在风阀进气期，床层被水托起而呈松散状态，浮标随之上升。此时浮标差动变压器输出的电压信号并不能代表重物料层的实际厚度，而是比实际厚度大，因而不能输出给下一级电路。当风阀处于排气末期，浮标随床层返回筛面，床层处于紧密状态，此时浮标的高度才代表重物料层的真实厚度。取样电路的作用就是将这一时刻浮标差动变压器的输出电压取出，送入放大输出电路，同时由保持电路将此信号保持一个跳汰周期。

取样电路是一个由干簧开关和永久磁铁组成的同步开关（也可以是接近开关或其他的开关回路）。永久磁铁安装在跳汰机风阀轴上，随风阀做圆周运动，当风阀处于排气末期时，永久磁铁接近干簧开关，干簧开关瞬间闭合（干簧开关是一种靠外磁场作用来动作的开关）。这样，每个跳汰机周期中，风阀排气末期，干簧开关闭合，将代表床层真实厚度的浮标位移信号输出，使床层信号具有真实性。

保持电路的作用是将同步取样开关闭合瞬间输入的代表床层真实厚度的电压信号保持一个跳汰周期。当同步开关闭合时，整流电路输出的电压信号经 RP 向电容 C 充电，由于充电时间常数很小，使电容器 C 上电压迅速达到相应值 U_C。而信号放大电路的输入电阻很大，当同步开关断开后，电容器 C 的放电时间常数很大。因此，在一个跳汰周期内，电容 C 上的电压基本不变。

当下一周期同步开关闭合时，若重产物床层厚度保持不变，则电容 C 上的电压 U_C 将继续保持到下一周期。若重产物床层厚度变大，则差动变压器的输出增大，$U_{RP}>U_C$，则在同步开关闭合瞬间，对电容 C 继续充电，使 $U_C=U_{RP}$，并将此信号保持一个周期。当床层变薄时，$U_{RP}<U_C$，同步开关闭合瞬间，电容 C 迅速向 RP 放电，使 $U_{RP}=U_C$。因此 U_C 能及时随床层的变化而改变。具有良好的跟随性。

浮标–差动变压器式床层传感器的工作原理是，差动变压器将随浮标的位移转换成相应的电压信号，经取样同步开关，将最能代表床层真实厚度的信号取出，送入保持电路，由保持电路将该信号保持一个跳汰周期，作为信号放大电路的输入，经信号放大电路放大和恒流输出电路，最终输出 0~10mA 的电流信号。这个电流信号和重产物层的厚度保持良好的线性关系。

C　排料装置

排料自动控制系统通过检测床层厚度，最终变换成执行机构驱动排料装置动作，调节排料量。因而排料机构对整个自动排料系统有很大的影响。常用的排料装置有闸板式（包括直动闸板、扇形闸板、弧形闸板和托板闸板）和叶轮式两大类。下面简要分析一下各种排料装置。

a　叶轮式排料机构

如图 7-6 所示为叶轮排料机构。我国生产的多种跳汰机采用了这种排料机构，它一般由他激式直流电动机驱动排料叶轮排料，也有采用电磁调速交流异步电动机来驱动的（如我国生产的 LTX-35 型跳汰机）。叶轮排料机构的优点是排料连续性好，可以实现无级连续排矸，与可控直流电动机无级调速系统配合可以得到较大的调速范围，便于实现排料的连续自动控制。但叶轮排料机构结构较复杂，维修量大，易造成卡矸等事故。

b　直动闸板排料机构

直动闸板排料机构如图 7-7 所示，也是我国目前使用较多的一种排料机构，它是通过控制排料口闸板的高度来改变排料量的。这种排料机构结构简单，制造方便，一般多用于末煤跳汰机。对于跳

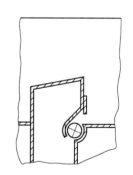

图 7-6　叶轮排料
机构结构示意图

汰粒度较大的跳汰机，则不宜采用这种方式。因为当粒度较大而排料量又较小时，采用直动闸板会影响排料的连续性，闸板开度小时，容易造成大粒度物料堵塞排料口的现象；开度大时，排料量会突然增多，造成带煤损失。直动闸板可以由风动执行器或液动执行器来驱动。

c　托板闸门排料机构

图 7-8 所示为托板闸门排料机构。其特点是物料采用水平分离，不易出现堵塞排料口、洗水窜动等现象。由于没有溢流堰，只设一适当高度的溢流挡板，所以矸石段溢流到中煤段的物料分层不断续，不会出现有溢流堰时物料翻筋斗、重新分层的现象，有利于中

煤段的分选。

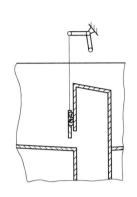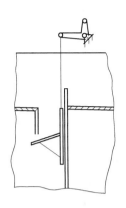

图 7-7 直动闸板排料机构示意图 　　图 7-8 托板闸门排料机构示意图

D 排料自动控制系统的组成

这里介绍采用叶轮排料机构和自动闸板排料机构两种排料自动控制系统。

a 采用叶轮排料机构的排料自动控制系统

采用叶轮排料机构的自动排料系统结构如图 7-9 所示。图中 1~5 组成床层厚度检测装置。

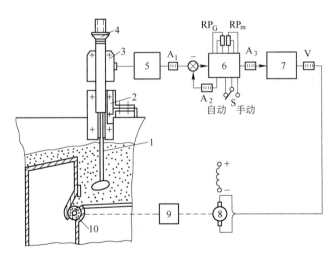

图 7-9 叶轮排料机构的自动排料系统结构原理图

1—浮标；2—浮标架；3—床层厚度传感器；4—机械调节手轮；5—床层厚度转换电路；6—PID 调节器；

7—可控硅整流电路；8—他励直流电动机；9—减速器；10—排料叶轮；S—手动、自动转换开关；

A_1—床层厚度信号表；A_2—调节器内给定电流表；A_3—调节器输出电流表；V—电枢电压表；

RP_m—手动调速电位器；RP_G—内给定电位器

晶闸管整流调压电路 直流电动机的转速与电枢电压成正比，晶闸管整流调压电路的作用是将他激式直流电动机电枢提供一个随床层信号而变化的直流电压，以便直流电动机随床层信号的变化改变转速，调节排料量。

晶闸管整流调压电路由触发电路、晶闸管主回路、电压负反馈电路、电流正反馈电路等部分组成。触发电路的作用是根据调节器输出的与床层厚度相对应的电流信号转换成相应的触发脉冲,以便触发主回路的晶闸管元件,调整其输出电压。当调节器的输出电流增大时,触发电路所产生的触发脉冲控制角 α 减小,触发晶闸管,使导通角 θ 增大($\theta = 180° - \alpha$),输出电压 U_d 升高时,电动机转速 n 升高。当调节器输出电流减小时,触发电路所产生的触发脉冲控制角 α 增大,晶闸管导通角 θ 减小,输出电压 U_d 减小,直流电动机转速 n 随之降低,电流正反馈电路用于稳定因负载增加而引起的转速波动,电压负反馈用于稳定因电网电压波动而引起的电动机转速波动。

排料自动控制过程　在排料自动控制系统工作前,先将床层厚度给定值(即与要求床层厚度相对的电流信号)调至适当数值,床层厚度给定可以是外部给定,也可以用 PID 调节器内部给定。将 PID 调节器的开关打至"自动"位置,将 PID 调节器正反作用开关置"正"作用的位置。当系统投入工作以后,若床层厚度测检装置检测到的床层厚度小于给定值,这时调节器输入信号为负值,其输出电流则逐渐减小,使晶闸管整流电路中触发器产生的触发脉冲控制角 α 增大,晶闸管导通角 θ 减小,输出电压 U_d 降低,直流电动机转速下降,排料速度减小,于是床层厚度逐渐增加。直至实际床层厚度等于给定值时,调节器输入为零,其输出保持不变,电动机转速保持恒定。若检测装置检测到的实际床层厚度大于给定值,则调节器输入为正值,输出电流逐渐增大,使触发器产生的触发脉冲控制角 α 减小,晶闸管导通角 θ 增大,输出电压 U_d 升高,电动机转速升高、排料速度增加,使床层厚度逐渐减小至实际床层厚度等于给定值时,电动机转速稳定,排料速度保持不变。

卡矸保护电路　采用叶轮机构排矸经常会出现大块矸石卡住排料轮而使电动机堵转的现象。为了保证电动机在卡矸时不至于因过流而烧毁,并且能够迅速自动地排除卡矸故障,使跳汰机作业不间断,系统设有卡矸保护电路。

卡矸保护电路由两部分组成:一部分是卡矸检测电路;另一部分是卡矸保护控制电路。卡矸检测电路由 RP_3 和 V_5、V_6、KA_5 组成,可以将其单独绘出,如图 7-10 所示。当出现卡矸时,主回路电流 I_d 急剧增加,串在主回路中的电阻 R_c 上的电压降 $I_d R_c$ 比正常工作时大很多,使稳压管 V_6 很快击穿,三极管 V_5 导通,继电器 KA_5 线圈得电,其触点动作,卡矸保护控制电路产生相应的动作。卡矸保护控制电路如图 7-11 所示。它是自动排料系统的重要组成部分。其工作原理为:(1)正常排矸。启动时,按下启动按钮 SB_2,接触器 KM_1 线圈得电,其常开触点闭合,接通图 7-10 电路的交流电源。当激磁电路电压正常时,电压继电器 KA_4 得电,其常开触点将图 7-11 中回路 2~13 的电源接通;这时回路 13 中的中间继电器 KA_3 线圈得电,其常开触点将回路 6 接通,使正向激磁接触器 KM_3 得电,直流电机的激磁线圈 L 有电而产生正向激磁。同时回路 7 中的电枢回路接触器线圈 KM_2 得电,KM_2 常开触点闭合,电枢得电,电动机正转,绿灯 HG 亮,指示正常排矸。(2)卡矸保护。当发生卡矸故障时,电动机应停止,同时发出声光报警,然后电机反转倒排矸。若在规定时间内倒排矸成功,则电动机停止,恢复正转正常排矸,若在规定的时间内倒转不成功,则电动机再正转、停止、反转排矸,反复多次仍未成功,就应将电动机停掉,由人工排除故障,然后重新启动。

若在上述过程中卡矸被及时排除,则电动机进入正常排矸状态。若卡矸未被排除,又重复停转、再行倒排矸的过程;一般倒排矸一次即成功,每次倒排矸的情况很少。

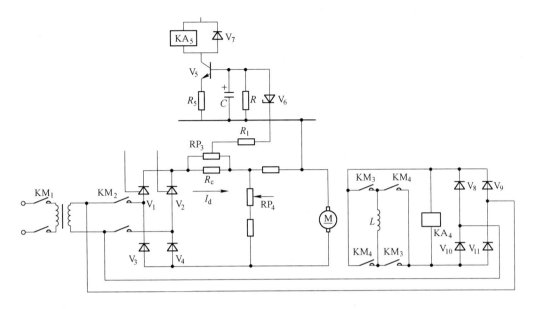

图 7-10 卡矸检测电路

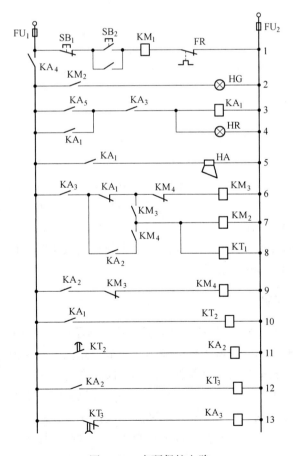

图 7-11 卡矸保护电路

　　b　采用闸板排料机构的自动控制系统

　　采用闸板排料机构的排料自动控制系统如图 7-12 所示。它由浮标床层传感器、PID 调节器、电控液动（或风动）执行器组成。

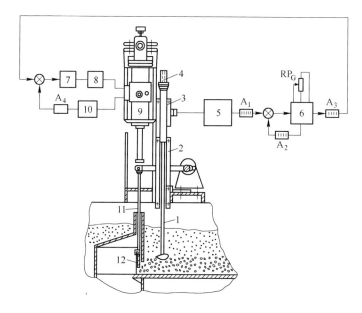

图 7-12　直闸板排料机构自动排料系统图

1—浮标；2—带导轮的浮标架子；3—空心变压器；4—调节空心变压器高度的螺母手轮；5—有空心变压器激磁电源（即振荡电路）的放大转换电路；6—PID 调节电路；7—伺服放大器；8—操作器；9—执行机构；10—位移反馈电路；11—连杆；12—直闸板（扇形或弧形闸板）

　　系统的控制过程如下：当闸板开度适中时，排料速度和来料速度平衡，床层厚度保持不变，床层传感器的输出和床层给定信号相同，PID 调节器输入为零，其输出保持不变，执行机构不动作，闸板开度不变，排料速度维持不变。当来料速度增大时，床层变厚，检测传感器输出增大，大于床层厚度给定信号，使 PID 调节器输入正偏差信号，输出电流逐渐增大。这时电动执行机构驱动闸板增大开度，使排料速度增大，床层厚度降低。直至床层厚度和给定值相同时，PID 调节器输入变为零，输出电流保持不变，闸板停在相应位置，床层厚度又重新稳定在给定值上。反之，当来料速度减小时，控制系统也能自动减小闸板开度，减小排料量，而使床层保持稳定。

7.1.2　重介分选过程控制

　　重介分选的主要控制目标是稳定分选密度，其控制原理为利用密度计进行密度检测，通过合介桶上的清水阀门与精煤筛下的分流箱，调节合介桶中悬浮液的密度，使其值比理论分选密度略高一些，再通过合介桶泵根上的加水阀门进行清水补充，使密度下降，达到旋流器所需要的分选密度。当介质桶密度低时，加大分流，或减少补水，密度高时，减小分流，或增加补水，加水阀门由合介桶中的密度与液位综合控制。如果有煤泥重介，则粗粒煤重介系统密度靠补加浓介质提高，煤泥重介系统可以通过加大粗粒煤重介系统中分流箱的开度向细粒系统补充介质。

在选煤厂，重介分选过程控制应用非常广泛。选煤厂实际生产中，常用的重介系统控制变量为重介悬浮液密度、悬浮液入料压力、介质桶液位以及悬浮液中煤泥含量。大部分选煤厂的控制功能有：（1）合介桶中的密度可以自动调节，也可以手动控制加介与加水执行机构，稳定介质密度在给定误差允许范围内；（2）通过分流使稀介质流向磁选机，实行降煤泥处理，完成重介质悬浮液煤泥的监控；（3）通过手动或自动调节分流箱开度，完成介质桶液位的控制，保证合介桶中的液位稳定；（4）可以利用 PLC 控制器与变频器控制入料泵的转速，进而控制旋流器的入料压力，实现重介质旋流器的恒压入料控制。

由于涉及的变量很多，变量间关系复杂，因而控制起来也很复杂。生产上一般以调节悬浮液密度参数为主，其他工艺参数采取稳定控制，使其波动范围尽量小。这样既可以抓住主要矛盾，又大大简化了控制系统的结构和难度。

7.1.2.1　重介质密度的控制

在重介质选煤工艺中，重介质悬浮液密度的测量和调节是控制产品质量的关键。重介质悬浮液分为低密度（密度小于 1500kg/m³）悬浮液、高密度悬浮液（密度大于 1800kg/m³）和稀悬浮液（密度小于 1100kg/m³）。

常用的自动测量装置有差压密度计、水柱平衡式密度计、浮子式密度计、射线密度计等，这些传感器已在前面的章节介绍，这里就不再赘述，主要讲解悬浮液密度自动调节系统。

重介质选煤的主要原理是靠控制悬浮液的密度，使不同的产品得以分离。如果悬浮液的密度不能按规定要求控制调整，那么将严重影响分选效果。因此，悬浮液密度的测量和调节非常关键。

密度调整的基本思想是加水或补介（其实分流也可以，但牵涉到煤泥量等其他因素）。当悬浮液密度过高时，要及时加水，使其密度降低；当悬浮液密度过低时，要补介并及时分流一部分弧形筛下的合格介质到稀介质桶，由磁选机回收磁铁矿加重质，并返回到合格介质桶，提高介质悬浮液密度。具体调节还要将介质桶的桶位等协同考虑。

桶位很低、密度也低时，首先考虑补加浓介质；

桶位高、密度低时，可以首先考虑分流，为了提高调节的速度，也可同时补加浓介质；

桶位低、密度高时，应补加水；

桶位高、密度也高的情况一般不会出现。

图 7-13 为悬浮液密度自动调节系统示意图。由射线密度计测得密度信号，信号送至调节器的输入端，与给定值进行比较，形成偏差信号，调节器对偏差进行比例、积分、微分运算，根据运算结果发出的信号去调节被控分流箱的分流量，改变悬浮液的密度值，使密度值与给定值的偏差稳定在允许的范围内。

7.1.2.2　介质桶液位的控制

重介质选煤厂的介质桶有合格介质桶、煤介混合桶、浓介质桶、稀介质桶、煤泥桶、煤泥重介入料桶等，这些介质桶的液面在生产中会不断地变化。为了使液位保持在一定的范围内，不至过高或过低，需要对桶位进行及时的检测并调整。

液位测量仪表的类型很多，由于介质悬浮液的黏滞性和容易分层、沉淀等特点，用于

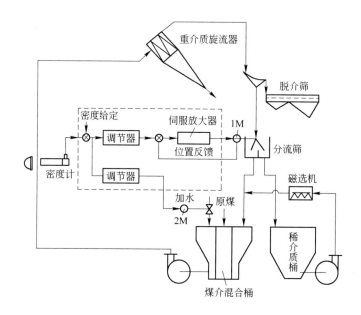

图7-13 悬浮液密度自动调节系统示意图

介质桶桶位测量的仪器多是压力式、浮标式、射线式和超声波式等，这些具体的检测方法在前面的章节已作详细介绍，这里就不再赘述。

介质桶液位自动调节主要指合格介质桶的液位调节。悬浮液在循环使用中，由于不断地选煤，不断地分流、加水、加介质等，导致介质桶的液位不断变化。液位过高会造成跑溢流；液位过低，可能把悬浮液抽空，无法选煤。同时液位不稳定，也会影响悬浮液工艺参数的调整（如密度、黏度等），影响分选效果。

合格介质桶的液位调节主要采用打分流和补加高密度介质与水的办法。图7-14 为合

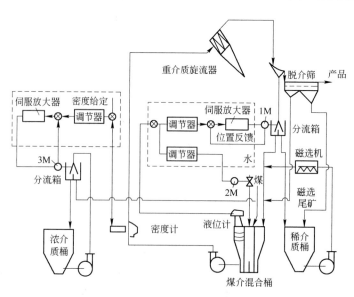

图7-14 合格介质桶液位自动调节系统示意图

格介质桶液位自动调节系统的一个实例。超声波液位计测得液位信号，将液位信号送给调节器，自动控制分流箱、调节分流箱，使液位稳定。当液位过低时，发出报警信号，自动补加水。高密度介质补加由密度控制系统进行调节。

7.1.2.3　煤泥含量的控制

悬浮液的流变特性是表征悬浮液的流动与变形之间关系的一种特性，主要受浓度和煤泥含量的影响。

在实验室条件下，测定悬浮液流变黏度的方法主要是用毛细管黏度计测定悬浮液从毛细管中流出的速度，或者用旋转黏度计测定作用在转子上的力或扭矩。这些方法用于在线检测是不适宜的。

在生产中，由于非磁性物含量无法直接测得，往往采用间接测量方法。即通过测量悬浮液密度和测量悬浮液磁性物含量，然后推算出悬浮液煤泥含量的办法。因为在选煤过程中，当磁性加重质的特性稳定时，随着煤泥含量的增大，其黏度也随之增大，悬浮液的流变黏度主要取决于煤泥的含量与特性。

重介质悬浮液的主要成分是磁铁矿粉、煤泥和水。悬浮液流变特性的自动调节主要是通过调节悬浮液的煤泥含量。一般在分选密度较低、磁铁矿粉粒度较粗时，增加工作悬浮液中的煤泥含量可以改善分选效果。采用细粒度磁铁矿粉作加重质时，可以在煤泥含量较低时取得良好的分选效果。但是，当煤泥含量过高时，$0.5 \sim 1mm$ 粒级原煤的分选效果变坏。因此，不同悬浮液中的煤泥含量有一个适当范围。

重介质悬浮液中煤泥含量很难使用仪表测量，但可以借助于密度计和磁性物计分别测量出悬浮液的密度和磁性物含量，然后通过悬浮液参数之间的关系算出煤泥含量：

$$G = A(\rho - 100) - BF$$

式中　G——煤泥含量，kg/m^3；

　　　F——磁性物含量，kg/m^3；

　　　ρ——悬浮液密度，kg/m^3；

　　　A——与煤泥有关的系数；

　　　B——与煤泥和磁性物有关的系数。

　　其中：

$$A = \frac{\delta_{煤泥}}{\delta_{煤泥} - 100}$$

$$B = \frac{\delta_{煤泥}(\delta_{磁} - 1000)}{\delta_{磁}(\delta_{煤泥} - 100)}$$

式中　$\delta_{煤泥}$——煤泥密度，kg/m^3；

　　　$\delta_{磁}$——磁铁矿粉密度，kg/m^3。

所以，煤泥百分含量为：$\dfrac{G}{G+F} \times 100\%$。

在重介质旋流器选煤中，低密度分选悬浮液的煤泥百分含量一般控制在 $30\% \sim 40\%$ 为宜，超过此值时，应将精煤弧形筛下的合格悬浮液分流去精煤稀介质桶，经磁选机脱泥，使分选悬浮液的煤泥含量稳定在规定范围。图 7-15 为重介质悬浮液煤泥含量自动调节系统图。

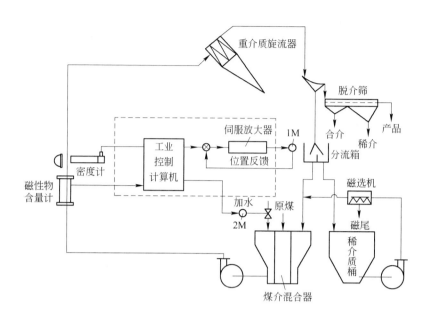

图 7-15   重介质悬浮液煤泥含量自动调节系统图

    煤泥控制系统主要通过对磁性物含量进行检测，进而实现煤泥含量的计算，其控制策略如下：当煤泥超标时，打开分流，使部分煤泥经磁选机进行脱泥，同时合介桶中的悬浮液密度增大，再通过密度控制系统进行密度自动控制，保证密度稳定。因此可以看出，煤泥含量在重介质密度控制系统中也起着重要的作用，是重介质悬浮液密度控制的一个指标之一，和重介质密度控制的相关变量有着一定关系，在实际控制中必须加以统一考虑，但由于密度控制系统中煤泥含量是一个缓慢变化量，在实际操作中，一般将分流打到一定位置不变（为40%），以达到去泥效果，若煤泥含量增加到控制上限，此时才调整分流，因此，在密度控制系统中，分流箱的开度是密度控制系统要考虑的因素之一。

7.1.2.4 旋流器入口压力自动调节系统

    重介质旋流器的入口压力是旋流器的工作动力来源。随着旋流器入口压力的增大，矿粒在旋流器内的离心因数和沉降加速度也增加，可以改善分选分离的效果。但压力到一定值后，再增大压力，对改善分选效果非但不明显，反而会增加机械磨损和能耗。而压力低于最低值时，分选效果将显著下降。因此，必须把旋流器入口压力控制在合适的范围。

    一般是 $H \geqslant 9D$，其中，H 为旋流器入口压力（mH_2O，$1mH_2O = 9.8kPa$），D 为旋流器直径（m）。对于小直径的煤泥重介质旋流器，为了改善分选效果，入口压力要远远大于这个范围。

    旋流器入口压力是指旋流器介质进料口处的压力。如果是采用定压箱给料方式，只要保证定压箱有溢流即可保持旋流器入口压力稳定。自动控制的重点是检测定压箱的液位，如果液位偏低，应发出报警信号。图 7-16 为定压箱示意图。

    为了保持定压箱的液位稳定，进入定压箱的悬浮液量应略大于旋流器的处理量，使多余的悬浮液跑进溢流，并返回合格介质桶。溢流堰上部装有液位开关1，在正常工作时，应保持液位开关的接通。液位开关 2 作为过负荷的报警信号装置。

如果采用泵有压或无压给料选煤时，旋流器的入口压力主要是用控制泵的转速来进行调节的。调节泵的旋转速度通常采用变频器调速的方式。生产实践表明，变频调速器的效果较好，其优点是控制灵活，还可降低能耗。旋流器入口压力自动调节系统如图 7-17 所示。

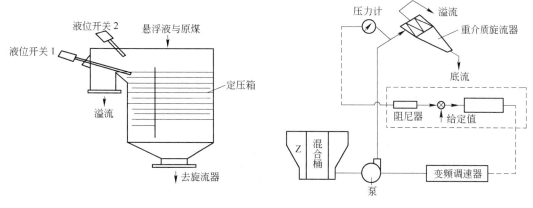

图 7-16　定压箱示意图　　　图 7-17　旋流器入口压力自动调节系统图

自动化程度的提高对降低操作人员的劳动强度，提高测控的及时性、准确性，具有非常积极的意义，也促进了重介质选煤技术的迅速推广和应用。

7.1.2.5　重介分选过程控制分析

重介密度在重介分选过程中对产品质量稳定起到十分重要的作用，同时也直接控制产品的灰分和产率。进行生产时，由于多重原因使重介质密度常在工艺要求范围内大幅波动，这对分选结果很不利，因此为了使密度波动减小，一般规定重介质悬浮液的密度在 0.01kg/L 上下浮动。密度传感器用来检测悬浮液的密度，根据不同的分选工艺，决定密度计的安装位置，对于有压工艺来说，重介质和原煤的混合物通过介质泵输送到重介质旋流器，上料管中的密度不是实际的介质密度，但可以根据相关参数来进行计算，且偏差较小，因此密度计可以安装在上料管上，也可以在合格介质输出管道上。对于无压给料工艺密度计可以在回流管道或者上料管道上安装。

目前，由 PLC 为处理核心，各传感器及电磁阀等配套设备构成重介质密度控制系统在各选煤厂广泛使用，密度控制流程包括生产准备阶段和生产阶段，两个阶段的控制策略不同。生产准备阶段主要是空载运行，使密度逐渐达到生产设定密度，为生产阶段做好准备，生产阶段主要是控制合格介质密度在密度设定值的误差允许范围内，保证密度不受各种因素的干扰而保持稳定。

在生产准备阶段，根据工艺设计要求，通常是先鼓风、开合格介质，这个过程中重介质通过混料筒、入料泵、上料管进入旋流器，并通过弧形筛和脱介筛进行脱水脱介，其中精煤弧形筛的重介质进入分流箱。当分流箱的开度在最小分流位置时，全部重介质几乎都流入合介桶。在介质循环的整个流程中，合介桶内的介质能够充分混合均匀，另外，当合介桶内需要补充介质时，通常要加入一定量的高浓度介质，通过混合均匀，使合介桶液位达到理想位置。密度控制系统实时采集密度测定值，当系统判断悬浮液密度达到设定值，且均匀稳定时，控制系统发出开车信号，提示开车，原煤部分启动，在生产准备阶段原煤部分不启动。

在生产准备阶段，当重介质悬浮液密度比工艺要求值大时，密度控制系统打开加水阀门，补充清水直至密度达到合格为止；若重介质悬浮液密度比工艺要求低时，密度控制系统打开分流箱，加大分流，使介质经磁选机进行浓缩，直到合介桶密度达到设定值为止；若经过加大分流后，合介桶内的液位较低，且合介桶内悬浮液密度仍达不到工艺要求密度值。这时需要向合介桶内补充高浓介质，直到密度值达到工艺要求。整个生产准备阶段的密度调节不仅需要自动操作，而且还需要人工操作，只有当合介桶的密度与液位达到工艺要求时，原煤部分才能启动，生产正式开始。

系统全部运行后，生产正式开始，随着生产的进行，介质逐渐消耗，合介桶内的重介质悬浮液的介质总量慢慢降低，同时由于产品带走一部分水分，反而使重介质悬浮液的密度升高，主要是因为两者的流失不一致，水的流失量比介质损耗量要大，最终造成重介质悬浮液的密度升高，液位降低，因此生产过程中需要不断地补充清水，使密度保持稳定；同时由于介质损失，当密度稳定时，液位必然降低，当液位达到系统下限时，必须适当补充高浓介质，使合介桶液位达到工艺要求范围。

此外，悬浮液的密度还受煤泥含量的影响，煤泥量增高会导致悬浮液密度增大，黏度增大。黏度的增大对分选很不利，因此分流箱的设计可以用于减小煤泥量，不管当时悬浮液的密度是否正常，分流箱进行部分分流是对煤泥处理的一种措施，是一种常规的定性补偿，定量控制是由煤泥自动控制系统进行调节的，分流箱的分流大小由煤泥决定。

综上所述，密度的控制过程如下：重介质悬浮液的密度随着生产的进行逐渐升高，密度控制系统则自动补充清水，以保持密度的恒定；而由于生产过程中的意外情况，可能会导致重介质悬浮液密度低，同时液位也比较低，达到下限时，应该自动补充介质粉，提高合介桶内的介质总量；在补充介质时，密度逐渐升高，当超过分选工艺设定值时，控制系统会通过补水，使密度与液位均合格，此时停止加水加介；当煤泥含量增高，达到一定程度时，黏度增加，对选煤效果产生影响，应适当调整分流，降低煤泥含量，使煤泥稳定在一定水平。

目前在选煤系统正常生产时，不控制合介桶的液位，只有当系统的液位超过上限或低于下限时，才进行液位的处理，这样的优点使生产过程中控制密度这一单变量方法简单；但由于介质损耗，当液位降低到一定程度时，必须补充高浓介质，但高浓介质进入合介桶后，会引起介质密度突变，进而影响生产产品的灰分，这就是现有生产工艺一般需要停车加介的原因，为了实现不停车加介，则必须在生产过程中，稳定地向合介桶补充介质，则不会引起介质密度的突变，因此须将合介桶的液位一起控制，以保证介质损耗时，及时为加介控制提供液位反馈信息。

7.2 浮选工艺参数的检测和控制

浮选是从细粒矿浆中回收精矿的一种选矿工艺。在矿浆中加入适量的浮选药剂后，进行充气搅拌，使药剂和矿物颗粒充分接触，产生一定数量的药剂气泡，需要回收的矿物颗粒表面被药剂浸润后，便具有了疏水而亲药剂的气泡特性，因而可以黏附在药剂气泡表面并随气泡上浮。黏有有用矿物的气泡上浮后有刮泡器刮出，经过滤机脱水，即可得到有用矿物。煤泥浮选系统实现工艺参数自动控制的主要目的在于稳定精煤质量，提高精煤回收率，节省药剂和电耗，减轻操作司机笨重、繁琐和盲目的劳动。

选煤厂浮选工艺流程基本上有两种：一种是浓缩浮选，另一种是直接浮选。浓缩浮选的工艺过程为：重介质或跳汰选煤过程的煤泥水先经浓缩机浓缩，浓度较高的底流送入浮选系统加水稀释进行浮选。由于浓缩浮选工艺系统有容积较大的浓缩机，煤泥量的短时间波动可由浓缩机吸收，不影响浮选机入料。为使浮选机工作在最佳状态，可把浮选机的入料量（指干煤泥量）和入浮矿浆浓度控制到最佳值，加药量应自动跟踪入浮矿浆浓度和干煤泥量。直接浮选流程没有容积很大的浓缩机，只有一个集料池，重介质或跳汰机系统产生的煤泥水经集料池直接用泵送入浮选车间进行浮选。对于直接浮选工艺，由于无法控制入浮矿浆浓度和干煤泥量，自动化的主要任务应当是药剂添加量自动跟踪入浮矿浆浓度和干煤泥量。为保证浮选机的正常刮泡，应当实现浮选机液位自动调节；为保证集料池正常工作，应当设置集料池液位自动控制系统。

因此，针对不同的浮选工艺流程，浮选自动控制的方式有定值控制和随动控制两种。前者是将浮选工艺参数（如入料量、入料浓度、给药量等）自动控制在一个设定值的范围内。后者是根据浮选过程的工作情况，实时地修改工艺参数的设定值，使生产过程达到最优的效果。实现煤泥浮选自动控制，可提高浮选机的生产能力、降低药剂消耗、保证精煤灰分，提高精煤产率，有较大的经济效益。

浮选过程所采取的控制内容与浮选工艺流程以及可能采用的检测仪表有关。对于采用直接浮选的选煤厂，一般只要求调节浮选的给药量。对采用浓缩浮选的选煤厂，要求实时调节入料量、入料浓度和给药量。浮选机的液位控制是控制产品质量的主要手段，但是这个控制项目只有在流程中装备有在线煤浆测灰仪，并使用直流式的浮选机，才能发挥它的作用。

7.2.1 煤泥浮选控制系统

图 7-18 是目前国内采用的典型浓缩浮选系统。煤泥经过浓缩机进入矿浆准备器，加入药剂和清水，调至一定浓度后，进入浮选机进行分选。为监控浮选过程，装设密度计、流量计、液位计和药剂流量计等检测仪表，采用给药机、自动阀门等执行机构。

根据功能的不同，浮选随动控制系统可分为矿浆入料量控制、入料浓度控制、给药量控制、浮选机液位控制、浮选灰分控制等回路。

7.2.2 入料量控制

无论是浓缩浮选煤泥水流程还是直接浮选煤泥水流程，对入料量的控制都是针对原矿浆而言的。对于直接浮选，由于缓冲池一般容积有限，来自重选系统的煤泥水全部由浮选系统来处理，因此浮选入料量一般只用一台流量计来测量。浓缩浮选的浮选机入料量由浓缩机底流、补加稀释水和滤液组成，检测它的流量计配置如图 7-19 所示。

浓缩浮选的特点是缓冲能力大，浮选系统相对独立，故浮选入料量的控制一般采取煤

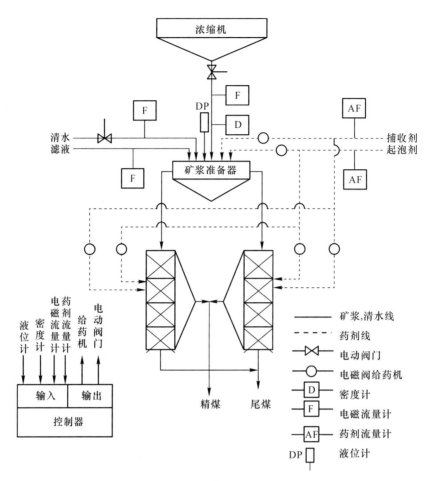

图 7-18　典型的浓缩煤泥浮选监控系统

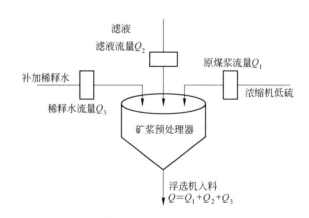

图 7-19　浮选入料流量计配置示意图

浆管道闸阀控制或底流泵变频控制。控制原理如图 7-20 所示。

图中入浮流量 Q 测量值和 Q 的设定值之间的差值经 PID 运算，输出信号作为伺服机

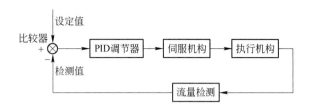

图 7-20 浮选入料量控制原理图

构的给定信号，控制执行机构动作（执行机构是拖动管道闸阀的电控液动执行器或电动执行器或底流泵的变频器），改变流量使得两者之间的差值趋近于零，系统达到平衡。

7.2.3 入浮浓度控制

煤浆浓度对煤泥浮选同样有重要影响，提高煤泥入浮浓度，精煤产率、精煤和尾煤灰分也相应增加，浓度过高时其变化比较平缓。但实际浮选时，过高的浓度会导致精煤产率下降，精煤灰分增高，尾煤灰分下降。因此，控制浮选入料浓度是十分关键的。

浮选入料浓度一般用固体含量（g/L）表示。直接浮选工艺的入浮浓度就是原煤浆的浓度；浓缩浮选的入浮浓度 q 是计算机根据总的入浮干煤泥量除以总的流量计算得到的，即

$$q = Q_{总干煤泥}/Q_{总流量}$$

式中　　q——入浮浓度，t/h；

$Q_{总干煤泥}$——入浮干煤泥量，t/h；

$Q_{总流量}$——进入浮选机的总流量，m^3/h。

$$Q_{总干煤泥} = (Q_1 \cdot q_1 + Q_2 \cdot q_2)/1000$$

式中　　Q_1——煤浆流量，m^3/h；

Q_2——滤液流量，m^3/h；

q_1——煤浆浓度，g/L；

q_2——滤液浓度，g/L。

由于滤液中含有气泡，其浓度不易准确测出，故滤液浓度可根据实际情况给出一定值，例如真空过滤机的滤液浓度正常工作时在 30~50g/L 之间。

$$Q_{总流量} = Q_1 + Q_2 + Q_3$$

式中　　Q_3——稀释水流量，m^3/h。

为使经控制调整后的入浮煤浆浓度 q 等于要求的入浮浓度 q_0，则须按下式算出应加稀释水量 Q_3，即

$$Q_3 = Q_{总干煤泥}/q_0 - Q_1 - Q_2$$

q_0 作为 *PID* 控制回路的设定值，q 作为测量值，此处 *PID* 是正作用，即当 $q>q_0$ 时，PID 输出增大稀释水阀门开度，当 $q<q_0$ 时，PID 输出减小稀释水阀门开度，从而使实际入浮煤浆浓度等于要求的入浮浓度。其控制原理如图 7-21 所示。执行机构是控制稀释水管道上闸阀的电控液动执行器或电动执行器。

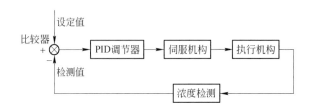

图 7-21　入浮煤浆浓度控制原理图

7.2.4　药剂自动添加系统

浮选药剂的给入量直接影响浮选的工艺指标。浮选过程的用药量与入料量、入料粒度和灰分等因素有关。控制给药量通常采用两种方法：一是根据入浮的干煤泥量进行控制，二是根据入浮的煤泥灰分和入料量控制。

入浮的干煤泥量可根据检测的入浮煤浆的体积流量和浓度间接推算。在控制回路中，设定吨干煤泥的捕收剂和起泡剂用量，再根据系统中加入的干煤泥量计算出需要添加的药量。控制器将实际加药量与所需加药量进行比较，利用 PID 调节，控制给药机，调节给药量。由于这种控制方式，根据检测数据间接算出，误差比较大。国外有些选煤厂，浮选给药量根据入料量和用在线煤浆测灰仪测定的煤泥灰分进行控制（图 7-22）。据试验，可找到用药量与入料量、入料灰分的数学关系而得到不同情况下给药量的给定值。

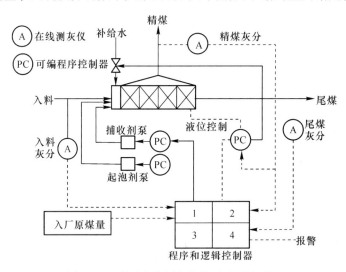

图 7-22　利用在线测灰仪的浮选测控系统

1—计算药剂用量；2—精煤固体含量、过滤机的效果；3—精煤灰分、液位高度；4—尾煤固体含量，超过 5% 时报警

自动添加浮选药剂，给药机是一个重要的执行机构。浮选自动控制采用的给药机有电磁阀、齿轮泵和柱塞泵。电磁阀结构简单，价格较低，特别适用于给药点多的系统，但它只能控制加药量，不能向控制器反馈检测所加的药量，在使用时需要用测量药量的流量计，如小型电磁流量计和差压式微流量计等。齿轮泵既能用以给药，又能利用它的转数间接控制给药量，属价廉而简单的给药机。柱塞泵测量精确，工作可靠，但结构复杂，价格较高，国内用得不多。

7.2.5 浮选槽液位控制

浮选给药量控制是根据原料量或原料灰分进行控制的前馈系统，影响浮选过程的一些其他因素，如原料粒度组成、浮选机的充气量等并没有考虑，因此，需要浮选机的液位控制反馈系统以保证精煤的产率和灰分。

浮选槽的液位对精煤产率和灰分、过滤机的工作效果影响较大。液位高，精煤产率大，灰分高，水含量高，影响过滤工作效果；液位低，精煤产率小、灰分也降低。所以，液位必须控制在既能生产合格精煤，又能提高精煤产率和过滤机工作效果的适当水平上。

测量液位的传感器可以采用电导传感器、重力浮标传感器、雷达物位计和超声波传感器（图 7-23）。将传感器装设在直流式浮选机最后一室的排料端，利用此液位信号调整浮选机组的液位。

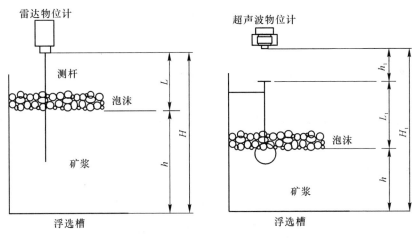

图 7-23 雷达波与超声波式浮选机液位检测装置

H 和 H_1 为雷达（或超声波）物位计到浮选机底部的距离；L 为雷达波物位计到矿浆液面的距离，L_1 为测量平台到矿浆液面的距离；h 为液位实时监测值，h_1 为超声波探头到测量平台的距离。实时测量的浮选机液位 $h=H-L$（雷达物位计），或者 $h=H-L_1-h_1$（超声波物位计）。

图 7-22 为根据浮选精煤灰分反馈控制液位的控制系统。采用在线测灰仪实时测定精煤灰分。当精煤灰分在规定的范围内，控制器将液位调整在给定值附近，使其保持在规定的数值。当精煤灰分偏低时，控制器将改变液位的设定值，并驱动浮选机末室的尾煤溢流闸门，同时打开入料槽上的补充水控制阀门，使室内的液位上升；反之，溢流闸门降低，并减少入料的补充水，以降低精煤灰分。

煤泥浮选自动控制系统的目的是在保证精煤质量指标的前提下，最大程度地提高浮选精煤的产率；减少浮选药剂的用量；监视、记录和统计浮选的生产指标。要达到上述目的，浮选自动控制系统需要实时检测浮选入料和精煤、尾煤的质量，并研制以稳定产物灰分为目的的煤泥浮选闭环控制系统。该控制是在前馈控制基础上通过检测出的浮选产物灰分反馈修正前馈控制输出值，实现闭环控制的。

煤泥浮选闭环控制包括以下三种功能：

（1）根据浮选入料浓度、流量和滤液量，采用前馈控制，用自动阀门调节稀释水量，以保持浮选入料的设定浓度；

（2）根据浮选入料量及其灰分，确定和调节浮选剂的用量，并根据精煤灰分，改变浮选剂用量，以反馈控制的方式，稳定精煤质量，从而提高它的产率；

（3）为了加快控制速度，当精煤灰分偏移较大时，辅之以浮选机液位控制，改变浮选机液位高度，以调节精煤灰分和产率。

煤泥浮选自动控制的要求是根据煤浆灰分分析仪所检测的入料、精煤、尾煤灰分，反馈控制浮选的操作参数，使浮选工作处在最佳的工作条件下，达到实时最优。

浮选过程的影响因素多，关系复杂，很难建立浮选产物灰分与操作参数之间的数学模型，所以，也难以采用以数学模型为基础的优化控制技术。但是，浮选的优化控制可以采用模糊逻辑控制，使浮选工况达到最优。

模糊控制实际上是一种人工智能控制，它不依赖被控过程的数学模型，而是将现场操作人员和专家的生产经验和知识作为参数调节的依据。

7.3　浓缩与压滤过程控制

煤泥水的处理效果直接影响选煤厂能否实现洗水闭路循环，保证良好的分选效果，煤泥水处理已成为选煤厂亟待解决的问题。

7.3.1　浓缩过程控制

浓缩机是煤泥水处理的必备工艺设备，主要起着浓缩、澄清的作用。煤泥水浓缩沉降过程中，沉降界面的测定是反映煤泥水沉降过程和药剂效果的重要参数，也是浓缩机工作效果的评价指标。浓缩机的沉积界面以上为清水层，煤泥水浓度低，清水层高度值越大，说明煤泥水沉积效果好；沉积界面以下为沉降区域，煤泥水浓度高，煤泥颗粒在该区域完成进一步沉降。选煤厂煤泥浓缩机缺少探测仪器，导致无法实时测量沉积界面，使沉降界面的测量存在较大误差。

此外一些基本过程变量和参数不易测量，有些部分虽然安装了测量检测仪表，但由于技术水平和现场设备的限制、管道的安装等原因，造成了仪表测量值与实际人工检测值之间存在较大出入。另外，取样间隔时间较长和不同取样点之间存在的误差也会对生产的最终效果带来不利影响。这些原因造成了一些关键参数，比如沉降层高度等无法准确、及时地测量，更无法进行有效及时的控制，各种原因给浓缩机的控制带来很多难题。

浓缩机实现自动控制可以减轻劳动者的劳动强度，提高浓缩效率，确保底流浓度达到后续工艺要求。溢流浓度优于控制指标，能有效避免跑混和压耙事故的发生。高效浓缩机自动控制系统原理图如图7-24所示，其主要控制项目如下：

（1）絮凝剂的投加量。通过对煤泥水的浓度和流量的测量和计算，使得浓缩机中的矿浆固体含量与絮凝剂的投加比例保持不变，保证适量的絮凝剂参与到矿浆的浓缩过程，大多数方法是通过控制絮凝剂泵的转速间接控制絮凝剂的投加量。

（2）底流浓度的控制。底流浓度过低不能满足后续处理的工艺要求，浓度过高则容易

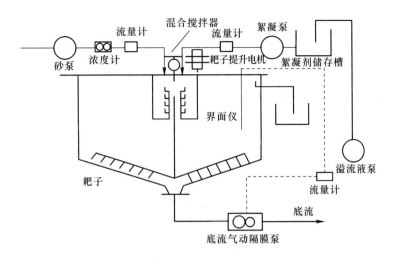

图 7-24 高效浓缩机自动控制原理图

造成管道堵塞、排料不畅。将底流浓度的测定值与底流泵联锁，通过控制底流排放量来决定矿浆在浓缩池的停留时间，从而达到控制底流浓度的目的。底流浓度高时，加大底流排放量；底流浓度低时，减小底流排放量，从而达到稳定的底流浓度。因此，底流浓度的高低以及稳定性是判断浓缩机性能的主要指标之一。

絮凝剂投加量的控制方式目前最常用的有以下几种。通过测定溢流槽内的溢流浓度，控制加药泵的转速。溢流浓度过高时，加大絮凝剂的投加量，溢流浓度符合要求时，根据入料流量和浓度决定投加量。以电动阀的开度或加药泵的转速作为控制输出，构成闭环控制。系统控制框图如图 7-25 所示。

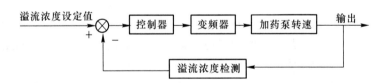

图 7-25 基于溢流浓度的絮凝剂添加控制框图

通过测量浓缩机耙子的力矩来控制絮凝剂投加量，控制框图如图 7-26 所示。浓缩池的耙子力矩能够直接反映压缩层的矿浆浓度，从而反映矿浆在浓缩池内的浓缩状态。耙子的力矩在适当的范围，说明矿浆浓缩情况比较好，力矩过大，说明压缩层过高，应该减小投加量，力矩过小则说明矿浆浓缩缓慢，应该适量增加絮凝剂的投加量。

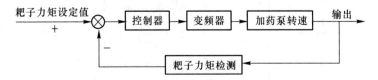

图 7-26 基于耙子力矩的絮凝加药控制框图

　　人工根据底流浓度和耙子的扭转力矩控制加药具有粗放性、不确定性及不可控性，加药量过大会致使药剂大量浪费，还会导致循环水中残留过多的有效药剂成分，这些药剂大多具有强腐蚀性，严重腐蚀洗选设备，使洗选设备老化加快；不及时加药则会导致溢流水变得浑浊，不只影响溢流水循环利用，还会造成所选精煤的流失。

　　根据目前我国选煤厂浓缩机的特点，矿浆在压缩层的浓度能够快速反映原矿浆的状态。适合采用以原矿浆浓度和流量为前馈输入，中间矿层浓度为反馈输入的浓缩机絮凝剂自动添加系统控制器，中间层矿浆浓度的引入能在一定程度上减小检测滞后对响应过程的影响，有利于保障系统的稳定性，减小超调并削弱其振荡现象。控制系统控制框图如图7-27所示。

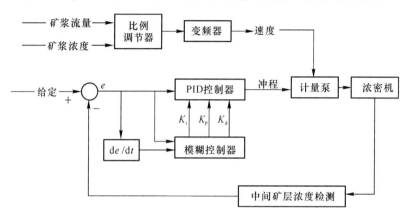

图 7-27　浓缩机絮凝剂自动添加控制系统框图

7.3.2　煤泥压滤脱水

7.3.2.1　系统总体结构

　　压滤车间一般由压滤机、煤泥搅拌池、输送刮板机、空气压缩机以及电气设备组成，主要用来处理选煤厂洗选工艺中生产的煤泥料浆，实现煤泥压榨、煤泥水闭路循环利用的目的。煤泥搅拌池是用来搅拌经过加药配比后的煤泥料浆；压滤机是用来实现煤泥料浆的脱水；空气压缩机是用来进行风压榨生产出含水率较低的煤泥；输送刮板机是用来输送压榨完成的煤泥饼；电气设备是用来实现压滤系统的自动化控制设备组。系统组成结构示意图如图7-28所示。

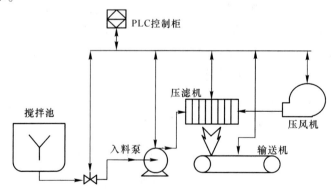

图 7-28　煤泥压滤系统结构示意图

为了提高控制系统的自动化程度, 实现对压滤设备和压风机的远程控制和监测, 提高系统的可靠性, 便于压滤系统检修工作, 根据现场实际情况, 设计煤泥压滤自动控制系统。控制系统主要由控制核心 PLC、上位机触摸屏、空气压缩机、入料泵、压滤系统、变频器及检测单元组成。整个控制系统以 PLC 为核心, 采集压风机、压滤机等现场数据并做出相应的处理, 在触摸屏上集中显示。通过上位机、PLC 实现对现场各设备的运行控制。

PLC 作为监控系统的核心, 主要负责现场数据的采集, 实现对压风机、压滤设备的监测和自动控制; 与触摸屏进行实时通信、数据交换, 处理上位机控制命令, 实现控制压滤机、压风机及其他设备的运行; 通过程序及植入的控制策略实现智能化运行; 实现报警故障的生成等功能。

人机界面作为上位机与 PLC 进行通信, 完成设备参数和系统参数的设置和状态显示等功能; 实现触摸屏控制压滤机和压风机等设备的控制操作; 实现压滤工艺的优化、联机运行, 并实现对压滤系统设备的状况的监视和诊断。

现场传感器主要涉及压力传感器、流量传感器等。测量压力系统的液压油温、油量、入料压力、风管压力、压榨压力、排水流量等。采集到的模拟流量数据通过 PLC 处理, 传输到上位机上集中显示, 实现系统的安全高效自动运行。

变频器与 PLC 交互, 主要实现入料泵和压风机的运行控制; 依据实际检测数据和系统设定数据程序处理, 实现被控设备的安全、稳定运行。

7.3.2.2 入料环节的控制

入料环节的控制主要是对入料泵进行控制。煤泥料浆在入料泵的推动下, 经由入料管道从固定压板的中部、活动压板侧部入料孔进入到过滤板件组成的密闭腔室; 料浆在自身重力和入料压力作用下通过滤布的网眼孔隙, 汇集到滤板下部两侧的排液沟槽流出到出液孔排出, 固体颗粒则被滤布截留在过滤腔室内, 随着料浆的不断压入, 固体颗粒不断积累, 在过滤腔室内形成一定厚度的煤泥滤饼。

在入料环节, 由于煤泥料浆的浓度具有一定的不稳定性, 以及可能存在的入料管路堵塞, 入料泵在输送煤泥浆的时候, 可能会有振荡, 对管路和滤板产生冲击, 破坏设备的安全。同时, 过滤板件腔室空间有限, 需要控制煤泥料浆的量, 使得过滤腔室充入足够的物料并能保证过滤板件的耐压安全。因此, 本环节将通过检测仪表实时检测入料管路的压力, 将压力信号传至 PLC, 经 PID 控制策略和变频技术实现入料过程的恒压控制, 调整入料泵电机的运行状态, 实现设备的稳定、安全可靠运行。因物料浓度的变化, 料浆浓度较低, 则需要充入较多的料浆; 料浆浓度较高, 则需要充入较少的料浆。所以本系统不根据浓度的变化, 采用计算入料流量的方法控制入料量, 而是通过检测滤液排量间接反映过滤板件之间的煤泥料浆的量, 控制入料量。恒压入料系统框图如图 7-29 所示。

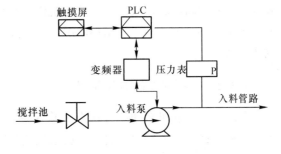

图 7-29 恒压入料系统示意图

7.3.2.3 压榨环节的控制

压榨环节主要是对空气压缩机的控制。为形成一定含水率和厚度的煤泥滤饼，需要连续脱水，本系统采取输送 0.8~1.2MPa 的压缩空气的方式，使隔膜产生向滤饼方向的挤压形变进行脱水，最大限度地挤出滤饼中固体颗粒残余的水分，使煤泥滤饼含水率达到最低。反吹物料环节，为防止入料管路中未过滤的料浆随滤饼进入输送刮板机，需要输送 0.6~0.8MPa 压缩空气经固定压板、滤板组件、驱动滤板组件和活动压板将管道中未过滤的料浆反吹回料浆搅拌池中，保证压榨脱水后滤饼的含水率。

在压榨过程中，由于煤泥料浆中固体颗粒的大小及成分变化，固体与水之间的结合力——黏度有所不同，以及滤布使用时间的影响，滤布会有通透性的变化，需要人工及时调整工艺运行参数，否则可能会出现煤泥压榨滤饼含水率不理想的情况。在对煤泥滤饼进行二次压榨时效率不理想。在压榨质量方面，采用定时+人工查看方式判断滤饼二次压榨的目标，没有实现系统的自动化运行，工作效率较低，在滤液排量的后段难以精确定位压榨程度，产品质量得不到有效保障。煤泥滤饼含水率和滤液排量关系如图 7-30 所示。

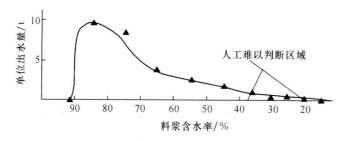

图 7-30 煤泥滤饼含水率与滤液排量关系

考虑到煤泥料浆在封闭的滤室内，直接检测煤泥滤饼的含水率较为困难，本系统将通过间接检测滤液排量进行压榨控制获取含水率低的煤泥。综合考虑压榨环节的较多影响因素，本设计在压榨环节将采用模糊 PID 控制理论对空气压缩机实现智能化运行控制；通过监测压滤滤液排量的方式间接的控制压风机的运转状态，实现闭环控制，高效地对滤饼进行压榨。同样在反吹物料环节，为保护管路的安全，需要将吹料压力控制在一定范围内，并能够有效地将物料反吹回煤泥浓缩机内。系统采用模糊 PID 控制可以使压风机具有良好的动态和静态性能，减小因压榨状况多变引起系统的振荡，以满足生产的安全可靠和一定的压榨效果。

7.3.2.4 控制系统工作原理

系统工作在联机自动运行状态，并在系统各设备正常情况下，系统具体工作步骤如下：滤板合拢，入料阀门开启，入料泵经变频器和 PID 控制策略实现恒压工作模式以保障管路和滤板设备的安全，并保证一定的入料压力将物料推入压滤板件之间；煤泥料浆基于重力和入料的压力过滤排出滤液水；滤液流量检测单元实时监测排水流量，通过滤液流量间接反映压入煤泥料浆的量，当流量低于设定值时，关闭入料泵和入料阀门并启动压风机对物料进行压榨；压榨环节，实时监测入风管路的压力，采取模糊 PID 控制策略实现压榨压力的恒定，以保障压榨质量和滤板耐力程度；依据滤液排量实时控制压风机运行状态，当流量低于设定值时，停止压风机，压榨结束；启动刮板输送机；打开反吹物料阀，控制压风机通入一定压力的空气，将入料管路内的煤泥浆反吹回煤泥池内，防止入料管路内的煤泥浆落入输送皮带；打开排气阀，将压榨空气排出；拉板卸料环节，活动滑块升起，油缸收缩，驱动电动机带动油缸座拉开，电动机依次分组分次进行 7 次拉开卸料，煤泥滤饼掉入刮板输送机。

※※※

思 考 题

(1) 试述跳汰机床层检测的方法及原理。
(2) 跳汰机排料装置分哪几类，各有什么优缺点？
(3) 试述排料自动控制系统的组成。
(4) 浮选自动控制系统包含哪几个方面？
(5) 如何控制浮选入料浓度？
(6) 试述浮选药剂自动添加系统的原理及构成。
(7) 试述重介质悬浮液密度-液位自动控制系统。
(8) 试述煤泥浓缩机的自动控制过程。
(9) 试述煤泥压滤过程的自动控制。

参 考 文 献

[1] 刘学军，吕欣，刘德君，等．工厂供电 [M]．2 版．北京：中国电力出版社，2015．

[2] 刘卫国，宫绍亭，吴士涛，等．工厂供电技术 [M]．江苏：中国矿业大学出版社，2012．

[3] 历玉鸣．化工仪表及自动化 [M]．4 版．北京：化学工业出版社，2008．

[4] 俞金寿．过程自动化及仪表 [M]．北京：化学工业出版社，2003．

[5] 张宝芬，张毅，曹丽．自动检测技术及仪表控制系统 [M]．北京：化学工业出版社，2000．

[6] 刘春生．电器控制与 PLC [M]．北京：机械工业出版社，2010．

[7] 陈建明．电气控制与 PLC 应用 [M]．北京：电子工业出版社，2006．

[8] 张承惠，崔纳新，李珂．交流电机变频调速及其应用 [M]．北京：机械工业出版社，2008．

[9] 康润生，张宇华，钟南岳．电工与电子技术之电工技术 [M]．徐州：中国矿业大学出版社，2007．

[10] 何友华，陈国年，温朝中，等．可编程控制器及常用控制电器 [M]．北京：冶金工业出版社，2007．

[11] 巫莉，黄江峰，罗建君．电器控制与 PLC 应用 [M]．北京：中国电力出版社，2011．

[12] 张翼．选矿过程自动化 [M]．北京：化学工业出版社，2017．

[13] 慕延华，华臻，林忠海．过程控制系统 [M]．北京：清华大学出版社，2018．

[14] 童东兵，陈巧玉．计算机控制系统基础 [M]．西安：西安电子科技大学出版社，2019．

[15] 刘元扬，刘德溥．自动检测和过程控制 [M]．北京：冶金工业出版社，1988．

[16] 宋伯生．PLC 编程理论算法及技巧 [M]．北京：机械工业出版社，2006．

[17] 胡学林．可编程序控制器原理及应用 [M]．北京：电子工业出版社，2007．

[18] 杨公源．可编程控制器（PLC）原理及其应用 [M]．北京：电子工业出版社，2004．

[19] 姜建房．西门子 WinCC 组态软件工程应用技术 [M]．北京：机械工业出版社，2015．

[20] 姚福来，孙鹤旭，杨鹏，等．变频器、PLC 及组态软件实用技术速成教程 [M]．北京：机械工业出版社，2012．

[21] 王淑芳．电气控制与 S7-1200PLC 应用技术 [M]．北京：机械工业出版社，2016．

[22] 哈尔德·卡梅尔，埃曼·卡梅尔．PLC 工业控制 [M]．北京：机械工业出版社，2016．

[23] 马国华．监控组监控组态软件应用：从基础到实践 [M]．北京：中国电力出版社，2011．

[24] 许志军．工业控制组态软件及应用 [M]．北京：机械工业出版社，2005．

[25] 刘华波．组态软件 WinCC 及其应用 [M]．北京：机械工业出版社，2009．

[26] 曾庆波，孙华，周卫宏．监控组态软件及其应用技术 [M]．哈尔滨：哈尔滨工业大学出版社，2010．

[27] 王善斌．组态软件应用指南：组态王 Kingview 和西门子 WinCC [M]．北京：化学工业出版社，2011．

[28] 刘文贵，刘振方．工业控制组态软件应用技术 [M]．北京：北京理工大学出版社，2011．

索　引